川西致密砂岩气藏增产技术

杨克明　王世泽　郭新江　任　山　刘　林　著

科学出版社

北京

内 容 简 介

本书介绍了川西致密砂岩气藏储层工程地质特征、渗流特征和压裂伤害机理，低伤害压裂液体系，压裂优化设计技术，大型压裂、多层分层压裂、水平井分级分段压裂、超高压压裂等特色工艺，把"压得开、进得去、撑得起、出得来、排得尽、稳得住"的川西致密砂岩气藏储层改造技术精髓体现得淋漓尽致，理论与实践结合，可操作性强。

本书可供从事常规和非常规天然气勘探开发的科研人员、工程技术人员参考，也可作为石油院校师生的教学参考用书。

图书在版编目(CIP)数据

川西致密砂岩气藏增产技术 / 杨克明等著 .—北京：科学出版社，2012
ISBN 978-7-03-034409-0

Ⅰ.①川… Ⅱ.①杨… Ⅲ.①致密砂岩-砂岩油气藏-增产-研究-川西地区 Ⅳ.①TE343

中国版本图书馆 CIP 数据核字(2012)第 116167 号

责任编辑：朱海燕 韩 鹏 王 运 / 责任校对：李 影
责任印制：钱玉芬 / 封面设计：耕者设计工作室

科学出版社 出版
北京东黄城根北街 16 号
邮政编码：100717
http://www.sciencep.com
中国科学院印刷厂 印刷
科学出版社发行 各地新华书店经销

*

2012 年 6 月第 一 版 开本：787×1092 1/16
2012 年 6 月第一次印刷 印张：15 1/2
字数：360 000

定价：88.00 元
（如有印装质量问题，我社负责调换〈科印〉）

序

致密砂岩气和煤层气、页岩气、泥火山气、水溶性天然气、天然气水合物一样，都属于开发技术难度大、开采成本高的非常规天然气。估计全球致密砂岩气资源为 210×10^{12} m^3，是常规天然气资源的 64%。随着世界能源需求的不断增加和常规石油天然气资源的日益减少，非常规油气资源的有效开发成为国内外共同关注的重大技术问题。自 20 世纪 70 年代以来，美国成功建立和发展了大型水力压裂技术，致密砂岩气藏的勘探开发得到快速的发展，并成为当前国内外油气开发的热点。

我国致密砂岩气资源丰富，主要集中在四川、鄂尔多斯、柴达木、松辽、渤海湾、塔里木及准噶尔等 10 余个盆地。对于如何有效地开发它们，我国已做了很多工作，并取得重大进展，虽然进步迅速，但整体勘探开发技术水平特别是增产技术水平和国外尚有较大差距。

川西致密砂岩气藏是我国发现和开发最早的典型致密砂岩气藏，具有多物源、近物源、矿物结构成熟度低等沉积特征；具有非均质、泥质含量高、低孔渗、高毛管压力、高含水饱和度等储层特征；具有渗流规律不遵循达西定律、存在启动压力梯度、异常高压弹性能量小、产量和压力下降快、稳产期末产出程度低、气井自然产能低等特征，必须采取压裂增产措施投产才具备工业开采价值。

为高效开发川西致密砂岩气藏，该书作者研究建立了有效、适用的压裂系列配套技术：研制开发了低伤害压裂液、线性自生热泡沫压裂液、超低稠化剂压裂液和高温压裂液等低伤害压裂液体系，形成和完善了大型压裂工艺、多层分层压裂工艺、水平井分级分段压裂工艺、超高压压裂工艺等特色工艺和定向射孔、酸化、燃爆诱导压裂等高应力储层降低破裂压力预处理技术以及裂缝网络酸化解堵技术，应用效果显著，创造了多个全国压裂纪录和世界致密砂岩气藏压裂纪录。该研究具有很强的创新性和实用性，使川西致密砂岩气藏的有效开发成为我国压裂增产技术成功应用的范例：1995 年浅层蓬莱镇组储层压裂增产首获突破，1998年中深层沙溪庙组储层压裂增产又获突破，2009年深层超深层须家河组储层压裂增产再获突破，成功建成包括新场气田在内的年产30×10^8 m^{3}天然气的川西气田。

　　该书是作者对具有自主知识产权的成功开发川西致密砂岩气藏的压裂系列配套技术的系统总结，内容新颖，特色鲜明，具有较强的理论性和很高的实用价值。该书的出版不仅能丰富我国天然气开发技术，而且将对提高我国油气藏增产技术水平、缩短与国外致密砂岩气藏勘探开发先进技术的差距、推动我国非常规天然气的勘探开发事业起到良好的促进作用。

中国工程院院士

2012 年 2 月 6 日

前　　言

在四川盆地西部拗陷5～6km厚的上三叠统和侏罗系陆相碎屑岩沉积中，有两万亿 m³的天然气资源储存在浅层蓬莱镇组透镜状砂体、中深层沙溪庙组似层状砂岩、深层超深层须家河组层状或块状砂岩之中，构成了连片展布和纵向叠置的致密砂岩气藏群。川西致密砂岩气藏储集层有效渗透率低于 $1 \times 10^{-3} \mu m^2$、孔隙度小于 15%，绝大部分储集层有效渗透率低于 $0.1 \times 10^{-3} \mu m^2$、孔隙度小于 10%，是典型致密砂岩气藏。

川西致密砂岩气藏尽管天然气资源丰富，但是储量品位低，要实现有效益的勘探开发，难度很大。自从 1984 年川西致密砂岩气藏发现并投入开发以来，中国石化西南油气田的前身——地质矿产部西南石油地质局、即后来的中国新星石油公司西南石油局就致力于川西致密砂岩气藏勘探开发模式的创新和关键技术的突破，创立了立体勘探开发与滚动勘探开发相结合的川西致密砂岩气藏勘探开发模式；以优选建产区块为方向，形成了以转换波三维三分量地震勘探技术、致密砂岩气藏储层预测技术、精细气藏描述技术为主体的天然气高产富集带预测与评价技术；以降低成本、保护储层和加快建产为方向，形成了气体欠平衡、液体平衡钻水平井、丛式井组的安全优快钻井和储层保护技术；以提高单井产量和效益为方向，形成了多层压裂、水平井分段压裂为主体的水力压裂增产技术；以降低投资、节能增效为方向，形成了井下节流为主体的地面流程优化简化技术。建成了以新场气田为中心、年产 $30 \times 10^8 m^3$ 的川西天然气生产基地。

川西气田地质背景复杂，赋存的致密砂岩气藏工程地质特征、天然气渗流特征、水力压裂伤害机理特殊，对储层增产技术有"压得开、进得去、撑得起、出得来、排得尽、稳得住"的高要求。

近 30 年来，我们引进了大功率、大流量的压裂机组，研制了低伤害压裂液体系，优选了中、高密度支撑剂，从浅层、中深层的压裂到深层、超深层的压裂，从直井的压裂到斜井、水平井的压裂，从单层的压裂到多层的压裂，从笼统的压裂到分段的压裂，从单井的压裂到气藏区块整体开发压裂，从水力压裂方案优化设计到实时监测都取得了一系列的重大突破：1995 年浅层蓬莱镇组储层压裂增产技术首获突破，1998 年中深层沙溪庙组储层压裂增产技术又获突破，2009 年深层超深层须家河组储层压裂增产技术再获突破，形成和完善了大型透镜状、块状砂岩气藏大型压裂工艺和水平井分段压裂工艺，似层状、层状砂岩气藏分层压裂工艺、深层超深层高应力块状砂岩气藏超高压压裂工艺等特色工艺技术，创造了多个致密砂岩气藏压裂纪录。

川西致密砂岩气藏的发现和成功开发，带动了苏里格、靖边、大牛地、合川、广安等一批大型致密砂岩气田的勘探开发，在全国掀起了致密砂岩气藏勘探开发的高潮，全国天然气探明储量和产量跨越式上升。截至 2008 年，我国致密砂岩气累计天然气探明储量占整个天然气探明储量的 63.6%，致密砂岩气产量占天然气总产量的 42.1%，致密砂岩气已成为我国天然气勘探开发的主要领域。

川西致密砂岩气藏的储层水力压裂增产技术的形成和发展推动了全国致密砂岩气藏水力压裂增产技术的进步，反过来后者又促进了川西致密砂岩气藏的储层水力压裂增产技术的不断完善。为感谢长期关注川西致密砂岩气藏勘探开发的业界人士，特别是让从事致密砂岩气、页岩气、煤层气等非常规天然气勘探开发的科技工作者分享川西致密砂岩气藏增产技术创新成果、共同推动我国致密砂岩勘探开发事业的不断发展，我们编写了《川西致密砂岩气藏增产技术》。

本书前言由杨克明、郭新江执笔；第一章由杨克明、郭新江执笔；第二章由王世泽、任山执笔；第三章由任山、王世泽执笔；第四章由郭新江、刘林执笔；第五章由刘林、郭新江执笔；全书由郭新江、任山、刘林统稿，杨克明、王世泽审定。此外，对本书作出贡献的还有蒋小红、胡永章、王兴文、张国东、黄禹忠、何红梅、黄小军、慈建发、马飞、李永明。

本书在编写过程中，得到了中国石化西南油气分公司和西南石油局、中国石油西南油气田分公司、西南石油大学等单位的领导、专家和工程技术人员的大力支持和帮助，在此一并感谢。同时由于川西致密砂岩气藏赋存的地质条件的复杂性以及压裂增产技术应用的局限性，川西致密砂岩气藏增产技术应用中还有不少难题有待进一步探索，希望能通过本书与相关同行专家进行交流，以进一步发展、完善川西致密砂岩气藏增产理论、方法和技术。由于作者水平有限，书中难免有不足之处，敬请广大读者批评指正。

目　　录

第一章 川西致密砂岩气藏特征与增产关键技术

川西气田地质背景复杂，赋存的浅层蓬莱镇组透镜状近致密砂岩气藏、中深层沙溪庙组似层状致密砂岩气藏、深层超深层须家河组层状块状超致密砂岩气藏的工程地质特征、天然气渗流特征、水力压裂伤害机理特殊，对储层增产技术有"压得开、进得去、撑得起、出得来、排得尽、稳得住"的高要求，需要采用低伤害压裂液体系和大型压裂工艺、多层分层压裂工艺、水平井分段压裂工艺、超高压压裂工艺等增产关键技术，才能实现川西致密砂岩气藏的规模勘探开发。

第一节 工程地质背景和特征

一、工程地质背景

川西拗陷是四川盆地西部晚三叠世以来形成的前陆盆地，北接西秦岭褶皱带，西以龙门山断裂带为界，南接峨眉、瓦山断块，东与川中隆起平缓相接。主要经历了印支、燕山、喜马拉雅三大构造运动的作用，在构造应力的作用下，特别受西侧龙门山推覆带的影响，形成了众多的压性、压剪性断裂。川西拗陷划分为三个构造带，即龙门山前陆冲断带、川西前陆拗陷带、龙泉山前陆隆起带。由于这三大构造运动对该区的作用强烈程度、方向不同，形成了一系列不同方向和规模的逆断层，特别是延伸较长、规模较大、对区域构造具有控制作用的大断裂。整个中、新生代，在区域上升的背景下，川西拗陷一直是四川盆地中相对明显的沉降部分：上三叠统在地台上为退覆沉积；侏罗系为河、湖相；白垩系与古近系既见巨厚的风成砂体，也有含盐沉积；第四系主要为冲积-洪积砂砾层；现今地表为白垩系、古近系、新近系和第四系覆盖。

川西拗陷陆相地层经历早印支运动、安县运动、晚印支运动、燕山运动、喜马拉雅运动、新构造运动等多次构造运动，发生了早期圈闭规模成藏、盆地定型圈闭规模成藏、构造复合破裂运移次生成藏、SN向断裂破坏油藏四次成藏变化，具有上三叠统须家河组（T_3x）五段与下侏罗统（J_1）角度不整合界面、千佛崖组（J_2q）与沙溪庙组（J_2x+J_2s）角度不整合界面、遂宁组（J_3sn）与蓬莱镇组（J_3p）平行不整合界面、蓬莱镇组与剑门关组（K_1j）平行不整合界面等九个运动界面，以及中上三叠统、中下侏罗统-上侏罗统遂宁组、上侏罗统蓬莱镇组-白垩系、新近系-第四系四个构造层，地质背景复杂（郭正吾，1996；郭新江等，2012）（图1.1、表1.1）。

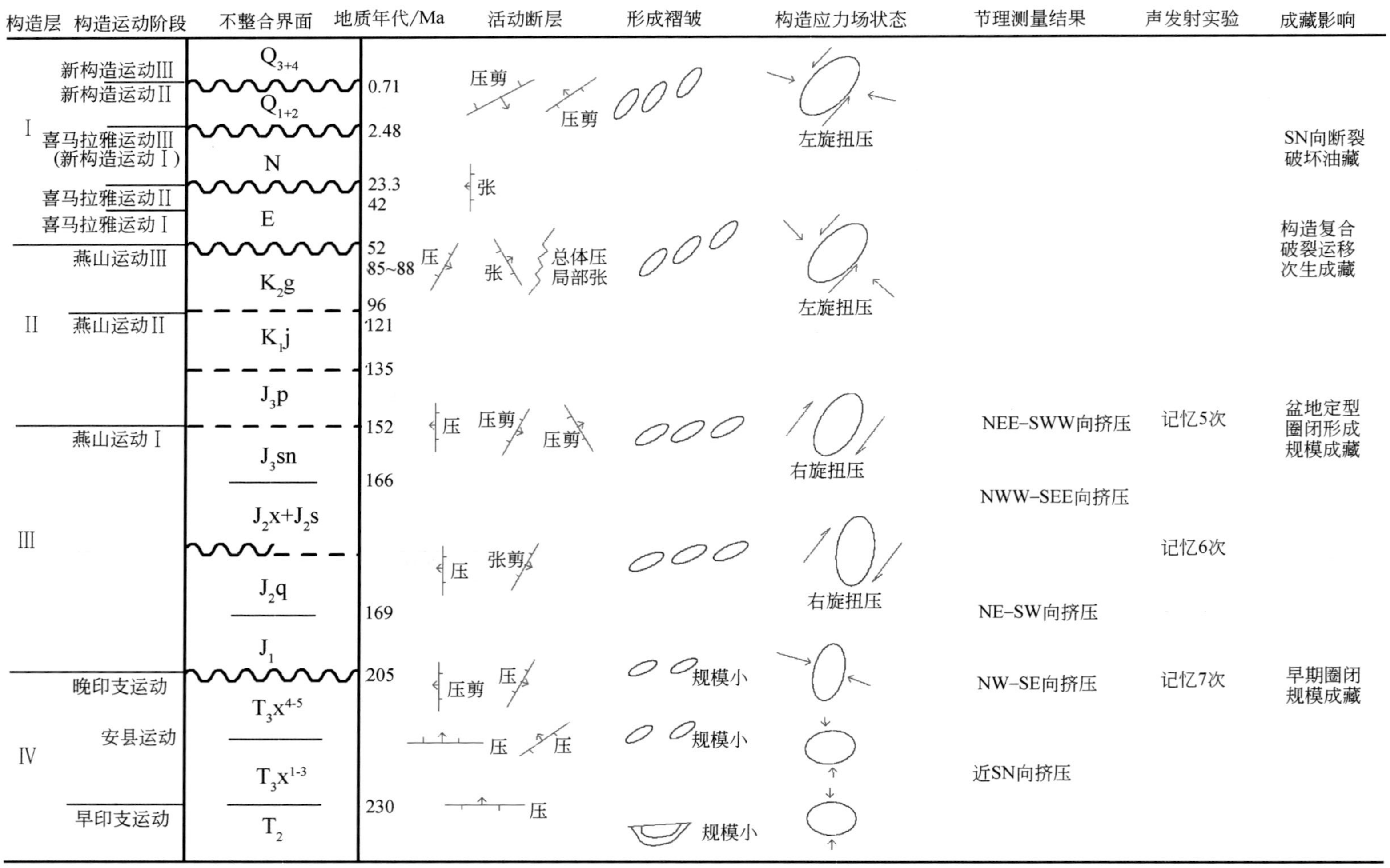

构造层	构造运动阶段	不整合界面	地质年代/Ma	活动断层	形成褶皱	构造应力场状态	节理测量结果	声发射实验	成藏影响
I	新构造运动III	Q_{3+4}	0.71	压剪	压剪	左旋扭压			SN向断裂破坏油藏
	新构造运动II	Q_{1+2}	2.48						
	喜马拉雅运动III（新构造运动I）	N	23.3	张					
	喜马拉雅运动II	E	42						构造复合破裂运移次生成藏
	喜马拉雅运动I	K_2g	52 / 85~88	压 张	总体压 局部张	左旋扭压			
II	燕山运动III		96						
	燕山运动II	K_1j	121 / 135	压剪		右旋扭压	NEE-SWW向挤压	记忆5次	盆地定型圈闭形成规模成藏
III	燕山运动I	J_3p	152	压剪		右旋扭压	NWW-SEE向挤压		
		J_3sn	166	张剪			NE-SW向挤压	记忆6次	
		J_2x+J_2s							
		J_2q	169	压					
		J_1							
IV	晚印支运动	T_3x^{4-5}	205	压剪	规模小	NW-SE向挤压	记忆7次	早期圈闭规模成藏
	安县运动	T_3x^{1-3}		压	规模小				
	早印支运动	T_2	230	压	规模小	近SN向挤压			

图1.1 川西拗陷陆相碎屑岩地层工程地质背景

表 1.1 川西工程地质特征参数统计表

气藏 气田/含气构造	蓬莱镇组					遂宁组		沙溪庙组	千佛崖组	须家河组		
	合兴场	新场	洛带	马井	新都	洛带	新都	新场	新场	新场（须四段）	新场（须二段）	大邑（须三、须二段）
埋深/m	500~1000	300~1500	400~1450	1000~2050	900~1700	1500~1800	1700~2000	2000~2700	2600~2900	3200~4000	4500~5300	4500~5800
发育砂层数	9	25	19	29	19	6	7	10	/	10	14	12
储层岩性	细砂岩	中-细砂岩,粉砂岩	细砂岩	细砂岩	细砂岩	细砂岩、粗粉砂岩	细砂岩,粉砂岩为主	中-细砂岩	中-细砂岩或砾岩	中砂岩,钙屑砂岩,砂砾岩	中-细砂岩	粗-细砂岩
储层物性 孔隙度/%	$\dfrac{8\sim13}{10}$	$\dfrac{7\sim20}{12}$	$\dfrac{6\sim16}{11.2}$	$\dfrac{1.13\sim19.4}{10.51}$	$\dfrac{5\sim14}{10.45}$	$\dfrac{2.18\sim7.87}{4.74}$	$\dfrac{1.64\sim9.28}{4.56}$	$\dfrac{0.77\sim17.07}{9.03}$	$\dfrac{3.13}{0.046}$	$\dfrac{0.47\sim12.71}{<6.2}$	$\dfrac{2\sim4}{3.36}$	$\dfrac{0.57\sim7.99}{3}$
储层物性 渗透率/$10^{-3}\ \mu m^2$	$\dfrac{0.1\sim45}{11.3}$	$\dfrac{0.08\sim9}{>1}$	$\dfrac{0.08\sim20}{>1}$	$\dfrac{0.02\sim19.2}{1.08}$	$\dfrac{0.1\sim7}{0.95}$	0.001~0.08	$\dfrac{0.002\sim1.22}{0.11}$	$\dfrac{0.011\sim0.844}{0.16}$	(有裂缝可达50~200)	$\dfrac{0.001\sim0.86}{<0.1}$	$\dfrac{0.001\sim0.1}{<0.064}$（除去裂缝）	0.002~4.3（除去裂缝）
储层分类	中-低孔,常规-近常规储层					中-特低孔,近致密-致密储层				特低孔,致密-极致密储层		
储集类型	孔隙型为主,少量裂缝-孔隙型								孔隙-裂缝型为主	孔隙型为主	裂缝-孔隙型为主	孔隙型、裂缝-孔隙型、孔隙-裂缝型
黏土矿物成分及含量 含量/%	少量	7.12	少~2	1~4	少~4	1.9~7.3	少~3	3~5	/	少量	偶见~2	少量
黏土矿物成分及含量 高岭石/%	无	5.63	无	0~16.8	无	无	无	0~26.49	/	0~59	少量	无
黏土矿物成分及含量 绿泥石/%	53.13	10.25	15.6	10.68	20.4	36~38	31.5~40.0	29.02~90.3	/	13~72	33.6	12~40
黏土矿物成分及含量 伊利石/%	46.88	24.13	29.6	35.36	37.8	62~64	54.5~71.5	9.7~47.69	/	28~53	65.4	60~88
黏土矿物成分及含量 伊利石-蒙脱石混层/%	无	32.14	无	41.3	41.8	无	无	无	无	无	无	无
黏土矿物成分及含量 绿泥石-蒙脱石混层/%	无	28.16	无	无	无	无	个别含少量	0~10.17	/	无	无	无
储层敏感性 碱敏性	中	强	弱~中	中	强	无~弱	中	中	强	弱~中	弱~中	中~中偏强
储层敏感性 水敏性	中	中~强	中~强	中偏弱	强	无~弱	中	强	中~强	中	无~弱	强
储层敏感性 速敏性	弱	弱~中等	弱~中	无~弱	/	弱	弱~中	无~弱	中	中偏强（盐水）	弱~中偏弱	中偏强~强
储层敏感性 酸敏性	较强	中等	Jp1:强 Jp2:弱	弱~中偏强	强	无	无	强	中~强	无	无~弱	极强
储层敏感性 盐敏性	弱	/	弱~中	无	/	无~中	/	中	强	弱（降低矿化度）	弱~中偏弱	/
储层敏感性 应力敏感性	/	弱~中	弱	/	/	/	弱~中	/	/	中	中	强

续表

项目		合兴场	蓬莱镇组 新场	蓬莱镇组 洛带	蓬莱镇组 马井	蓬莱镇组 新都	遂宁组 洛带	遂宁组 新都	沙溪庙组 新场	千佛崖组 新场	须家河组 新场(须四段)	须家河组 新场(须二段)	须家河组 大邑(须三、须二段)
地层水特征	水型	/	Na_2SO_4型为主，$NaHSO_4$、$CaCl_2$次之	$CaCl_2$为主，$MgCl_2$、Na_2SO_4	$CaCl_2$型	$CaCl_2$型	Na_2SO_4型为主，$NaHSO_4$、$CaCl_2$次之	/	$CaCl_2$型为主，$NaHCO_3$少量	$CaCl_2$型为主，$NaHCO_3$少量	$CaCl_2$型	$CaCl_2$型	$CaCl_2$型
	矿化度/(g/L)	/	0.1~28.7	24.9~44.7	10.7~64.0	49.2~53.9	19.8	/	26.2	41.9	52.3~85.8	0.2~115.5	30.9~96.2
	储层温度/℃	/	28~50	35~45	41~57	33~43	47~52	57~60	60~75	60~85	85~110	120~140	110~123
	温度梯度/(℃/100m)	/	1.9~2.23	2.13	1.96~2.11	2.11	2.06~2.31	2.18	2.03~2.37	2.03~2.80	2.16~2.30	2.22~2.44	2.07~2.24
气藏类型		无水气藏	无水气藏	无水气藏	无水气藏	无水气藏	无水气藏	无水气藏	无水气藏	无水气藏	有水气藏	有水气藏	有水气藏
岩石力学参数特征	抗张强度/MPa	/	砂岩:2.14~8.36	砂岩:2~6	砂岩:3~9	/	/	/	砂岩:1.7~7.34	/	砂岩:2~10	砂岩:8~10	砂岩:1.02~7.53
	抗压强度/MPa	/	砂岩:55~156(模拟地层条件下测定)	砂岩:17~58、泥岩:90~110、粉砂:30~92(单轴抗压测定)	砂岩:75~153(模拟地层条件下测定)	/	/	砂岩:256(模拟地层条件下测定)	砂岩:114~329、泥岩:61~219(模拟地层条件下测定)	/	砂岩:108~392、泥岩:100~300(模拟地层条件下测定)		砂岩:176~575、泥岩:64~248(饱和水地层条件下测定)
	杨氏模量/GPa	/	砂岩:10~29(10~30MPa围压下测定)	砂岩:2.6~5.5(单轴抗压测定)	砂岩:12.69(模拟地层条件下测定)	/	/	砂岩:10~25(单轴)、砂岩:32(10~30MPa围压下测定)	砂岩:26~53、泥岩:18~49(10~30MPa围压下测定)	/	砂岩:14~70(10~120MPa压下测定)、粉砂岩:20~50(10~30MPa压下测定)、泥岩:21~28(10~30MPa围压下测定)		砂岩:20~50、泥岩:23~40(饱和水模拟地层条件下测定)
	泊松比	/	砂岩:0.14~0.38(10~30MPa围压下测定)	/	0.23~0.31	/	/	砂岩:0.12~0.25(10~30MPa围压下测定)	砂岩:0.12~0.44(10~30MPa围压下测定)	/	砂岩:0.20~0.33(地层条件下测定)		砂岩:0.17~0.40、泥岩:0.20~0.33(饱和水模拟地层条件下测定)

续表

气藏 气田/含气构造		蓬莱镇组 合兴场	蓬莱镇组 新场	蓬莱镇组 洛带	蓬莱镇组 马井	蓬莱镇组 新都	遂宁组 洛带	遂宁组 新都	沙溪庙组 新场	千佛崖组 新场	须家河组 新场(须四段)	须家河组 新场(须二段)	须家河组 大邑(须三段、须二段)
岩石力学参数特征	内聚力/MPa	/	砂岩:10~22	/	13~33(计算)	/	/	/	砂岩:7~32	/	砂岩:20~49	/	砂岩:10~26
	内摩擦角/(°)	/	砂岩:35~44	/	26~33(计算)	/	/	/	砂岩:16~24	/	砂岩:17~43	/	砂岩:41~45
地应力特征	地应力状态						$\sigma_{最大} > \sigma_{垂} > \sigma_{最小}$						
	地应力梯度/(MPa/100m)		$\sigma_{最大}$:1.80~4.20 $\sigma_{垂}$:2.45± $\sigma_{最小}$:1.60~2.60		$\sigma_{最大}$:2.55~4.61 $\sigma_{垂}$:2.45± $\sigma_{最小}$:2.03~2.89		/	/	$\sigma_{最大}$:2.2~4.0 $\sigma_{垂}$:2.45± $\sigma_{最小}$:1.75~2.5	/	$\sigma_{最大}$:2.50~3.7 $\sigma_{垂}$:2.45± $\sigma_{最小}$:1.70~2.3	/	$\sigma_{最大}$:1.7~1.9 $\sigma_{垂}$:2.4~2.8 $\sigma_{最大}$与$\sigma_{垂}$接近
	现今最大水平主应力方向		SE130°		SE95°~105°	SE100°~120°	SE110°		SE120°~150°	/	EW		须三段:NE78° 须二段:ES144°
地层孔隙、拐弯、破裂压力特征							$P_{坍塌} < P_{孔隙} \leq P_{破裂}$						
岩石硬度及可钻性	压入硬度均值/MPa				368.03			496.93	486.39	486.39	727.31	1054.08	2001.35
	塑性系数均值				2.10			1.87	1.90		1.66	1.51	1.07
	可钻性级值均值				4.06			4.49	4.47		5.21	6.11	8.62

二、工程地质特征

（一）含气地质特征复杂多样

1. 满盆富砂、满拗含气、气田连片分布

四川盆地满盆富砂、川西拗陷满拗含气、川西拗陷中段气田连片分布，目前已发现了新场、马井、洛带、新都、东泰、合兴场、孝泉等大、中、小型气田以及大邑、丰谷等含气构造（图 1.2）。

2. 纵向含气层位多、深度跨度大

川西气田纵向含气层位多、深度跨度大（图 1.3）。以新场气田为例，自上而下在下白垩统剑门关组，侏罗系蓬莱镇组、遂宁组、沙溪庙组、千佛崖组、白田坝组，上三叠统须家河组等 7 个层位 50 余套砂组均有天然气分布；主力气藏为浅层蓬莱镇组气藏、中深层沙溪庙组气藏、深层须家河组气藏，埋深从 200m 到 5300m，跨度可达 5100m。各砂层纵向呈串珠状叠置，平面上呈块状或带状展布，具备优越的立体开发条件。

3. 纵向储层物性差异大、横向非均质性强

储层岩性以中-细砂岩为主，粗粉砂岩、砾岩次之。纵向储层物性存在由浅往深呈常规—近致密—致密—极致密的变化趋势。白垩系、蓬莱镇组属中-低孔、常规-近常规储层，孔隙度平均大于 10%、渗透率平均大于 $1\times10^{-3}\mu m^2$；遂宁组、沙溪庙组、千佛崖组、须四段上部储层属中-特低孔、近致密-致密储层，孔隙度一般为 5%～10%、渗透率一般为 $0.1\times10^{-3}\sim1\times10^{-3}\mu m^2$；须四下亚段储层、须二段储层属特低孔、致密-超致密储层，孔隙度一般为 2%～4%、渗透率为 $0.001\times10^{-3}\sim0.1\times10^{-3}\mu m^2$。由于成岩作用及沉积微相的差异，储层物性横向非均性强，平面上存在相对高渗带不均匀分布的特征。

4. 储集类型多样

储集类型既有孔隙型储层，也有裂缝型储层；同时还有裂缝-孔隙型储层和孔隙-裂缝型储层。以新场气田为例，中浅层以孔隙型储层为主，裂缝-孔隙型储层次之，少数为裂缝型储层；深层须四段气藏以孔隙型为主，裂缝型和裂缝-孔隙型次之；超深层须二段气藏以裂缝-孔隙型为主，裂缝型和孔隙型次之。

5. 纵横向储层敏感性特征存在差异

碱敏性：洛带气田蓬莱镇组、遂宁组及新场气田须四、须二段表现为无—弱—中，合兴场气田、马井气田蓬莱镇组、新都气田遂宁组、新场气田沙溪庙组表现为中等，新场气田蓬莱镇组、千佛崖组和大邑构造须三、须二段表现为中—强。

水敏性：马井气田蓬莱镇组、洛带气田遂宁组、新场气田须二段表现为无—弱—中偏弱，其余气田（含气构造）层位表现为中—强。

速敏性：蓬莱镇组、遂宁组、沙溪庙组及新场气田须二段均表现为无—弱—中，新场气田千佛崖组、须四段及大邑构造须三、须二段表现为中—强。

酸敏性：洛带、新都气田遂宁组和新场气田须四、须二段表现为无—弱，马井、洛带气田蓬莱镇组表现为弱—中偏强，合兴场、新场气田蓬莱镇组、新场气田沙溪庙组、千佛崖组及大邑构造须三、须二段表现为中—极强。

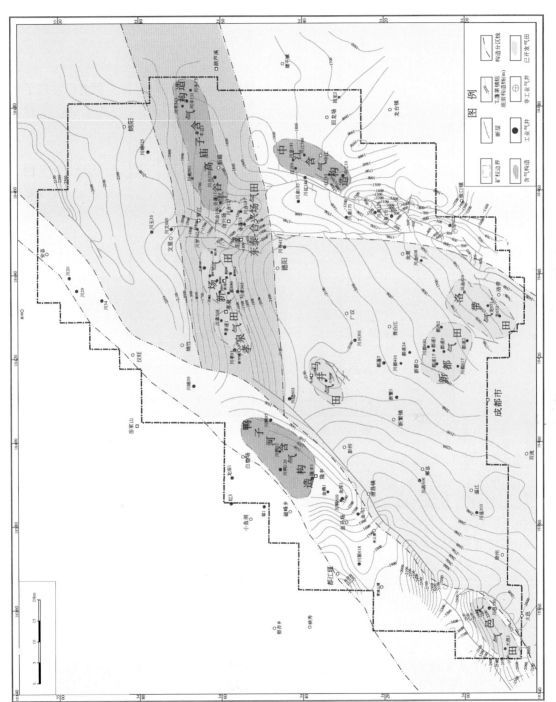

图1.2 川西气田分布情况

地层系统				平均厚度/m	岩性剖面
系	统	组	代号		
白垩系	下统	剑门关组	$K_1 j$	1000	
侏罗系	上统	蓬莱镇组	$J_3 p$	1200	
		遂宁组	$J_3 sn$	300	
	中统	沙溪庙组 上	$J_2 s$	500	
		沙溪庙组 下	$J_2 x$	200	
		千佛崖组	$J_2 q$	100	
	下统	白田坝组	$J_1 b$	150	
三叠系	上统	须家河组 须五段	$T_3 x^5$	500	
		须家河组 须四段	$T_3 x^4$	550	
		须家河组 须三段	$T_3 x^3$	750	
		须家河组 须二段	$T_3 x^2$	550	
		小塘子组	$T_3 t$	150	
		马鞍塘组	$T_3 m$	150	
	中统	雷口坡组	$T_2 l$	1200	

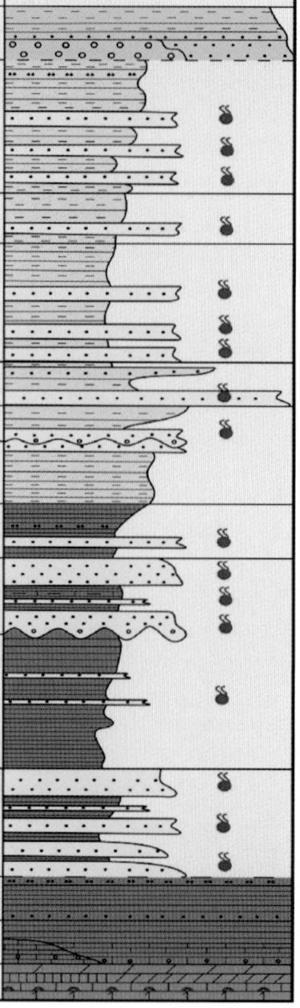

图 1.3　新场气田气藏分布情况

盐敏性：马井、合兴场气田蓬莱镇组、洛带气田蓬莱镇组和遂宁组、新场气田须四、须二段表现为无—弱—中，新场气田沙溪庙组表现为中等，新都气田蓬莱镇组表现为强。

应力敏感性：新场气田千佛崖组、须四、须二段及大邑构造须三、须二段储层表现为中—强，其余气田（含气构造）层位均表现为较弱。

6. 纵向储层地温差异大

气藏纵向深度跨度大，导致浅、中、深层地温差异大。浅层白垩系、蓬莱镇组气藏地温约为 25~57℃，中深层遂宁组、沙溪庙组、千佛崖组、白田坝组气藏地温为 47~85℃，深层须家河组气藏地温为 85~140℃。

7. 纵向地层水水型多样、矿化度差异大

纵向地层水水型多样，包含 Na_2SO_4、$NaHSO_4$、$CaCl_2$ 水型；其中以 $CaCl_2$ 水型为主体的气藏居多，仅新场气田蓬莱镇组、洛带气田遂宁组气藏以 Na_2SO_4 水型为主，$NaHSO_4$、$CaCl_2$ 水型次之。地层水矿化度差异较大，从浅至深，地层水矿化度为 0.1~116g/L，深层较中浅层矿化度偏高，各气藏内部矿化度也存在较大差异。

8. 气藏类型多样

气藏类型主体存在两种：层状、块状砂岩有水气藏和透镜状、似层状砂岩无水气藏。

中浅层多属无边底水弹性气驱透镜状、似层状砂岩气藏，开采中多数井不产水或产少量地层水（主要是残余地层水）；深层须家河组多属层状、块状砂岩有水气藏，新场气田须二段气藏属层状砂岩边水气藏，合兴场气田须二段气藏属块状砂岩底水气藏。

9. 沉积特征、储层特征、开采特征复杂

具有多物源、近物源、矿物及其结构成熟度低和沉积相带变化快等沉积特征；具有非均质、泥质含量高、低孔渗、高毛管压力、高含水饱和度等储层特征；具有纵向多层叠置储量动用不均衡、存在启动压力梯度、渗流规律不遵循达西定律、异常高压弹性能量小、产量和压力下降快、稳产期末产出程度低、相对优质储层发育是稳产的基础、天然裂缝发育是高产的关键、天然裂缝不发育的气井自然产能低依靠压裂改造投产才具备工业开采价值等开采特征。

（二）岩石力学参数特征差异大

由于埋藏深度跨度大、岩石致密化程度不同、岩石矿物组分、胶结成分、结构面差异及地下温度、压力、天然裂缝等多种因素影响，岩石力学参数纵横向非均质性强，存在较大特征差异。

1. 抗张强度

抗张强度一般为 2～10MPa，须四段以浅储层平均在 6MPa 左右，须二段储层较大，平均在 9MPa 左右。

2. 抗压强度

地层条件下干岩样测定表明，新场、马井气田蓬莱镇组砂岩抗压强度为 55～156MPa，新都气田遂宁组砂岩为 256MPa，新场气田沙溪庙组砂岩为 114～329MPa、泥岩为 61～219MPa，新场气田须家河组砂岩为 108～392MPa、泥岩为 100～300MPa；饱和水地层条件下测定，大邑构造须家河组砂岩为 176～575MPa、泥岩为 64～248MPa。由于岩石类型、岩石组构、实验温度、围压条件等差异，同地区同层位同岩类间抗压强度值均存在较大差异；相对而言，须家河组砂岩三轴抗压强度最高，遂宁组砂岩次之，其余层位、岩类相对较低。

3. 内聚力

中浅层内聚力相对较小，一般为 7～33MPa，深层须家河组相对较大，为20～50MPa。

4. 内摩擦角

新场气田蓬莱镇组砂岩内摩擦角为 35°～44°，马井气田蓬莱镇组砂岩为 26°～33°，新场气田沙溪庙组砂岩为 16°～24°，新场气田须家河组砂岩为 17°～43°，大邑构造须家河组砂岩为 41°～45°。

5. 杨氏模量

不同围压条件下，杨氏模量测值差异较大，且随着围压增加而增大。在模拟地层条件下（10～30MPa 围压）测定，新场气田蓬莱镇组砂岩杨氏模量为 10～29GPa，马井气田蓬莱镇组砂岩约为 13GPa，新都气田遂宁组砂岩为 32GPa，新场气田沙溪庙组砂岩为 26～53GPa，新场气田须家河组砂岩为 10～50GPa、粉砂岩为 20～50GPa、泥岩为 21～28GPa；在 120MPa 围压下测定，新场气田须家河组砂岩杨氏模量可达 70GPa；大邑构造须家河组在饱和水模拟地层条件下测定，砂岩为 20～50GPa、泥岩为 23～40GPa。

6. 泊松比

在干岩样模拟地层条件下（10～30MPa 围压）测定，新场气田蓬莱镇组砂岩泊松比为 0.14～0.38，马井气田蓬莱镇组砂岩为 0.23～0.31，新都气田遂宁组砂岩为 0.12～0.25，新场气田沙溪庙组砂岩为 0.12～0.44；新场气田须家河组砂岩地层条件下为 0.20～0.33；在岩样饱和水模拟地层条件下测定，大邑构造须家河组砂岩为 0.17～0.40、泥岩为 0.20～0.33。

（三）地应力场特征

地应力大小及状态：主体均表现为 $\sigma_H > \sigma_v > \sigma_h$，即三轴应力状态为水平最大主应力大于垂向主应力大于水平最小主应力；且地应力值随深度增加而增大，深层明显较中浅层应力值大（图 1.4）。现今地应力方向：最大水平主应力方向为 NW—NWW，最小水平主应力方向为 NE—NNE，各区块层位地应力方向发生一定偏转。以新场为例，浅层蓬莱镇组最大水平主应力方向主体为 SE95°～105°，最小水平主应力方向主体为 NE5°～15°；中深层沙溪庙最大水平主应力方向为 SE120°～150°，最小水平主应力方向为 NE30°～60°；深层须家河组最大水平主应力方向为 SE100°左右，最小水平主应力方向为 NE10°。

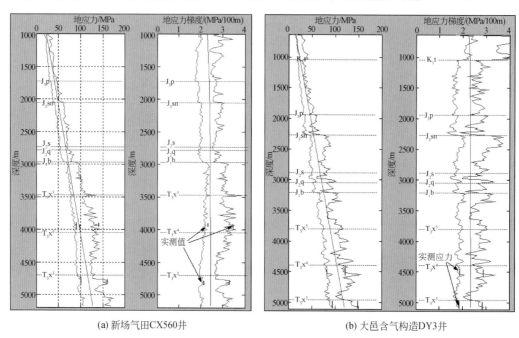

(a) 新场气田CX560井   (b) 大邑含气构造DY3井

图 1.4　川西典型井地应力剖面图

（四）地层孔隙压力、坍塌压力、破裂压力特征

1. 地层孔隙压力特征

（1）纵向整体上为异常高压

马井、孝泉、新场、合兴场气田，从浅层蓬莱镇组到深层须家河组，地层压力梯度整体上都大于 1.4MPa/100m，尤其进入沙溪庙组以后，地层孔隙压力梯度大于 1.6MPa/100m，在须家河组中上部地层孔隙压力梯度可达 1.9MPa/100m 以上，异常高压特征明显。

（2）纵向上分带特征明显

除西南部大邑构造、东南部洛带气田外，川西气田地层孔隙压力在纵向上具明显的4个压力段分带特征［图1.5（a）］：正常地层压力段，地表至蓬莱镇组上部，地层孔隙压力梯度小于1.2MPa/100m；升压过渡段，蓬莱镇组中部至白田坝组底部，地层孔隙压力梯度为1.2～1.8MPa/100m；异常高压稳定段，须家河组须五至须三段，地层孔隙压力梯度为1.7～2.0MPa/100m；异常高压降压段为须二段，地层孔隙压力梯度为1.5～1.7MPa/100m。而西南部大邑构造、东南部洛带气田，纵向上地层孔隙压力具三分带特征，自上而下呈常压—高压—常压变化趋势；以大邑构造为例［图1.5（b）］，须家河组以上地层为常压地层，地层孔隙压力梯度在1.20MPa/100m以下；须五-须三段大砂体以上为相对高压段，地层孔隙压力为1.15～1.33MPa/100m；须三段大砂体以下主体属常压地层，局部存在高压地层。

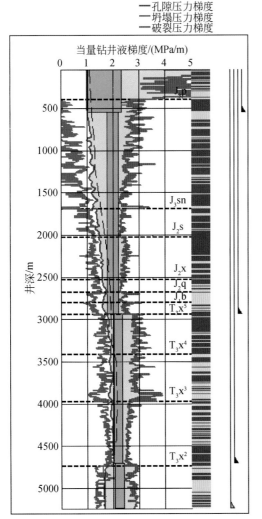

(a) 新场气田CX560井

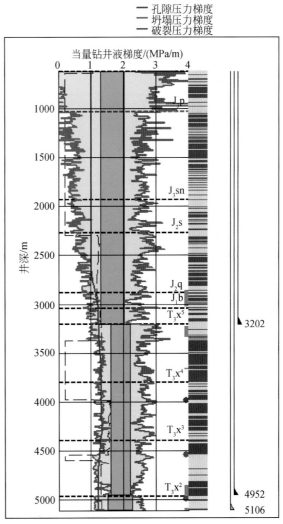

(b) 大邑含气构造DY3井

图1.5　川西气田典型井地层孔隙压力、坍塌压力、破裂压力剖面

（3）横向上区域差异明显

川西气田地层孔隙压力具有由南向北、由西向东逐步增高的趋势。如处于西南的大邑构造纵向地层孔隙压力以常压型为主，局部高压；位于东北的马井、孝泉、新场、合兴场气田，地层孔隙压力以高压-异常高压型为主，而东南部龙泉山斜坡带上的洛带及新都气田，地层孔隙压力以常压-微超型为主（表 1.2）。

表 1.2　川西气田地层孔隙压力梯度统计表　　　（单位：MPa/100m）

气藏 ＼ 气田		马井	孝泉	新场	合兴场	大邑	洛带
蓬莱镇组		1.2～1.5	1.2～1.4	1.0～1.5	1.1～1.4	1.05～1.11	1.00～1.15
遂宁组		1.4～1.6	1.4～1.7	1.4～1.6	1.2～1.5	1.05～1.11	1.10～1.15
上沙溪庙组		1.5～1.65	1.6～1.8	1.6～1.8	1.5～1.7	1.10～1.15	1.15～1.25
下沙溪庙组		1.5～1.75	1.7～1.9	1.6～1.9	1.7～1.9	1.11～1.16	
千佛崖组		1.5～1.8	1.7～1.8	1.7～1.8	1.8～1.9	1.11～1.15	
白田坝组/自流井组		1.5～1.8	1.8～1.9	1.8～1.9	1.8～1.9	1.11～1.15	
须家河组	五段	1.8～1.9	1.8～2.0	1.8～2.0	1.8～2.0	1.15～1.35	1.25～1.30
	四段	1.7～1.9	1.7～1.9	1.7～1.9	1.7～1.9	1.25～1.35	1.20～1.25
	三段	1.6～1.8	1.8～1.9	1.8～1.9	1.7～1.9	1.18～1.30	1.30～1.35
	二段	1.4～1.5	1.6～1.7	1.6～1.7	1.5～1.7	1.05～1.23	1.25～1.30

2. 地层坍塌压力特征

1）地层坍塌压力纵向上随深度增加而增加，且具有明显分带特征。以新场气田为例，地表至蓬莱镇组中上部，地层坍塌压力梯度为 0～1.0MPa/100m，属低坍塌压力地层；蓬莱镇组下部至白田坝组，坍塌压力梯度为 1.0～1.5MPa/100m，属中等坍塌压力地层；须五段至须三段，坍塌压力梯度为 1.0～1.96MPa/100m，属高坍塌压力地层，地层坍塌风险较大；须二段坍塌压力有所下降。

2）地层坍塌压力普遍低于孔隙压力，局部存在坍塌压力大于地层孔隙压力段（须二段上部泥岩段）。因此，在常规钻井液设计中一般可不考虑地层应力坍塌问题。

3. 地层破裂压力特征

以新场气田为例，蓬莱镇组中上部以浅地层破裂压力梯度较低，为 2.2～2.4MPa/100m；蓬莱镇组下部至须家河组上部地层破裂压力梯度相对较高，为 2.3～2.7MPa/100m；须四段底部至须二段地层破裂压力梯度变化幅度较大，可低至 2.0MPa/100m，也可高至 3.0MPa/100m 以上。同时，由于地层岩石强度的非均质性强，现场施工取得的破裂压力具有较为明显的构造差异性与层间差异性。

4. 安全密度窗口特征

1）浅部地层安全钻井液密度窗口较宽，深部地层较窄。原因主要是浅层和深层破裂压力梯度变化小，但深部地层坍塌压力及孔隙压力都明显高于浅部地层。

2）安全钻井液密度窗口的上限为地层破裂压力当量密度值。如果采用控压钻井，则下限为坍塌压力当量钻井液密度值；如果不采用控压钻井，除部分井段外，安全钻井液密度窗口的下限为地层孔隙压力值，安全窗口相对较窄。

（五）岩石硬度、塑性系数、可钻性

1. 岩石硬度

地层岩石硬度分布在 66.28~2888MPa 区间，中浅层岩石硬度多为 200~500MPa，深层须家河组岩石硬度多在 1000MPa 以上，大邑须二段最高可达 2900MPa 左右，地层岩石硬度总体随深度增加而增大。

2. 岩石塑性系数

地层岩石塑性系数为 1~3，岩石塑性系数小于 2 的占 80%，按塑性系数分级标准，地层具有脆-低塑性特征。

3. 岩石可钻性

蓬莱镇组-须家河组五段地层岩石可钻性级值均值在 4~6 区间，属软-中硬地层；须家河组三、四段可钻性级值均值增大，属中硬-硬过渡型，须二段增大至 8 以上，属硬地层。

第二节　渗　流　特　征

致密砂岩气藏与常规气藏相比，其渗流机理极其复杂，表现出较强的非达西渗流规律。通过对致密气藏进行专门的特殊渗流实验评价，包括岩心储渗特性实验测试、水两相渗流特征实验、岩心应力敏感性实验、长岩心驱替水锁效应实验测试、可流动含水饱和度及启动压力梯度测试等，揭示致密砂岩气藏特殊渗流机理。

一、产气率、产水率与含气饱和度、含水饱和度关系

通过新场气田沙溪庙组气藏沙二^1、沙二^{3}储层岩心储渗物性测试，进行了气水两相相对渗透率测试（图 1.6、图 1.7）。实验所用气体为标准氮气，水样为 X888 井地层水。

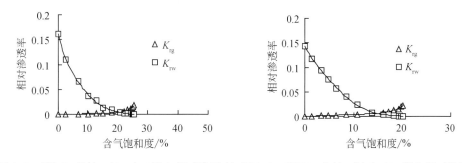

图 1.6　CX380 井沙二^{3}1-9/45 岩心相对渗透率　图 1.7　CX160 井沙二^{1}2-24/53 岩心相对渗透率

在渗透率为 $0×10^{-3}$~$1.0×10^{-3}μm^2$ 的范围内，给定不同的标准化水相饱和度 S_w^* 值，计算出标准化相对渗透率曲线数据，见表 1.3 和图 1.8。

表 1.3　标准化相对渗透率曲线数据

S_w^*	$K_{rw}^*/10^{-3}\mu m^2$	$K_{rg}^*/10^{-3}\mu m^2$	$S_w/10^{-3}\mu m^2$	$K_{rw}/10^{-3}\mu m^2$	$K_{rg}/10^{-3}\mu m^2$
0	0	1	0.70256	0	0.072191
0.1	0.024885	0.775134	0.732304	0.007179	0.055958
0.2	0.075649	0.583057	0.762048	0.021824	0.042091
0.3	0.144966	0.422192	0.791792	0.041821	0.030478
0.4	0.229973	0.290844	0.821536	0.066344	0.020996
0.5	0.328948	0.187168	0.85128	0.094897	0.013512
0.6	0.440696	0.10913	0.881024	0.127135	0.007878
0.7	0.564321	0.054437	0.910768	0.162799	0.00393
0.8	0.699117	0.020426	0.940512	0.201685	0.001475
0.9	0.844504	0.003823	0.970256	0.243628	0.000276
1	1	0	1	0.288486	0

＊标准化。

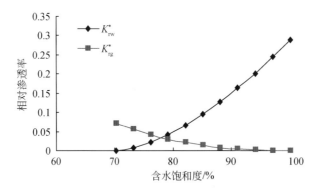

图 1.8　岩样归一化相对渗透率关系曲线图

由相对渗透率曲线可以看出，采用先饱和水，再用气驱水非稳定法测定相对渗透率，残余气饱和度值为 0，而束缚水饱和度达到 70%，交点含水饱和度为 79%，显著大于50%，即对于气、水两相流动体系，岩心的亲水性符合强亲水规律。同时可以看出，束缚水含水饱和度 70%远远大于原始平均含水饱和度 52%，储层的强亲水性和高束缚含水饱和度将导致施工及开采过程中较严重的水锁效应，是低渗致密气藏开发的又一影响因素。

为了找出相对渗透率与含气饱和度的关系，对相对渗透率和含气饱和度做了各类型曲线拟合，分别为线性、对数和多项式关系：

线性拟合：　　　$y=-0.2359x+0.2234$　　　　$R^2=0.88$　　　　(1.1)

对数式拟合：　$y=-0.2024\ln x-0.0112$　　　$R^2=0.91$　　　　(1.2)

多项式拟合：　$y=1.0213x^2-1.9747x+0.955$　$R^2=0.99$　　(1.3)

对比分析表明，采用多项式来表达相对渗透率与含气饱和度的关系较为合适。

根据气水两相渗流关系，可以得到产气率（f_g）、产水率（f_w）与含气饱和度（S_g）、含水饱和度（S_w）的关系式：

$$f_{\mathrm{w}} = \frac{Q_{\mathrm{w}}}{Q_{\mathrm{w}} + Q_{\mathrm{g}}} = \frac{K_{\mathrm{w}}/\mu_{\mathrm{w}}}{K_{\mathrm{w}}/\mu_{\mathrm{w}} + K_{\mathrm{g}}/\mu_{\mathrm{g}}} = \frac{1}{1 + \left(\dfrac{K_{\mathrm{g}}}{K_{\mathrm{w}}}\right)\left(\dfrac{\mu_{\mathrm{w}}}{\mu_{\mathrm{g}}}\right)} \qquad (1.4)$$

而

$$K_{\mathrm{w}} = K_{\mathrm{rw}} \cdot K_{\text{绝对}} \qquad (1.5)$$

$$K_{\mathrm{g}} = K_{\mathrm{rg}} \cdot K_{\text{绝对}} \qquad (1.6)$$

$$f_{\mathrm{g}} = 1 - f_{\mathrm{w}} \qquad (1.7)$$

　　根据实验数据，分别计算出 f_{w}、f_{g}，绘制出产率与饱和度的关系图（图 1.9、图 1.10），图中曲线分别为产气率与含气饱和度关系、产水率与含水饱和度关系。

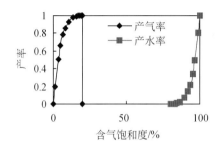
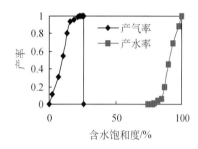

图 1.9　CX160 井沙二^{1}2-24/53 产气率产水率　　　图 1.10　CX380 井沙二^{1}1-9/45 产气率产水率

　　从图中可以看出，对于气相流动，随着含气饱和度的增加，岩心采出端产气率急剧上升。当含气饱和度达到 20% 以上时，岩心就可以形成单一气相流动；而对于水相来说，当含水饱和度达到 75% 甚至 80% 以上时水相才开始流动，此后随着含水饱和度的增加，岩心采出端产水率才会急剧上升。这就需要特别注意气井应及时实施排液采气工艺措施，以防止井底积液反向渗吸堵塞近井地层，形成高含水饱和度产生水锁。同时，在气井实施压裂投产措施时，通过前置、交替或者混合注入 N_2、CO_2 等气体段塞，尽可能减少压裂液对裂缝基岩面的反向渗吸，形成基岩面上高含水饱和度水锁伤害。

二、岩心应力敏感特性

　　变形介质气藏的渗流是一个动态耦合的过程：一方面，由于流体的产出，会引起岩石孔隙压力的变化，并导致岩石骨架产生变形；另一方面，岩石骨架的变形，将导致储层孔隙体积的改变，引起气藏物性参数，特别是孔隙度、渗透率的变化，这些参数的变化反过来影响天然气的渗流与开采。

　　随着对气田开发研究的深入，发现对于主要以衰竭式进行开发的气藏，尤其是低渗气藏，生产区域内地层压力下降幅度很大，随着地层压力的下降，储层岩石承受的有效应力大幅度增加。而随着有效应力的增加，储层岩石会产生变形，这种变形的结果是使储层中部分裂缝闭合，孔隙的变形导致岩石渗透率降低。这种渗透率随有效应力变化的现象对低渗透气藏的开发动态不可能不产生重大影响。尤其需要指出的是，在低渗气藏开发过程中，在生产井井底附近的压力损失是最大的（70%～90%），因而在低渗气藏的井底附近，压降幅度大，而且来得早，在井底附近因大压降而引起渗透率降低，严重影响气井的产能，这就是所谓的"应力污染"现象。对于低渗致密储层，岩石变形对孔隙体积影响较小，但对本来就很细小的喉道却有较大影响，因而将大大改变渗透率；对于异常高压气藏，岩石变形对孔隙体积及其喉道均有影响，因而对孔隙度和渗透率均有较大的影响。变形介质渗流受多种因素的影响，其机理极其复杂。进行产能计算、确定生产压差以及进行各种方案的模拟计算时，必须考虑变形介质的影响。

（一）岩心孔隙度应力敏感性分析

通过实验测试了岩心孔隙度随净围压的变化关系，实验结果表明，储层孔隙度对有效应力敏感性不强。

如图 1.11 所示，CX380 井 2-24/41 号岩心，净围压从 6MPa 上升到 60MPa，孔隙体积从 3.6297cm³ 下降到 3.4887cm³，减小了 0.141cm³，下降幅度为 3.885%；岩样总体积从 28.064cm³ 下降到 27.923cm³，减小了 0.141cm³，下降幅度为 0.502%；而孔隙度从 12.93% 下降到 12.49%，下降了 0.44%，下降幅度为 3.403%。

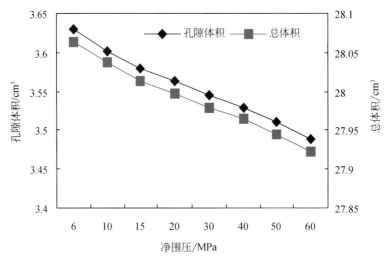

图 1.11　CX380 井 2-24/41 孔隙体积随围压变化

采用半对数（或半对数分段）关系式拟合孔隙度随净围压的变化，相关系数都在 0.95 以上，如图 1.12、图 1.13 所示。

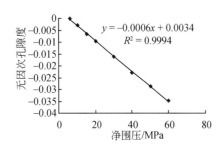

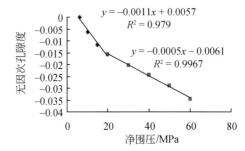

图 1.12　CX160 井 2-24/53 无因次孔隙度
随围压变化

图 1.13　CX380 井 2-24/41 无因次孔隙度
随围压变化

（二）岩心压缩系数应力敏感性分析

实验表明，各岩样的压缩系数不是一个常数，而是随着净围压的增大而逐渐降低，即在地层中岩石压缩系数是随着地层压力的降低而降低的，降低的幅度和程度非常明显，特别是净围压增加的初始阶段（即地层压力下降初期），而随着净围压的增加，岩石压缩系数逐渐趋于一个定值。

从图 1.14 可以看出，当净围压从 6MPa 上升到 60MPa，岩石压缩系数下降最大的是 CX467 井 2-23/38 号岩心，降幅为 75.61%，下降最小的是 CX160 井 2-24/53 号岩心，降幅为 41.18%。通过实验数据拟合，岩样岩石压缩系数与净围压之间呈多项式关系（图 1.15）。从图中可看出，用三次多项式拟合程度很高，R^2 值都在 0.98 以上。

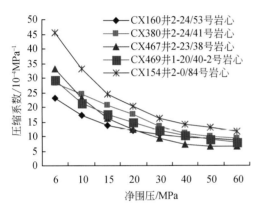
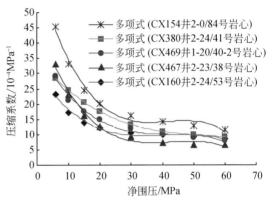

图 1.14　岩心压缩系数随净围压变化关系　　　图 1.15　岩石压缩系数随净围压多项式关系

（三）岩心渗透率应力敏感性分析

1. 净围压对常规岩样渗透率的影响

渗透率存在较强应力敏感性，在围压升高初期，渗透率下降幅度较大。以 CX380 井 2-24/41 号岩心为例，取上覆岩石压力为 15MPa，考虑原始地层中上覆岩石压力的影响，净围压从 0 增加到 45MPa 时（实验中净围压从 15MPa 增加到 60MPa），岩心渗透率从 $0.018 \times 10^{-3} \mu m^2$ 降低到 $0.00607 \times 10^{-3} \mu m^2$，渗透率降低了 66.28%，如图 1.16 所示。

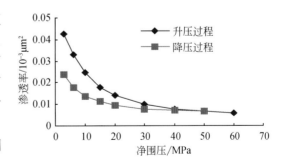

图 1.16　CX380 井 2-24/41 渗透率随净围压变化

同时，从图中也可以看出，在降压过程中，随围压松弛后，常规岩样的渗透率恢复程度较大，但不能恢复到原来的渗透率值。这是因为在有效应力增加的过程中，岩样发生了塑性变形，应力松弛后能够恢复部分渗透率，但不能回到原来的水平。

对净围压增大过程中渗透率的变化规律做曲线拟合发现，渗透率随净围压变化半对数

（或半对数分段）拟合相关系数都在 0.96 以上，各岩心的渗透率随净围压变化的拟合关系如下：

CX380 井 2-24/41 号岩心

$$\begin{cases} \ln(K/K_i) = -0.0655P_{eff} + 0.155 & R^2 = 0.9924 \\ \ln(K/K_i) = -0.0164P_{eff} - 1.9812 & R^2 = 0.9845 \end{cases} \tag{1.8}$$

各岩心的渗透率随净围压变化的半对数分段拟合曲线见图 1.17～图 1.18。

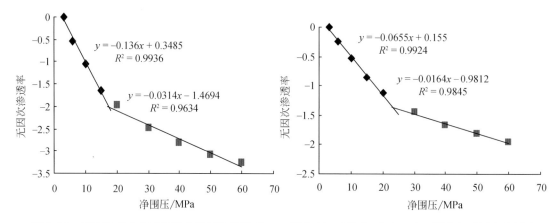

图 1.17　CX160 井 2-24/53 岩心无因次渗透率　　图 1.18　CX380 井 2-24/41 号岩心无因次渗透率
　　　　　　与净围压　　　　　　　　　　　　　　　　　　与净围压

　　从围压松弛渗透率恢复规律及围压增加时渗透率随净围压变化半对数（或半对数分段）拟合关系图上看，在实验室净围压为 25MPa 左右时（即考虑上覆岩石压力为 15MPa，生产压差为 7MPa 时），岩心渗透率变化规律明显改变，以塑性变形为主，渗透率伤害不可逆转。而目前现场生产压差普遍大于 10MPa，导致了较严重的渗透率伤害，气井产能及压力递减快。

　　比较 CX160、CX467 井沙二[1]岩心、CX154、CX380 井沙二[3]岩心与 CX469 井沙二[4]岩心，见图 1.19，随着净围压增加，沙二[1]、沙二[3]岩心渗透率下降幅度远远大于沙二[4]。分析其原因，主要是沙二[1]、沙二[3]储层岩心孔隙结构差、喉道细，在应力增加的情况下容易闭合，从而导致渗透率的大幅度下降。

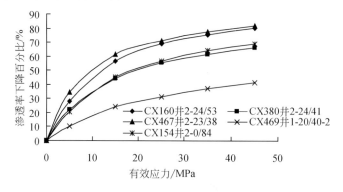

图 1.19　岩石渗透率应力敏感性

2. 人工裂缝导流能力对围压的敏感性分析

新场气田沙溪庙组气藏沙二[1]、沙二[3]埋藏深度一般为 2000～2400m，其裂缝闭合应力为 43～60MPa。考虑到气层闭合应力较高，根据导流能力的试验结果，0.8～1.20mm 的陶粒支撑剂适合地层的闭合应力小于 30MPa 的地层中，不适合气藏长期生产的要求，高强度支撑剂的颗粒粒径分布在 0.50～0.80mm 左右时，高闭合应力条件下的导流能力稳定性较好。因此，本次试验选择短期导流能力和长期导流能力较好的陶粒支撑剂，陶粒规格采用 0.45～0.90mm，评价闭合应力对人工裂缝导流能力的影响。

图 1.20、图 1.21 是直径 0.45～0.90mm 陶粒支撑剂长期导流能力和短期导流能力的试验评价，可以看到在闭合应力为 10～20MPa 的条件下支撑剂的渗透率可以达到 130～180μm[2]，在 50～60MPa 的条件下支撑剂的渗透率下降为 45～55μm[2]，同样从支撑剂的长期导流能力数据可以看到，在铺置浓度为 5kg/m[2]、闭合压力为 60MPa 的条件下，初始导流能力为 51.67μm[2]·cm，但是在 200h 后导流能力下降为 17.37μm[2]·cm。

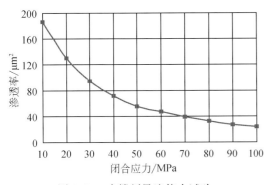

图 1.20　支撑剂导流能力试验
（铺置浓度：5kg/m[2]）

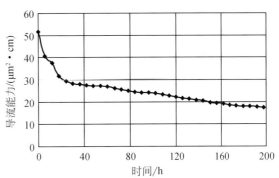

图 1.21　支撑剂长期导流能力试验结果

三、近井地层水锁效应

勘探开发实践证实，低渗气藏由于低孔低渗特点，流体流动通道窄、渗流阻力大、液固界面及液气界面表面张力大，水锁效应明显增强，导致气井产能下降，严重影响到储量的有效开发。系统研究低渗气藏水锁伤害机理，寻找有针对性的开发对策，对低渗气藏的开发有明显的指导意义。

（一）近井地层水锁

在气井开采过程中，一方面由于钻井液、完井液、固井液、压井液、酸化压裂液以及井筒生产积液等外来流体侵入储层后产生水锁效应，侵入的外来流体难以完全排出，使近井地带储层的含水饱和度增加，气相渗透率降低，致使气井产能下降；另一方面，当地层的压降梯度超过地层原始平衡水恢复流动所需的启动压差时，会使近井地层一部分平衡共存水以分相渗流和蒸发态方式流入井筒形成井底积液，而井底积液则在井筒回压、储层岩石润湿性和毛管压力作用下，会向生产层组中、低渗层的微毛管孔道反向渗吸，形成反向渗吸水锁伤害，对低渗低产气井，这一现象尤为严重。因此研究水锁伤害机理，预测水锁效应所引起的启动压差，探索解除水锁效应的方法，对开发低渗气藏具有重要意义。

(二) 长岩心驱替水锁效应实验

反渗吸水锁启动压差实验的评价手段主要是通过不同阶段长岩心气驱水压力和气相渗透率的变化来做定性和定量的评价，其中流速和压差是一种评价手段。通过对整个实验过程中岩心两端的压差与注入量的关系以及注入流速的分析，可以对实验过程中不同阶段的流动能力进行评价，可以分析注入介质后流体在岩心中的流动能量提高情况。

1. 两组长岩心束缚水饱和度及渗透率测试

首先选择无破损且较长的基础岩心，经打磨、清洗、烘干后对岩心的基本物性参数进行测试。所测试岩心的最大渗透率为 $0.378 \times 10^{-3} \mu m^2$，最小渗透率为 $0.23 \times 10^{-3} \mu m^2$，算术平均渗透率为 $0.301 \times 10^{-3} \mu m^2$，调和平均渗透率为 $0.292 \times 10^{-3} \mu m^2$，最大孔隙度为 12.94%，最小孔隙度为 11.83%，平均孔隙度为 12.38%，岩心总长度为 50.609cm，岩心总孔隙体积为 $30.71cm^3$。

在上述基础岩心基本物性参数测试、长岩心排序和水锁实验测试基础上，进一步模拟压裂过程建立人工单裂缝长岩心组合。所测试人工裂缝岩心的最大渗透率为 $2075.96 \times 10^{-3} \mu m^2$，最小渗透率为 $487.96 \times 10^{-3} \mu m^2$，有 3 块岩心为未加人工裂缝的基础岩心，目的是模拟地层中未形成人工裂缝的基岩渗透率状态。长岩心算术平均渗透率为 $754.8 \times 10^{-3} \mu m^2$，调和平均渗透率为 $1.215 \times 10^{-3} \mu m^2$，最大孔隙度为 14.34%，最小孔隙度为 12.41%，平均孔隙度为 13.37%，岩心总长度为 50.609cm，岩心总孔隙体积为 $33.62cm^3$（表 1.4、表 1.5）。

表 1.4 两组长岩心实验参数

岩心类型	孔隙体积/ml	束缚水饱和度/%
常规岩心	30.71	45.21
压裂岩心	33.62	53.93

表 1.5 渗透率综合测试成果

岩心类型	绝对渗透率/$10^{-3} \mu m^2$	地层水渗透率/$10^{-3} \mu m^2$	束缚水条件下干气渗透率/$10^{-3} \mu m^2$
常规岩心	0.295	0.13	0.0059
压裂岩心	1.215	0.341	0.046

2. 水锁启动压力测试

在束缚水条件下，从长岩心端口分别注入 0.1HPV[①]、0.2HPV、0.3HPV 新场气田地层水（X888 井地层水样）或现场所使用的压裂液，形成地层近井带的水锁效应。然后利用干气（X886 井、X808 井分粒器气样）进行气驱水，干气驱水过程如表 1.6 所示，对于沙二[1]、沙二[3]低渗气藏，随着气井近井地层岩心中反渗吸水锁量的增加，使其恢复流动所需的启动压差也相应提高。变化趋势分别见图 1.22、图 1.23，其中常规压裂液的水锁启动压差更大。

---

① HPV：相对体积单位，夹持器内空间容量为 1HPV。

表 1.6　水锁结果综合测试结果

类别	常规岩心		压裂岩心	
注入流体	水锁量/HPV	启动压力/MPa	水锁量/HPV	启动压力/MPa
地层水	0.1	3.6	0.1	0.63
	0.2	7.45	0.2	1.28
	0.3	14.02	0.3	3.14
常规压裂液	/	/	0.275	4.54

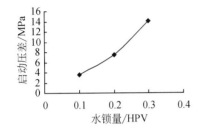 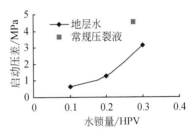

图 1.22　常规岩样启动压差与水锁量的关系　　图 1.23　人工压裂岩样启动压差与水锁量的关系

3. 气相渗透率评价

为了实验模拟反向水锁机理，气驱水过程在长岩心出口端注入少量地层水形成近井带的水锁状态。运用稳定法分别对实验中束缚水存在条件下不同水锁强度（0.1HPV、0.2HPV、0.3HPV）气驱水过程气相渗透率进行了测试。

在束缚水存在时，测得常规岩样气相有效渗透率随气体累积产出量的增加而得到恢复，当产出气量较少时，气相有效渗透率较小，反映了水锁堵塞的影响。

在束缚水存在条件下，测得压裂岩样气相有效渗透率随气体累积产出量的增加而得到恢复，并且气相有效渗透率明显高于常规岩样。这反映了压裂后裂缝导流能力强，水锁堵塞效应减弱。压裂岩样受到压裂液反渗吸堵塞时，气相有效渗透率随气体累积产出量的增加而得到恢复的程度，比地层水锁解除过程气相有效渗透率恢复的程度要小一些，这反映了压裂液水锁效应更强。

实验表明，反渗吸水锁效应使得气相渗透率大幅下降，对于气井产能的释放影响较大（图 1.24～图 1.29）。

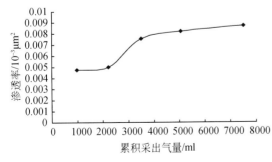 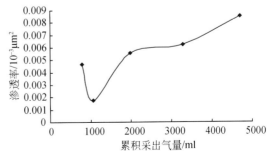

图 1.24　地层水锁后采出气量与渗透率关系　　图 1.25　地层水锁后采出气量与渗透率关系
　　　（常规岩心水锁强度 0.1HPV）　　　　　　　（常规岩心水锁强度 0.2HPV）

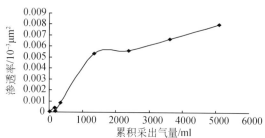

图 1.26　地层水锁后采出气量与渗透率关系
（常规岩心水锁强度 0.3HPV）

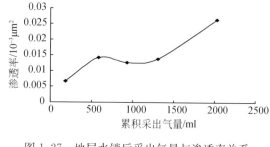

图 1.27　地层水锁后采出气量与渗透率关系
（压裂岩心水锁强度 0.1HPV）

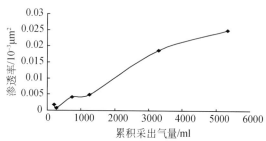

图 1.28　地层水锁后采出气量与渗透率关系
（压裂岩心水锁强度 0.2HPV）

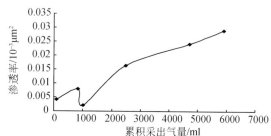

图 1.29　地层水锁后采出气量与渗透率关系
（压裂岩心水锁强度 0.3HPV）

4. 反向渗吸水侵入深度预测

利用反渗吸水锁实验数据可建立有关反渗吸侵入深度和水锁启动压力的预测方法。

假设所进行的岩心水驱气过程符合毛管束多孔介质模型，由渗流理论，按照 Poiseuille 公式，在驱动压差 $P_{wf} - (P_g - P_c) = \Delta P + P_c$ 作用下，半径为 r 的毛管中反向渗吸液体的流量 q 为

$$q = \frac{\pi r^4 (\Delta P + P_c)}{8\mu l} \qquad (1.9)$$

式中，μ 为液体黏度，mPa·s；l 为毛管的长度，cm；P_c 为毛管压力，MPa。

将流量转换为线速度，再对时间进行微分，就可得到半径为 r 的毛管中产生反向渗吸吸入长度为 l 的液柱所需时间 t 的表达式：

$$\frac{dl}{dt} = \frac{\pi r^2 (\Delta P + P_c)}{8\mu l} \qquad (1.10)$$

根据高才尼-卡尔曼公式 $K = \phi r^2 / 8\tau^2$ 可知：

$$r^2 = \frac{8\tau^2 K}{\phi} \qquad (1.11)$$

代入后积分可得

$$\frac{l^2}{2} = \frac{\tau^2 K (\Delta P + P_c)}{\mu \phi} t \qquad (1.12)$$

又由于毛管压力 P_c 为

$$P_c = \frac{2\sigma \cos\theta}{r} \qquad (1.13)$$

将式（1.13）代入式（1.12）可得到在驱替压差 $\Delta P + P_c$ 作用下，气井近井地层反渗吸水锁侵入深度的计算公式如下：

$$L = \sqrt{2\dfrac{\tau^2 K\left(\Delta P + 2\sigma\cos\theta\big/\sqrt{\dfrac{8\tau^2 K}{\phi}}\right)}{\mu\phi}t} \qquad (1.14)$$

式中，L 为近井地层反渗吸水锁侵入深度，cm；θ 为毛细管壁上的润湿角，（°）；t 为反渗吸时间，s；σ 为流体的表面张力；τ 为孔道迂曲度；K 为岩石渗透率，$10^{-3}\ \mu m^2$；ϕ 为孔隙度。

由式（1.14），依据长岩心反渗吸水锁实验数据，就可模拟近井地层反渗吸水侵入深度，本次实验数据模拟结果见图 1.30。

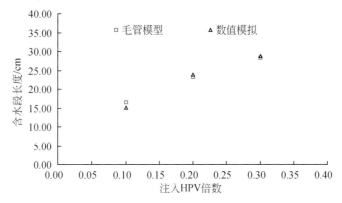

图 1.30　长岩心模拟得到的含水段长度和注入 HPV 倍数的关系

更进一步，还可利用式（1.14）结合实验测试数据，通过数值模拟，预测近井地层反渗吸水侵入的饱和度变化的规律和特征，结果如图 1.31。

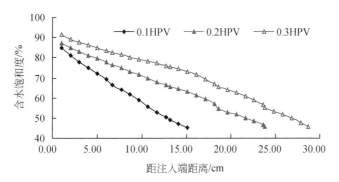

图 1.31　长岩心模拟得到的含水饱和度随距离的关系

可以看出，随着反渗吸侵入量的增加，近井壁地层中的含水饱和度分布不断增加，含水带不断扩大，显然会导致附加渗流阻力增加，从而使得解除反渗吸所需要的启动压差增加。

根据实验数据及模拟计算的地层反渗吸水侵入深度，可以得到含水段长度对比的拟合公式：

$$L = a \times (K_g/\mu_g)^b \qquad (1.15)$$

式中，a 和 b 分别为拟合参数，$a = 44537.54$，$b = 2.19$。

（三）气井水锁伤害影响因素

水锁效应是造成低渗透气井产能下降的主要因素之一，目前普遍认为影响水锁伤害的因素有：气测渗透率、原始含水饱和度、界面张力、水锁侵入深度、注入流体黏度、驱动压力、孔隙结构、黏土矿物种类及含量等。

1. 含水饱和度

气井原始含水饱和度与束缚水饱和度存在差异。差值越大，不利的相对渗透率效应也就越明显，水相圈闭渗透率造成损害的潜力就越高。

原始含水饱和度与束缚水饱和度相差较大，可能出现的水锁效应的潜在危害越严重。束缚水饱和度通常与孔隙系统毛细管几何形状密切相关（图 1.32）。

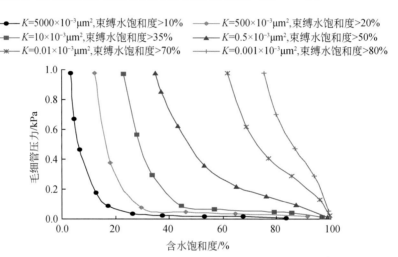

图 1.32 束缚水饱和度与渗透率和毛细管几何形状变化关系

2. 气水相渗曲线

流体低饱和度区间的气-水相渗（相对渗透率）曲线由于孔隙介质不混相流体的多相干扰作用，曲线越陡峭，说明水饱和度增加对气相的渗透率的下降作用越明显。岩石的孔渗特性影响相对渗透率曲线形态，岩石越致密，曲线也就越陡峭，水锁伤害越严重（图 1.33）。

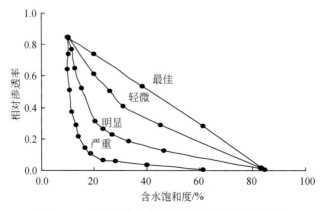

图 1.33 气水相渗曲线反映水锁伤害程度示意图

3. 滞留水的有效气井压力

由于残余流体饱和度是毛管压力梯度的一个直接函数，一般情况下，有效气井压力越小，克服毛管压力梯度的有效压力就越小，最终形成的束缚水饱和度就越大，水锁效应越严重。

4. 水锁侵入深度

水锁侵入深度严重制约着有效储层压力返排滞留水的能力。一般来讲，侵入深度越深，水锁效应引起的伤害就越严重，返排所需的启动压力也越大，排出滞留水就越困难。

首先由式（1.10）看出，只有当驱动压差 $\Delta P > P_c$ 时，毛管中液体才可能被排出；其次由式（1.11）可知，毛管半径越小，排液时间越长；再由式（1.13）可知，当毛管半径 r 变小时，毛管压力变大，故对某一驱动压差 ΔP 就有一相应的毛管半径 r_l，使得 $\Delta P = P_c$，此时半径大于 r_l 毛管中的液体将被排出，而半径低于 r_l 毛管中的液体只有进一步提高驱替压力，使 $\Delta P > P_c$ 时，才能将其中的液体排出；在驱动压差 $\Delta P < P_c$ 时，低于 r_l 管中的液体则很难被排出，形成水锁；在驱动压差足够大时，岩心中液体将逐渐从由大至小的毛管中排空，岩心渗透率将逐渐得到恢复。由式（1.14）还可以看出，排液时间 t 随着液柱长度 l、液体黏度 μ 及黏附张力 $\sigma\cos\theta$ 增加而增加，随着压差 ΔP 及毛管半径增加而减小。因此，外来流体侵入深度大、黏度高及黏附张力高，水锁效应就越大，地层渗透率越高，水锁效应就越小。由以上理论分析可知，水锁损害不仅与储集空间的孔喉半径有关，同时也与储集层能量、侵入液的深度、侵入液黏度、岩石应力敏感程度等有关。由储集层本身特性确定的水锁损害为储层原生水锁损害，是产生水锁损害的根本因素，而储层改造等使流体侵入储集层是产生水锁损害的动态因素。

水锁对气井的伤害是很严重的，因此做好气井的保护，发展解除气井水锁伤害技术，对降低水锁损害程度和提高采收率是很有必要的。

5. 流动压差

流体饱和度与施加在该体系的毛管压力梯度直接相关，压差越大，克服毛管压力的有效压力梯度就越大，最终的束缚水的饱和度就越低，水锁伤害也就越低。

6. 岩石润湿性

对于水湿气井，若具有异常低的原始含水饱和度，则水的自吸和水锁伤害效应将非常明显。

四、启动压力梯度及可流动含水饱和度测试

低渗透储层往往是高含水储层，含水饱和度一般高达40%以上，同时由于储层岩石比表面大，毛细管力强，势必造成气体低速渗流具有一定的特殊性，表现在气体的渗流存在"启动压力梯度"。其渗流特征曲线分为两部分，在低压力梯度范围内渗流量与压力梯度呈非线性，在高压力梯度范围内呈拟线性。拟线性段的反向延长线不通过坐标原点，而与压力梯度轴有交点，称为拟启动压力梯度。由非线性段过渡到拟线性段的点称为临界点，该点界定了两种不同的流态，两种流态反映了两种不同的渗流规律。

（一）启动压力梯度测试

实验主要通过测试流量与驱替压差关系来分析启动压力对致密气藏储量的影响。通过新场沙二^1（CX129JS2-1）、沙二^4（CX469JS2-4）不同岩心流量与驱替压差关系图（图1.34）可以看出，渗透率降低导致启动压力的增加，沙二^{1}岩心（$K=0.0214\times10^{-3}\mu m^2$）流动曲线的直线段的延长线与横轴坐标的交点即拟启动压力明显大于沙二^{4}岩心（$K=0.251\times10^{-3}\mu m^2$）。

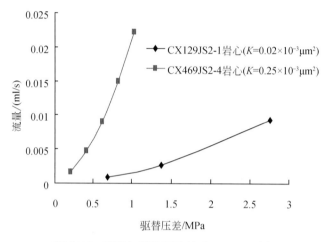

图1.34　流量与驱替压差关系（$S_w=70\%$）

对于一定渗透率级别的岩心，变换不同的含水饱和度测试流量与驱替压差的关系，可以研究含水饱和度对启动压力的影响。图1.35表明，启动压力随含水饱和度的增加而增加，高含水饱和度加剧了储量的难动用性。

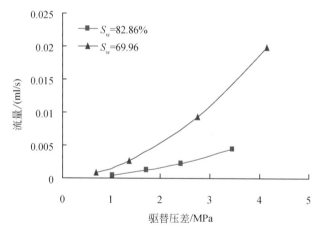

图1.35　流量与驱替压差关系（$K=0.02\times10^{-3}\mu m^2$）

（二）可流动含水饱和度测试

通过测试不同压差条件下的可流动含水饱和度，可以确定气井的合理生产压差，计算气井产水情况，指导科学管井。图 1.36 测试了不同渗透率条件下，可流动含水饱和度与驱替压差的关系。

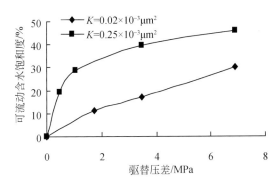

图 1.36　不同渗透率条件下可流动含水饱和度与驱替压差关系

实验数据表明，随着驱替压差的增加，可流动含水饱和度增加，水相的有效渗透率增大，因此，确定合理生产压差，减少液相在井底周围的聚集，降低水锁效应，对提高气井产能有着十分积极的意义。对渗透率级别高的地区，可适当降低生产压差，对渗透率级别低的地区，可适当加人生产压差。当储层含水饱和度大于生产压差下的可流动水含水饱和度时，压后生产出水的可能性较大，因此，可流动含水饱和度的研究可以指导压裂井的评井选层。

第三节　压裂伤害机理及其实验分析

致密砂岩储层具有低孔低渗、黏土矿物含量高的特点，外来流体的侵入会导致储层极易受到伤害，影响气井产能。压裂是一个解除储层伤害的重要手段，但压裂过程也不可避免地引入外来流体，对储层造成一定的伤害，影响压裂效果。因此开展压裂伤害机理研究，有效降低压裂过程的伤害，提高改造效果，是致密砂岩气藏储量高效开发极其重要的环节。

压裂过程中的伤害主要来自三个方面：压裂液伤害（包括压裂液滤失造成的储层伤害、压裂液残渣伤害、滤饼的伤害）、设计不足造成的伤害、返排造成的伤害。本书采用压裂伤害的模拟和实验分析这两种不同的方法进行伤害机理的研究。

一、伤害机理定量模拟

压裂后由于滤饼和残渣及未返排的压裂液聚合物等的影响，裂缝导流能力大大降低，裂缝内孔隙度降低使导流能力降低的计算公式如下：

$$K/K_0 = (\phi/\phi_0)^3 \cdot \frac{(1-\phi_0)^2}{(1-\phi)^2} \tag{1.16}$$

式中，K_0 为初始裂缝渗透率；K 为初始压裂液残渣堵塞后的渗透率；ϕ_0 为初始裂缝孔隙度；ϕ 为初始压裂液残渣堵塞后的孔隙度。

经过油藏数值模拟验证，裂缝导流能力对压后产量的影响较大，结果如图 1.37、图 1.38 所示。

从裂缝伤害模拟结果可以看出，裂缝伤害是降低裂缝导流能力的主要因素，直接影响压后产量，尤其表现在低渗透气藏。

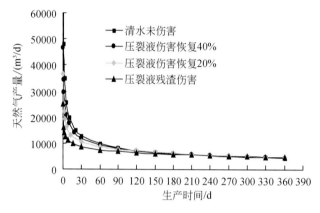

图 1.37　不同裂缝伤害对产量的影响关系曲线

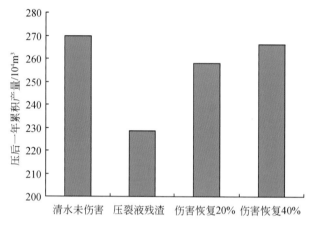

图 1.38　不同裂缝伤害对累积产量的影响关系图

二、压裂液固体物伤害

（一）滤饼伤害实验分析

在实验中通过测定原始渗透率、形成滤饼后的渗透率以及把滤饼刮去后的渗透率变化来分析其伤害大小，注入压裂液形成滤饼后渗透率变化如表 1.7 所示。

表 1.7　压裂液形成滤饼后的渗透率变化

项目	数值
存在滤失时渗透率	$0.00241 \times 10^{-3} \mu m^2$
刮去滤饼后渗透率	$0.00496 \times 10^{-3} \mu m^2$
滤饼湿重	0.3556g
滤饼干重	0.0109g

从实验结果可以看出，滤饼伤害幅度较大，刮去滤饼前的渗透率（$0.00241 \times 10^{-3} \mu m^2$）只有刮去滤饼后渗透率（$0.00496 \times 10^{-3} \mu m^2$）的 51.4%。因此，要优化压裂液体系，使其既能保证压裂液进入地层后形成有效滤饼降低滤失，又能使形成的滤饼对裂缝渗透率伤害的影响减小到最低。

（二）压裂液残渣伤害实验

为测定压裂液残渣的伤害大小，进行了相同压裂液配方（0.5%瓜胶配方）下，不同体积的压裂液残渣伤害对比实验（图 1.39）；同时，进行了不同配方（0.5%和0.4%的压裂液配方）下，相同体积的压裂液残渣伤害对比实验（图 1.40）。

从实验结果可以看出，压裂液残渣伤害直接反映为裂缝的导流能力下降，是裂缝伤害的主要因素之一。

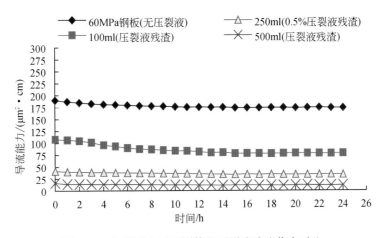

图 1.39　相同配方下不同体积压裂液残渣伤害对比

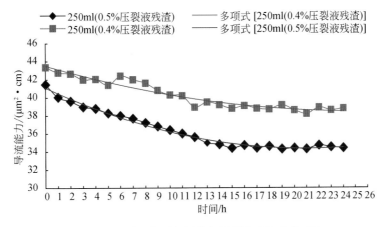

图 1.40　不同配方下相同体积压裂液残渣伤害对比

三、压裂液水锁伤害

（一）岩心基质压裂液水锁伤害

实验模拟实际地层中压裂液侵入岩心造成反渗吸水锁伤害后，气驱解除水锁的过程。选取新场气田须二段气藏 XC11 井的 8-30/59 号全直径岩心，对其进行取样（钻取 1in[①] 直径的柱塞样品），然后进行制备、烘干，接着测定出岩心的渗透率和孔隙度。岩样的制备和测定方法参照行业标准"SY/T 5336-2006 岩心分析方法"进行，获得岩心基础参数如表 1.8 所示。

表 1.8　岩心基础参数

井号	岩心编号	层位	井深/m	孔隙度/%	渗透率/$10^{-3}\mu m^2$
XC11	8-30/59	Tx2	4759.16～4763.00	4.58	0.0594

将测定过基础参数的岩心进行切片，然后磨制成要求的厚度（约 3mm），并烘干待用。制备好的岩心切片如图 1.41 所示。

图 1.41　无裂缝时的岩心切片

1. 压裂液侵入

图 1.42～图 1.49 为压裂液侵入岩心薄片形成水锁的过程，图中箭头所指为压裂液侵入方向。图 1.50～图 1.53 为气驱解除水锁的过程，图中箭头所指为气驱压裂液的方向。图中的圆圈表示前后变化较明显，需要特别注意的地方。在图中用红色曲线表示气液边界线。

---

① 1in=2.54cm。

图 1.42　压裂液侵入前

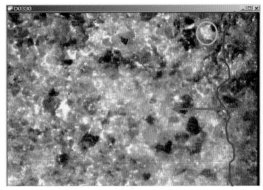

图 1.43　压裂液侵入后 1h

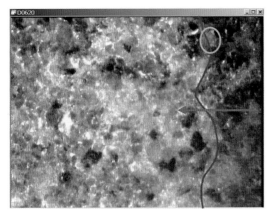

图 1.44　压裂液侵入后 2h

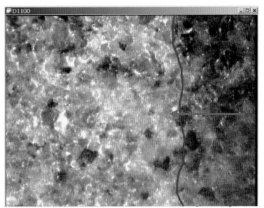

图 1.45　压裂液侵入后 3h

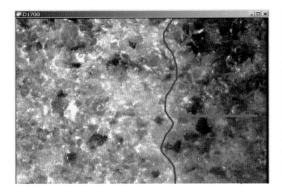

图 1.46　压裂液侵入后 4h

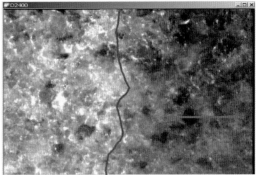

图 1.47　压裂液侵入后 5h

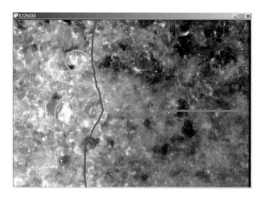 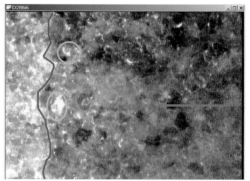

图 1.48　压裂液侵入后 6h　　　　　　　　图 1.49　压裂液侵入后 7h

2. 气驱压裂液

对比须二段岩心薄片在压裂液和地层水侵入后的图片发现，压裂液侵入后，液侵边界推进速度有所减慢，边界推进也更加均匀整齐，压裂液侵入后的区域仅有少量残余气存在较大孔喉处，见图 1.42～图 1.49，可见水锁伤害异常严重。反向气驱如图 1.50～图 1.53所示，气液边界模糊不清，液侵区域颜色略微变浅，孔喉处均未见明显变化，气驱效果仍不明显。

 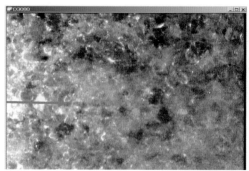

图 1.50　反向气驱后 1h　　　　　　　　图 1.51　反向气驱后 2h

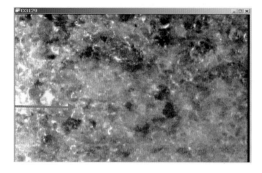 

图 1.52　反向气驱后 3h　　　　　　　　图 1.53　反向气驱后 4h

在致密砂岩储层中，由于孔隙喉道半径较小，地层毛细管力对水滞留作用强，地层压力不足以从较细毛细管中排出滤液，故水锁效应是长期的。因此，只要有外来流体与储层接触，就会产生水锁效应。

（二）岩心压裂液水锁伤害

1. 压裂液侵入

模型水平放置，自右向左压裂液侵入效果如图 1.54 所示。由图可知，实验中压裂液刚进入的时候沿裂缝前进，随着时间的持续向裂缝两边渗流。在加压的早期，压裂液的侵入比较困难，几乎没有流体流动。持续加压后，观察到流体快速的突破［图 1.54（a）］并沿裂缝发生窜流。同时，和地层水侵入过程一样，压裂液的侵入也发生了堵塞［图 1.54（b）］和向基质扩散［图 1.54（c）］等现象。对比压裂液和地层水的侵入，由于压裂液中含有的分散相液滴就像固体颗粒一样，可能被卡在孔喉处，形成变形捕获，或者由于一些较小的液滴在颗粒表面的凹坑或小裂隙中发生拦截捕获，从而堵塞地层，因此压裂液对地层的伤害更甚于地层水。

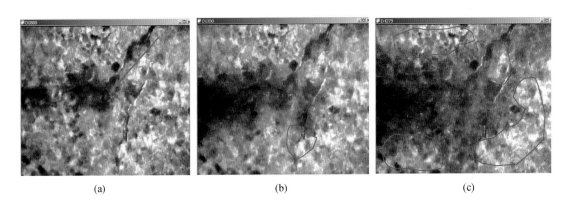

（a）　　　　　　　　　　（b）　　　　　　　　　　（c）

图 1.54　真实微观模型压裂液侵入实验

2. 气驱压裂液

模型水平放置自左向右气驱压裂液效果如图 1.55 所示。从图可以看出，气驱压裂液时，不易发现气体的连续流动，仅看见气以涌动形态出现。发生这种跳跃式运移是气驱时

（a）　　　　　　　　　　（b）　　　　　　　　　　（c）

图 1.55　真实微观模型气驱压裂液实验

最明显的特征，这是由于多孔介质中两相流动时，非润湿相驱替润湿相时存在毛管阻力，气驱压裂液的排驱过程中，只有当驱动压力大于毛管阻力（门槛压力）时，气体才能驱动压裂液向前运移。气驱压裂液过程中气是非润湿相，当遇到阻力较大的小孔道时，它不能突入小孔道把其中的液体驱走，气将发生绕流，使由小孔道包围的大孔隙或大孔隙群中的压裂液残留下来，驱替效率较地层水更低。

（三）实验认识

通过实验室压裂液和天然气在基质和造缝岩心中的驱替和流动特征实验测试，结果表明：

1）由于岩心亲水，水侵时，水沿微小孔道迅速蔓延，首先占据的是细小的孔隙和喉道，形成水膜。水膜总是以连续相分布在孔喉表面，而气体在孔喉中央流动，无论是孔隙还是喉道，气水分布及流动方式主要表现为水包气。

2）水侵过的区域会有少量残余气存在，主要是由指进现象和卡断现象形成，主要存在于较大孔隙的中央、细小喉道及角隅、盲端处。

3）因为压裂液的黏度比地层水更大，所以压裂液侵入后的气液边缘推进速度更慢，液侵波及范围更广，水锁也就更为严重。

4）水锁形成后，进行反向气驱，可见气水边界变得很模糊，气驱后的液侵区域颜色变浅，但仍留有大量残余水。这说明气驱解除水锁的效果不好，水锁一旦形成，对地层伤害严重。

5）地层水和压裂液易沿裂缝窜流，再逐渐由裂缝向基质岩心扩散，将天然气封隔在小孔隙和微裂缝中。

6）气驱水/压裂液过程中，裂缝中的地层水/压裂液首先被驱替，岩心中地层水/压裂液在基质中气驱条件下重新分布、扩散，不能有效被驱出。

7）地层水和压裂液一旦进入基质岩心中就难以被驱出，因此，在实际生产过程中，要避免储层中地层水的侵入；在压裂设计中要考虑应用屏蔽暂堵技术，尽量避免压裂液侵入对地层造成伤害。

四、压裂液返排伤害实验分析

压裂施工结束后，进入地层的压裂液在破胶后很快能返排出地层，但是在地层还没有返排之前，由于进入地层的压裂液破胶后其表面张力、黏度等的变化，以及储层孔隙和喉道的毛管作用力的影响，压裂液返排随着压裂液返排压差的变化而变化。为确定合理的返排压差，减小返排液滞留对储层的伤害，进行了不同压差下的压裂液返排伤害实验。

表 1.9 为实验的数据表，从表中可以看出，不同压差下的压裂液返排情况明显不同，返排压差为 2MPa 时，地层表现出不排液；返排压差提高到 5MPa 时，地层表现出排液困难；压裂后在最短时间内要使压裂液的返排率大于 70%，则相应的返排压差必须 >7MPa，如图 1.56 所示。

表 1.9　压裂液返排实验数据表

参数 压差	岩心重量/g	返排液量/g	滞留液量/g	含水饱和度/%	渗透率/$10^{-3}\mu m^2$
2MPa	65.2576	0	1.1986	100	/
5MPa	64.9927	0.2649	0.9337	77.9	0.00688
7MPa	64.4415	0.8161	0.3825	31.9	0.00723

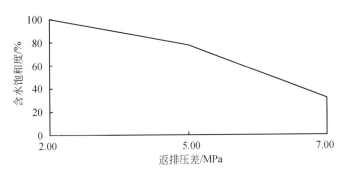

图 1.56　不同压差驱替下的返排实验图

如新都气田遂宁组气藏的地层压力系数为 1.22~1.25，按照 2000m 的井深计算，压裂后期如果依靠地层自身能量进行排液，产生的最大返排压差为 4.4~5MPa，要使返排率 >70%，总体来说难度较大。因此，致密气藏储层进行压裂施工的时候，必须要强化返排，提高压裂液的返排效率，降低储层伤害，确保施工效果。

五、压裂优化设计伤害机理实验分析

裂缝内支撑剂在闭合应力等各种因素的作用下，会发生导流能力的下降，对裂缝导流能力造成严重伤害，因此只有对影响支撑剂导流能力的伤害因素进行研究，才能确定压裂优化设计的合理裂缝导流能力。新场沙二^1、沙二^{3}埋藏深度一般为 2000~2400m，其裂缝闭合应力为 43~60MPa。考虑到气层闭合应力较高，选择短期导流能力和长期导流能力较好的陶粒支撑剂，陶粒的粒径规格采用 0.45~0.90mm，评价闭合应力对人工裂缝导流能力的影响。

CARBO 研究结果表明，支撑剂在考虑了非达西影响的"惯性流"、支撑剂铺砂浓度的降低、多相流、循环应力加载、微粒运移和 50% 的压裂液伤害情形后，裂缝伤害达到 90% 以上。在压裂设计中必须考虑各种伤害因素对裂缝导流能力的影响，使最终形成的裂缝导流能力与储层的储渗特征相匹配。

由压裂伤害机理的研究可以看出，低渗储层压裂开发要取得好的效果，必须强调压裂全过程的低伤害，其本质就是降低储层伤害，形成与储层特征相匹配的人工裂缝形态及导流能力，不仅限于压裂过程中的储层和裂缝伤害问题，还包括在设计、施工及压后管理过程中如何确保人工裂缝与储层特征匹配的问题。根据前面渗流机理和伤害机理的研究结果，压裂伤害主要表现在两个方面：一方面低渗透气藏裂缝伤害是降低裂缝导流能力的主要因素，直接影响压后产量；另一方面水锁伤害直接导致储层气相渗透率严重下降，影响气相由储层向人工裂缝的产出。这就要求在压裂过程中必须降低压裂液残渣对裂缝导流能力的伤害；同时强化压裂液的破胶、提高压裂液的返排速率和返排率，降低压裂液对储层的水锁伤害，减少由于压裂液破胶不善以及长时间滞留地层对裂缝导流能力的伤害。

第四节　储层改造难点与增产关键技术

致密砂岩气藏与常规气藏相比，其渗流机理极其复杂，表现出较强的非达西渗流规律，同时储层在改造中极易受到伤害，影响增产技术效果。需采用针对性强，与之相适应的增产技术措施，才能提高致密砂岩气藏的勘探开发效果。

一、致密砂岩气藏储层改造难点

1. 致密砂岩储层物性差、黏土含量高、储层敏感性强

致密砂岩储层一般低孔低渗，孔喉结构差，致密砂岩气藏与常规气藏相比，其渗流机理极其复杂，表现出较强的非达西渗流规律，同时压裂过程中易伤害。例如新场气田沙溪庙组气藏沙二^1、沙二^{3}储层岩心储渗物性测试，岩心孔隙度为 $5.73\%\sim13.96\%$，属于低-特低孔隙度范围，岩心渗透率普遍低于 $0.1\times10^{-3}\,\mu m^2$，属于特低渗-致密范围。新场气田沙溪庙组气藏沙二^1、沙二^{3}储层岩心压汞资料表明，储层喉道细，分选差，喉道半径普遍小于 $1\mu m$，属于微喉道，呈现出较强的毛管力。

此外，储层中黏土矿物以伊利石、绿泥石为主，另有少量高岭石和绿泥石-蒙脱石混层。主要储层之间黏土矿物类型和含量也有差别：伊利石在沙二^{1}储层中最低（24.65%），在沙二^{2}储层中含量较高，达 43.67%；伊利石-蒙脱石混层含量普遍较低，一般小于 15%，最小的沙二^{4}储层含量为 8.41%；高岭石除在沙二^{4}储层中含量较高外，在另外 3 层中含量低，其中的沙二^{2}储层几乎不含高岭石；绿泥石是 4 层储集砂体中平均含量最高的黏土矿物，其中的沙二^{1}储层含量高达 52.38%。沙二^1、沙二^{3}储层与沙二^{4}储层相比，沙二^1、沙二^{3}储层碎屑粒度较细，以细粒为主，分选多为中等，其成分中岩屑含量及绿泥石含量较高，尤其是砂岩的各类粒间孔隙中常有自生绿泥石充填，自形好，为束状的六方片。它们的存在阻碍了喉道的连通，既影响孔隙度亦影响砂岩的渗透性，尤其是对砂岩的渗透性有较大的破坏作用。黏土矿物类型和含量差异导致储层产生不同的敏感性，其中沙二^1、沙二^{3}储层呈中偏强-强水敏性，影响加砂压裂效果。

2. 致密砂岩储层岩心应力敏感性强导致渗透率漏斗影响气井产能

在油气井的生产过程中，随着地层中流体的流出，井眼周围的地层压力会逐渐降低，且降低的程度以井眼周围最为明显，形成了常说的压力漏斗（图 1.57）。压力漏斗的形成，同时也反映了井眼周围的储层岩石所受到的有效压力的改变。由于储层所承受的上覆岩层压力一般是不变的，因此，井眼周围有效压力的分布与地层压力具有相反的趋势，即越接近井眼，储层岩石受到的有效压力也就越高，向外则逐渐过渡到原始地层条件下的初始有

效压力状态。

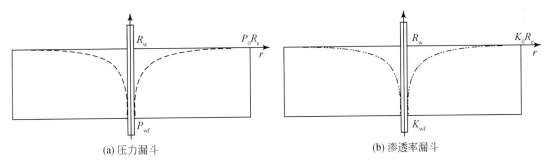

(a) 压力漏斗　　　　　　　　　　　　　(b) 渗透率漏斗

图 1.57　压力漏斗和渗透率漏斗示意图

图中符号说明：R_w 为井筒半径；P_0、K_0 为井控半径 R_e 处的地层压力和地层渗透率，亦为地层原始压力和地层原始渗透率；K_{wf} 为井底压力为 P_{wf} 时的地层渗透率。

前面的实验研究表明，随着有效压力的增加，储层岩石的渗透率是逐渐降低的，也就是说在井壁附近，因受到的有效压力最大，渗透率的降低幅度也最大，渗透率的值则越小；而远离井眼，储层受到的有效应力逐渐降低，渗透率也就越高；到该井的控制半径以外时，为地层初始有效应力状态，渗透率也达到地层的原始渗透率。渗透率在地层中的这种分布特征与地层压力的分布特征是相似的，因此根据压力漏斗的定义，将地层中渗透率的这种变化特征定义为渗透率漏斗。

根据渗流等效阻力原理，应力敏感造成的渗透率伤害对气井产能的影响可以用等效表皮系数来表示。当新场气田沙溪庙组气藏沙二^1、沙二^3 气层生产压差从 3MPa 提高到 6MPa 时，由于应力敏感伤害造成的等效表皮系数从 0.13 上升到 1.54 左右。加大压裂规模，扩大有效泄气半径，增加单井控制储量，从而可以有效降低井筒周围的渗透率伤害，达到提高气井产能的目的。

3. 致密砂岩储层存在高启动压力梯度影响气井产能

致密砂岩储层低孔低渗及高含水饱和度特性，导致基质岩心存在较大的启动压力梯度，致使生产井自然产能低或不能形成产能。由于启动压力梯度的存在，气井产能损失较大，加大压裂规模，扩大有效泄气面积，对克服启动压力梯度对产能带来的影响具有积极的作用。

4. 致密砂岩储层水锁效应明显影响压后效果

水锁实验业已表明：在束缚水存在条件下，受到压裂液反渗吸堵塞的压裂岩样，测得的随气体累积产出量的增加而得到恢复的气相有效渗透率，远高于未受到压裂液反渗吸堵塞的非压裂岩样的气相有效渗透率。即受到压裂液反渗吸堵塞时，气相有效渗透率随气体累积产出量的增加而得到恢复的程度，比地层水锁解除过程气相有效渗透率恢复的程度要小，反映压裂液水锁效应更强。实验表明，反渗吸水锁效应使气相渗透率大幅下降，对于气井产能的释放影响较大。

压裂是解除水锁的一个重要手段，但是压裂过程中本身也伴随着水锁伤害现象。通过长岩心驱替实验发现，随着滤失带启动压力增加，返排率降低，返排率降低反过来又增加了气体穿过压裂液滤失带所需的启动压力。

因此，通过低伤害压裂液技术和改善压裂工艺中的强化破胶、快速返排技术，可以增加压裂液返排率，降低压裂过程中的水锁伤害，提高压裂见效水平和储量的动用程度。

5. 深层、超深层致密砂岩气藏增产改造表现出高的破裂压力和施工压力

（1）破裂压力高，储层难以压开

在对川西深层、超深层须家河组气藏储层进行改造的过程中，出现多口井在井口限压下不能压开储层（表1.10），或压开储层破裂压力较高的现象。如在CG561井不能压开储层时，使用了加重酸液酸压，井底压力达159MPa仍未压开储层，其储层最小水平主应力为147.73～153.40MPa，闭合应力梯度为0.030～0.031MPa/m，施工压力异常高，其储层改造属于世界性难题。

表1.10 须二段未压开储层统计

井号	井深/m	层位	压裂情况
CG561	4921.6～4942	T_3x^2	在井口限压92MPa下未能压开地层
CL562	5089.8～5124.8	T_3x^2	在井底压力142MPa下未能压开地层
CF563	4672～4744	T_3x^2	在井底压力131MPa下未能压开储层
DY1	5060～5128	T_3x^2	在施工井口压力82MPa下未能压开地层
DY2	5395～5550	T_3x^2	在施工井口压力90MPa下未能压开地层
FG21	3860～3917，3925～3941	T_3x^4	在井口限压92MPa下未能压开地层

（2）施工压力高

须四段储层多为孔隙性储层，进行加砂压裂改造施工时表面出现高破裂压力、高施工压力特征，如CH148井地层破裂压力为102MPa，破压梯度为2.9MPa/100m；CF563井须四段加砂压裂时破裂压力梯度大于3.0MPa/100m；须四段也有不能压开储层的情况，如FG21井，在井口限压92MPa下地层没有破裂，实施储层改造难度较大（表1.11）。

表1.11 须四段储层部分井破裂压力统计

井号	井深/m	层位	破压梯度/(MPa/100m)	施工压力/MPa
CH148	3498.2～3527.5	T_3x^4	2.90（测试压裂）	83.4～89
CF563	3738～3747	T_3x^4	3.3（测试压裂）	85～93
	3826～3844、3861～3866、3886～3905	T_3x^4	3.05（酸压）	74～87.66
CX568	3613.5～3623.8	T_3x^4	2.76（试破）	63.6～84.9
	3541.0～3559.3	T_3x^4	3.15（清水压裂）	74～84
	3402～3430	T_3x^4	2.3（测试压裂）	52～79.2
CX565	3931～3993	T_3x^4	2.39（加砂压裂）	83～85
	3808～3823.3	T_3x^4	2.63（测试压裂）	75～89
	3546～3586	T_3x^4	2.56（加砂压裂）	81～88

综上所述，致密砂岩气藏复杂的渗流特征主要表现为高启动压力梯度导致自然产能低；压裂施工作业过程储层水锁效应明显影响压裂效果，是致密砂岩气藏开发需要解决的

关键问题；深层、超深层压裂施工作业破裂压力高也是面临的一个难题。

二、致密砂岩储层增产关键技术

川西气田地质背景复杂，赋存的致密砂岩气藏工程地质特征、渗流特征、压裂伤害机理特殊，对储层增产技术有"压得开、进得去、撑得起、出得来、排得尽、稳得住"的高要求，需要应用低伤害压裂液体系（余渝、杨兵，2008；杨兵，2009）和大型压裂工艺（李刚，2008；孙勇、任山，2008）、多层分层压裂工艺（黄小军，2008；黄小军、任山，2008；黄小军、张晟，2008；胡丹、杨永华，2008；任山、王兴文，2007；王兴文、任山，2009）、水平井分段压裂工艺（张家由等，2011）、超高压压裂工艺（李刚、郭新江，2006；任山等，2010；任山、黄禹忠，2009；姚席斌、郭新江，2012）增产关键技术，才能实现川西致密砂岩气藏的规模勘探开发。

1. 低伤害压裂技术

根据渗流机理和压裂液伤害机理研究结果，压裂液的伤害主要有：压裂液的固相残渣以及压裂液破胶不完全对裂缝导流能力产生的伤害；压裂液滤失形成滤饼而对储层的伤害；滤液进入地层孔隙介质内与储层流体和黏土矿物可能发生物理和化学反应，引起地层黏土膨胀、分散、运移、堵塞孔道造成的伤害，由于毛细管力的作用造成水锁。因此，采用低伤害压裂液是低伤害压裂工艺的核心技术之一。

压裂液返排是压裂施工作业后的重要环节，良好的返排是保持裂缝良好导流能力的关键所在，同时渗流机理研究也表明，加强压裂液的返排能有效降低压裂液滤失带的启动压力，有利于解除压裂过程对储层造成的水锁伤害。因此，必须通过改善压裂工艺中的强化破胶、快速返排技术，提高压裂液返排速度和返排率，降低压裂过程中的水锁伤害，这是低伤害压裂的又一核心技术，是提高压裂效果的关键。

2. 大型压裂技术

大型压裂技术适用于川西中深层沙溪庙组致密砂岩气藏单层厚大砂体气层。

大型压裂是压裂施工时支撑剂用量超过 $100m^3$、压裂液用量接近或超过 $1000m^3$ 的水力压裂。美国在 20 世纪 70 年代中期，在开发致密砂岩气藏中利用了大型水力压裂技术，加砂规模超过 1000t，用液量达到 $2000m^3$，造缝长达 1000m。我国在 20 世纪 90 年代末在四川盆地川中八角场气田香四气藏也实施了大型水力压裂技术，砂规模达到 350t，施工总用液量 $860m^3$，施工结束后，解释裂缝半长为 350m。

大型压裂的目的是通过加大压裂规模，造长缝，扩大泄气面积，增加单井控制储量，减小启动压力梯度及应力敏感性对气井产能的影响，提高气井产量。大型水力压裂由于施工规模大，压裂优化设计能力和作业能力要求更高。在设计时，要做好细致的施工风险分析与经济风险分析，以确保大型压裂施工与经济风险降到最低。

实施大型水力压裂必须有技术上的支撑与保证。需要有能在长时间泵入和中高温条件下性能更稳定的系列压裂液及其添加剂，有不易磨损的高强度压裂支撑剂，有大型水力压裂输砂系统和足够水马力的施工设备。此外，在大型水力压裂施工前必须进行小型测试压裂以准确获得地层破裂压力、压裂液滤失系数等重要参数。在施工过程中，还要有配套的现场质量控制手段和监测手段，以确保压裂施工的顺利进行。水力压裂后，还应具有压裂液快速破胶返排技术以降低压裂液对地层的伤害。

3. 多层分层压裂技术

多层压裂技术适用于川西浅层蓬莱镇组、中深层沙溪庙组多层气藏。

多层压裂分为多层笼统压裂和多层分层压裂。多层笼统压裂是同时对多个气层进行的水力压裂。当压裂目的层层间岩性、物性及地层应力差异相对较小，并且目的层跨距较小时，可将多个目的层一起射开同时压裂，省时、省力、省钱，不需要下井下分层工具。多层分层压裂是多层气藏中逐一对各气层进行的水力压裂。对多层气藏有时采取多层笼统压裂不能将所有的层压开，尤其是压裂目的层跨距较大，且岩性、物性差异及地应力差异相对较大时，更不能保证一次压开所有的目的层。此时必须采用分层压裂方法，一次或多次地将上述压裂目的层全部压开。主要优点是能够极大地提高储层的改造程度，同时避免支撑剂的无效支撑，也节约了材料成本。

分层水力压裂的方法主要有封隔器分层水力压裂、限流法分层水力压裂、投封堵球分层水力压裂和滑套式分层水力压裂等。封隔器分层水力压裂针对性最强，压后效果也最有保障，但作业费用较为昂贵。限流法分层水力压裂施工简单，不需要额外的分层工具，最大局限性必须是新井投产压裂，而且层与层之间的地应力差不能太大，在压裂设计前先不射孔。投封堵球分层水力压裂施工简单，不需要额外的分层工具，只是在压第二层段时，使用封堵球封堵第一次被压开的层段，等压裂停泵后，封堵球就会自动落入井底，不需要额外的作业措施。投封堵球分层水力压裂盲目性较大，封堵球的数量不好掌握，同时如两目的层间隔层较薄，易压窜，使第一次压开层的支撑剂被第二次压裂液冲散。

在进行分层水力压裂方式的优化时，必须综合考虑压裂目的层的岩性、物性、地应力剖面、小层分布、跨距大小、压裂设备能力、井口装置的承压能力等多种因素的影响，以使所有被改造的目的层都能被压开，且能获得足够的裂缝长度。这样可实现费用相对较低而效果又较好的目的。

4. 水平井、大斜度井压裂技术

水平井、大斜度井压裂技术是川西浅层、中深层侏罗系气藏开发的关键技术。水平井、大斜度井是通过扩大气层泄油面积提高油气井产量、节约土地使用面积、提高油气田开发经济效益的一项重要技术。水平井、大斜度井压裂是对水平井、大斜度井实施的水力压裂。水平井、大斜度井压裂技术特点：①水平井、大斜度井压裂裂缝沿轴向起裂后，在近井筒附近要转向，延伸过程中逐渐与最小主应力方向垂直，一般情况下水平井、大斜度井水力压裂压力要比直井高得多；②裂缝弯曲过程中，容易造成缝变窄，流体流动受阻而引起高摩阻，增加了意外脱砂的可能性；③水平井、大斜度井压裂能造成多条与井筒相交的裂缝，根据水平井、大斜度井井眼与地应力方向之间的关系，可以形成多条横向与轴向裂缝。如果水平井、大斜度井井眼沿着最小主应力方向，则压裂后可形成多条横向裂缝。如果水平井、大斜度井井眼沿着最大主应力方向，则压裂后沿轴向形成多条裂缝。一般来说多条横向裂缝可以增大泄气面积提高气井产能。

致密砂岩气藏常是非均质和各向异性的，水平井、大斜度井的流态与垂直裂缝井的流态有很大差异。在水平井、大斜度井的水力压裂设计中，考虑的因素比垂直井更多，除了缝长和导流能力外，裂缝的间距、条数、地层垂直与水平渗透率的比值都是影响产能的重要因素，在水平井、大斜度井的水力压裂设计中都是必须考虑的。

水平井、大斜度井水力压裂施工难度较大，费用也较高，完井方面的考虑也更多些，除了水平井、大斜度井井眼的方向外，射孔孔眼的设计也很重要。水平井、大斜度井水力压裂可能产生多条裂缝，要尽可能使井眼与主裂缝沟通以控制水力压裂过程中可能出现的过高的压力。此外，在水平井、大斜度井水力压裂设计时要考虑水平段、大斜度段支撑剂的输送问题，存在一个临界流速，当流速低于该值时支撑剂将沉降在水平段、大斜度段的底部，要选择合适的泵注排量使支撑剂悬浮，确保支撑剂达到孔眼。

自从 2008 年川西浅层、中深层侏罗系气藏水平井、大斜度井压裂增产技术获得突破以后，水平井、大斜度井笼统压裂技术发展到水平井、大斜度井分段压裂技术。

5. 超高压压裂技术

超高压压裂技术是适用于深层、超深层须家河组气藏高应力储层的压裂增产技术。超高压压裂是压裂最高施工压力超过 105MPa、压裂设备作业能力和井口装置承压能力接近或达到 140MPa 的水力压裂。

深层、超深层气藏高应力储层往往温度高，地应力与地层压力高，岩石压实作用强，岩性致密且比较硬，给水力造缝增加了很多困难，也给施工增加了难度。深层、超深层气藏高应力储层水力压裂特点：①井底破裂压力高和管柱摩阻高，造成井口施工泵压高，对施工设备提出了更高要求，甚至需要采用预处理措施降低破裂压力才能顺利完成施工作业；②井下温度高，要求压裂液具有良好的耐高温、耐剪切、低摩阻、低伤害等性能，同时地层闭合应力大，要求支撑剂具有高强度性能；③地层压力高，必须考虑保护套管的措施，施工工艺方式单一，选择性差。深层、超深层气藏高应力储层压裂的这些特点造成了施工难度大，施工成本高和投资风险也大。

自从 2009 年川西深层、超深层须家河组储层超高压压裂增产技术获突破以来，已形成了一整套超高压压裂地层的评估、优化设计及施工技术，包括设备、井下管柱及工具配套选择，压裂材料的研制与优化，现场施工质量监督，压后气井管理等。

第二章　压裂优化设计

低伤害压裂是川西致密砂岩气藏压裂优化设计的出发点，压裂设计应立足于对储层适应的低伤害压裂工艺技术，施工参数应经济合理、指标先进、能够实现；压裂液和支撑剂等压裂材料的设计应满足目的层地质条件，并与工艺要求相适应，且以降低对地层和裂缝的伤害、提高效果、降低成本为目标；压裂设计应以压后产量和经济效益为目标，借助区域优化经验、水力裂缝模拟和气藏模拟，进行压裂施工规模的优化，并以控制伤害、确保有效支撑缝长、扩大渗滤面积、形成与储层匹配导流能力相适应的人工裂缝为目标进行单井压裂设计；压裂设计还应以提高液体返排、防止支撑剂回流等高效返排技术为目标。

第一节　低伤害压裂优化设计

一、低伤害压裂基本理论

（一）低伤害压裂基本理念

目前提出的低伤害压裂基本理念，不是以往单纯地采用低伤害压裂液体进行压裂施工，而是指从材料选择、优化设计、现场施工质量控制到后期返排管理等压裂全过程的低伤害。

第一是选择低伤害的压裂材料。要针对地层特性及压裂工艺要求选取低伤害、易返排的压裂液体系，减少压裂液对地层、尤其是压裂液残渣对人工裂缝的伤害，同时要选择与储层流体渗流关系相匹配的支撑剂材料，防止支撑剂选择不当造成的导流能力过剩或者导流能力不足。

第二是压裂优化设计中做到低伤害。压裂优化设计主要是从施工排量、施工规模、泵注程序以及配套提高返排的液氮优化、防砂等方面进行低伤害设计。

第三是现场实施确保低伤害。通过严格的现场施工质量控制降低由于现场压裂液、支撑剂材料性能变化造成的伤害增加，要求施工过程中严格按照设计参数执行，尽可能保证现场实施与优化设计结果一致。

第四是压后排液及采输过程的低伤害。通过设计中的优化破胶技术、高效返排技术，能尽可能地将入地液体在最短的时间内返排出地层，以充分降低液体在地层中停留时间过长而导致的水锁伤害。另外压后返排过程以及气井长期生产过程中支撑剂的回流均会导致裂缝导流能力的失效，导致裂缝不能满足储层流体的渗流关系。因此压后排液以及后期采输过程的低伤害同样至关重要。

（二）低伤害压裂设计原则

1）低伤害压裂设计应立足于对储层适应的工艺技术，施工参数应经济合理，指标先进，能够实现。

2）压裂液和支撑剂等压裂材料的设计应满足目的层地质条件，并与工艺要求相适应，并以降低对地层、裂缝的伤害、提高效果、降低成本为目标。

3）低伤害压裂设计应以压后产量和经济效益为目标，借助区域优化经验、水力裂缝模拟和气藏模拟，进行压裂施工规模的优化，并以控制伤害、确保有效支撑缝长、扩大渗滤面积、形成与储层匹配导流能力相适应的人工裂缝为目标进行单井压裂设计。

4）低伤害压裂设计还应以提高液体返排、防止支撑剂回流等高效返排技术为目标。

二、压裂材料的选择原则

（一）压裂液的选择原则

压裂液作为致密砂岩气藏压裂改造的重要研究内容，其性能不仅直接影响水力压裂施工的成功率，而且对压后效果会产生很大的影响。压裂液的选择要满足储层特征及压裂工艺要求，应在优化原则建立的基础上，进行体系的筛选、稠化剂优选及其他添加剂的选择、性能的综合评价、性价比的分析及体系的优化。

为优化压裂液，正确地选择液体和添加剂，需要和气藏地质与压裂工艺紧密结合，优选压裂液及其添加剂，原则是保护储层、减少伤害、高效返排，满足压裂工艺要求，具有良好的适应性和可操作性。压裂液优化设计应着重考虑气藏特征（储层深度、温度、渗透率、黏土矿物含量、储层的敏感性分析、天然气特性、地层水类型及矿化度等）对压裂液选择的影响。

同一口井，在压裂施工的不同阶段，压裂液的性能应有所不同，即按温度场进行压裂液优化设计，致密气藏压裂液同时满足压裂施工需要和低伤害的客观要求和发展趋势。

（二）支撑剂的选择原则

支撑剂是压裂后唯一期望存留于气藏的物质，支撑剂的优选不仅要考虑压裂施工的正常进行，更要考虑到其对压后效果特别是有效期的影响。在对支撑剂的评估和筛选中，应在支撑剂承受闭合压力下注重支撑剂的导流能力（尤其是长期导流能力），以导流能力作为支撑剂选择的重要依据，同时具有价格较低、易于输送、货源广的特点。在储层闭合压力下具有较高导流能力、有利于压裂液携带的低密度支撑剂是目前支撑剂的主要发展方向。

三、压裂方案的优化

（一）压裂方案优化原则

在国内现有设备能力下，压裂方法立足于先进的工艺技术，施工参数应经济合理，指标先进，经努力可以实现。

压裂材料的选择应满足储层地质条件与工艺要求，应以极大降低对地层的伤害和提高压后效果为目标。

对不同的压裂设计，以压后产量为目标，借助水力裂缝模拟和油气藏模拟，进行压裂施工规模的优化。

在优化的压裂规模下，以控制伤害、确保有效支撑缝长、扩大渗滤面积为目标进行单井压裂设计。

（二）压裂方案优化简介

在压裂设计数据的确认、压裂材料的初选、压裂气藏模拟、水力裂缝模拟及压裂经济评价的基础上，即可进行压裂方案的优化。

压裂方案的优化就是根据压裂优化的原则，对比不同压裂规模下的压裂目标函数值，进而得出裂缝特性与压裂目标函数值的曲线图，找出能使压裂目标函数值较优的裂缝特性值。这一裂缝特性值对应的候选压裂方案即为优化方案。

压裂方案的优化更多的是借助压裂优化软件来进行，水力裂缝模拟软件自发展以来，已形成了多套商业化的软件，但以集二维三维模型、压裂压力分析、效果预测、经济评价为一体的软件包形式最为看好。目前国际领域内模型较为科学、功能较为齐全的软件有 Gopher、StimPLan 和 FracproPT 等软件。

Gopher 真三维压裂与酸化设计和模拟软件是 STIM-LAB 研制开发的压裂酸化设计分析专用软件，在一定程度上说 Gopher 像是一个油藏分析描述软件。StimPLan 拟三维压裂设计软件是由美国 Nolte Smith 公司开发的，该软件近年在中石化系统内进行定期的技术培训和软件升级。FracproPT 是原美国 Pinnacle Technologies 公司（目前该软件属于美国卡博公司）研制的用于压裂工程设计和分析的软件，它是目前世界范围内应用最为广泛的软件之一，其集总参数的三维压裂裂缝模型充分地表现出了水力压裂物理过程的复杂性和实际状况，目前的最新版本为 2010 版。FracproPT 软件主要包括 4 个三维模型和 3 个二维模型。主要包括压裂设计、压裂分析、产能分析和经济优化 4 个模块，另外还拥有压裂液、支撑剂、岩石性能数据库，具有数据编辑转换、随时求助等功能，是目前致密气藏应用较多的软件之一。

（三）压裂方案经济评价

1. 压裂方案经济评价特性及原则

储层特点和由此带来的压裂技术的特殊性，决定了压裂方案的经济评价具有如下特点：

1）在经济评价中，必须考虑压裂技术的作用。为此，必须研究在特定的储层条件下，压裂酸化技术的投入和产出。换言之，必须研究裂缝的扩展模型及相应的措施后产量预测模型，尤其是产能预测模型，其可以说是经济评价的核心内容，预测得准确与否，对最终的经济评价结果影响非常大，甚至可能得出完全不同的结论。

2）必须从技术发展的角度，进行经济与技术综合分析。要考虑到压裂技术在未来的发展趋势及其对经济评价结果的影响，从而可在现有技术的条件下，把有限的资金投入到获利最大的气藏或区块中去。

3）在对致密砂岩气藏的压裂方案的经济评价中，必须考虑风险性影响因素。与常规油气藏相比，致密砂岩气藏在储层参数和裂缝参数分布方面，都带有一定的不确定性，因此，压裂后的经济效益也具有相应的不确定性或风险性，必须在投入开发之前，考虑上述风险性因素的影响。致密砂岩气藏的经济评价时间应比常规油气藏要稍长一些。因其开发的经济效益差，如评价的时间较短，可能经济效益不大甚至无经济效益。与此相适应，在经济模型中，关于投入的部分，应当考虑追加压裂措施的费用，以维持压裂的长期效果。

4）至于经济评价的思路，应先考虑区块总体的经济风险性模型（考虑压裂的作用），在区块确定后，方可针对具体的单井进行经济评价分析，以决定优化的压裂方案。

2. 压裂方案经济评价的影响因素分析

（1）储层地质参数

主要包括有效渗透率及分布、有效厚度及分布、有效孔隙度及分布、储层的滤失性、裂缝发育情况、储层与上下隔层的就地应力差等参数。

（2）压裂施工参数

主要包括施工排量、加砂量、平均砂液比等指标，这些指标对经济分析的影响是间接的，即主要通过裂缝长度和导流能力来影响产量和经济效益，在此不赘述。

（3）裂缝参数

主要指的是裂缝长度和裂缝导流能力。对致密砂岩气藏而言，裂缝长度对产量和经济效益的影响是十分重要的，它一般比导流能力更重要。求取的方法主要是裂缝模拟、实时裂缝监测技术，以及实验室支撑剂导流能力实验、裂缝模拟、油藏模拟及压后不稳定试井资料等。

（4）各种成本支出

投资总额包括勘探投资、开发投资及流动资金等。

勘探投资包括探井投资和地震测线投资。

开发投资包括开发中油水井投资和地面建设投资。

流动资金主要指气井生产过程中的维护、管理等费用。

第二节　测试压裂与压裂设计

单井的压裂设计主要是结合储层特征，实现对储层的最大合理化改造，并形成现场可实施操作的压裂泵注程序。对于勘探评价井压裂施工参数的优选通常建立在小型测试压裂基础上，通常受具体井的工程条件等的限制。压裂施工设计通常包括压裂方式优选、注入方式优选、施工参数优选、泵注程序、施工设备及压后管理等步骤。

一、测试压裂技术

水力压裂技术是增产的主要手段，特别是对于致密砂岩气藏，水力压裂是开发建产的关键技术，而压裂设计又关系到施工的成败及压后效果，测试压裂俗称小型压裂（Mini-frac），可为主压裂参数优化设计提供依据，测试压裂分析更多的是依靠压裂分析软件来实现，应用较为广泛的是 FracproPT 软件。

（一）测试压裂目的

测试压裂在加砂压裂之前进行，旨在求取储层渗透率、闭合应力、闭合时间、液体效率、裂缝净压力等参数，同时，通过降排量测试了解井筒附近射孔孔眼产生弯曲摩阻和孔眼摩阻，为加砂压裂（这里也称主压裂）参数优化设计提供合理依据。

（二）闭合压力分析方法

测试压裂闭合压力的分析方法常用的有平方根曲线、G 函数曲线、双对数曲线分析方法。通过这些分析方法均可以获得井底闭合应力及井底闭合应力梯度、裂缝闭合时间、携砂液效率和净压力估算值。最常用的是 G 函数曲线分析方法。

G 函数曲线显示压力下降、其导数和迭加导数等参数与 G 函数时间的关系，为了最快的分析，在 FracproPT 软件测试压裂分析——SHIFT＋F8（快捷键）屏幕的选项制表键上，在自动拾取参数复选框上打钩，或在曲线图标栏上单击▲图标，按照下列步骤完成分析（图 2.1）：

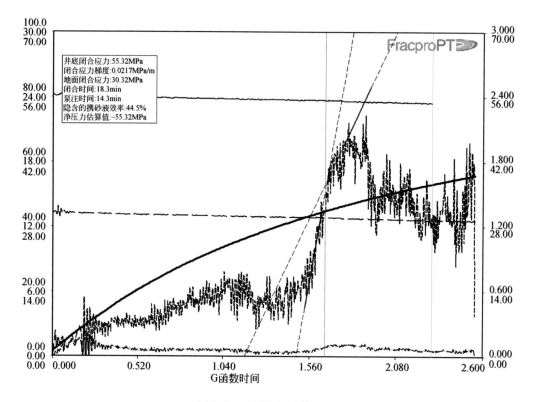

图 2.1　G 函数曲线分析图

1) 一条切线被自动地添加到测定的井底压力的叠加导数（GdP/dG）信道上。也可以通过在该信道上单击鼠标右键，从对话框中选定"添加切线"来手工添加。

2) 使用鼠标把这两条切线放到适当位置，这两条切线被适当地调节，使之与测定的井底压力叠加导数（GdP/dG）信道的变化趋势重合。可以通过在垂直切线上按住鼠标左键拖曳光标到预定位置来完成。

3) 如果对该闭合应力的选取不满意，那么，可以在闭合应力垂直线上通过按住鼠标左键移动光标，移动该直线到不同的时间。

4) 在曲线图右上部的对话框中单击确定，添加闭合应力到测试压裂分析屏幕的闭合应力制表键上。当然，也可以拒绝接受该数据，而仅仅使用该曲线来独立地选取井底闭合应力。

（三）测试压裂分析基本步骤

测试压裂分析基本步骤大致如下：

1. 基本参数输入

1) 首先是模型的选择，在选择完模型之后接下来就是模型的信道输入，这里需要注意的是如果测试压裂有监测压力，选择信道的时候就要选择施工压力、死管柱压力和携砂液排量，测定的净压力要选择"根据死管柱压力计算"；若测试压裂无监测压力，信道选择的时候就不选择死管柱压力，相应测定的净压力就应选择"根据地面压力计算"。

2) 输入井筒数据，目的是确定注入方式和压裂井段以及射孔孔眼数等。输入参数为油套管内径、产层顶部位置以及产层底部位置、射孔顶部位置和底部位置、射孔孔数、射孔深度、井斜角等。但由于该模块的输入数据有限，对于组合管串无法输入。

3) 输入地层数据，目的是对产层以及其上下的隔层进行工程地质特征描述。输入数据主要为产层、隔层深度、岩性、闭合应力、杨氏模量、地层渗透率。产层还需输入储层压力、地层温度、孔隙度、含水饱和度以及储层的流体。

4) 选择测试压裂所用的压裂液，如果从压裂液库中所选压裂液性能与实际压裂液性能有出入，可以对选择的压裂液进行编辑。

5) 调出测试压裂曲线，对该曲线设置泵段，运行后即将泵注程序显示在泵注程序表中。

2. 注 KCl 水的测试

通过停泵压降拟合了解地层渗透性，求取地层的渗透率、KCl 液体效率、闭合压力、闭合时间、产层与底盖层的应力差等。KCl 测试压裂主要是为求取地层的渗透率，一旦地层的渗透率确定后，冻胶测试分析阶段地层渗透率就按此不变。

3. 注入主压裂用的冻胶测试

按主压裂设计的泵注排量进行施工，了解主压裂能否进行。冻胶测试主要通过阶梯降排量测试求取孔眼摩阻和弯曲摩阻，接下来确定瞬时停泵压力，然后通过平方根、G 函数曲线等分析方法确定裂缝闭合压力、闭合时间，多裂缝条数、压裂液的液体效率及液体摩阻等。

二、压裂施工设计

（一）压裂方式优选

致密砂岩气藏通常纵向上分布有多个气藏或含气砂体，为提高单井产能、实现低效气藏的经济开发，在压裂方式上需要进行分层压裂改造，而当压裂改造目的层相对较为集中，地应力差不足以分隔开裂缝，这时则需要考虑合压。各种压裂方式均有自己的特点，主要针对不同的地层情况以及不同的改造目的。

致密砂岩气藏由于压井容易对储层造成严重的伤害，其压裂改造具有要求不动管柱一次完成措施作业、利用改造管柱直接排液和后期生产管柱等与常规油气藏的特殊差别，这决定了致密砂岩气藏有效的改造方式主要有合层压裂和分层压裂，其中分层压裂主要包括限流法、投封堵球法、工具（封隔器、水力喷射）分隔法等。不同压裂方式适用于不同特点的地层，目前主要采用封隔器分隔的方式来实现分层压裂。

1. 限流法分层压裂

限流法分层压裂是一次压开多层的分压方法。选择储层物性较好的储层段，以优化的密度进行射孔，然后在井口压力允许的最大排量下进行压裂，一次把所有的射开层段都压开裂缝，依靠各个层不同的射孔数对液体进行分流，实现改造目的。

为达到一次压开多层的目的，井底压力必须大于每一层段的破裂压力，为此必须限制所射孔眼的孔数和直径，用有限的孔数和孔径提高孔眼摩阻，使井底压力迅速超过所有层段的破裂压力，几乎同时地压开每一层段。如果各层的破裂压力相差很大，则难以保证压开所有层段；由于所有孔眼都与油层连通，射开孔眼数不一，哪怕只有少数孔眼不吸液，都会影响最终的压开程度。可见，限流量法压裂主要依据孔眼摩阻来调节各目的层间由于最小主应力不同而导致起裂的不同时性，使之达到同时起裂并进一步延伸，而孔眼摩阻的调节是有限的，由于该分压方式的局限性和较差的针对性，在致密气藏中通常不推荐采用。

2. 使用封堵球进行分层压裂

投封堵球分层压裂工作原理是：由于气层（两层以上）之间的破裂压力存在着差异，在压裂施工时，首先将破裂压力低的层段压开并施工后，投入一定数量特制的尼龙球将已经加砂施工的层段的射孔孔眼堵住，使压裂液截流造成井内压力升高，将破裂压力相对较高的层段压开并加砂施工。依此方式逐层进行施工，直至完成井内多层的加砂压裂施工。施工结束后，放喷将尼龙球带出孔眼，被放喷液携带出井口回收或依靠自身重量落入井底。

投球分层压裂的暂堵球有两类：一类是高密度的，即球的密度比压裂液的密度大；另一类是低密度的，即球的密度比压裂液密度小，它具有明显的浮力效应。

在实施该方法前，必须明确知道最小的主应力剖面，根据地应力剖面判断先破裂和先进入液体的储层，并根据该层的射孔情况，确定所需封堵球数，从而使封堵球完全堵住该层，以后压开第二层。同时在施工过程中不能停泵，否则封堵球会因为重力作用下沉而导致封堵失败，这对压裂设备的连续施工提出了较高的要求。

3. 工具分层压裂

根据致密砂岩气藏储层特征，有效的分层压裂手段必须采用不动管柱一次进行作业，满足该要求的工具分层压裂工艺主要有不动管柱封隔器滑套分层压裂技术和不动管柱滑套水力喷射分段压裂技术。其中不动管柱滑套水力喷射分层压裂技术主要是基于水力喷射压裂技术和滑套分层技术，其工艺原理类似封隔器分层压裂，分层的有效性主要依靠水力密封坐封原理，目前该技术有一定的适用条件。

可用于多层压裂的封隔器主要有 Y211、Y241、Y344、Y341、Y541 等，这些封隔器与喷砂滑套、接球座、水力锚等工具进行配套组合就可实现分层压裂目的。在诸多封隔器中适用于致密气藏分层压裂改造、管柱最安全有效的封隔器是 Y241 封隔器，该工艺技术目前在国内长庆苏里格气田、四川盆地马井气田、新场气田、合川气田等地区已得到广泛的推广应用。该工具配套的管柱结构通常为：坐封球座＋油管＋接球座 1＋封隔器＋滑套1＋油管＋接球座 2＋封隔器＋滑套 2＋油管＋安全接头＋油管至井口（本管柱为三层分压管柱）。其不动管柱封隔器分层压裂工艺流程如下（以双封隔器分压三层为例）：

第一，一次射开三个分压改造的目的层；

第二，下分层压裂施工管柱，若采用泥浆压井，则工具入井后用清水替浆、并洗井干净；

第三，投钢球入位坐封球座，油管加压坐封两个封隔器，再加压打坐封球座；

第四，油管注入对最下面储层进行加砂压裂施工至施工结束；

第五，从油管投钢球并坐封于喷砂滑套 2，油管加压打开喷砂滑套，使油管进液通道与中间储层连通，同时滑套芯下移到接球座 1，封堵已压裂的下产层，以油管注入方式进行中间层的加砂压裂，直至施工完成；

第六，从油管投钢球并坐封于喷砂滑套 1，油管加压打开喷砂滑套，使油管进液通道与上层储层连通，同时滑套芯下移到接球座 2，封堵已压裂的下产层，以油管注入方式进行上层的加砂压裂，直至按施工完成；

第七，油管开井排液，实施混层排液、合层采气。

为了保证开滑套的钢球不对气层产量造成影响，现在主要采用低密度钢球（密度已经达到 $1.3 \sim 2.4 \text{g/cm}^3$，抗压差达到 50MPa），利用液体返排速度将球带出油管，同时在井口设置井口捕球器，这样保证了压裂施工完成后管柱的全通径，有利于后期采气等作业。国外通常采用特殊材料的塑料球，其密度接近压裂液的密度，但由于该材料强度不及钢球，其在国内的应用受到一定的限制，但降低球的密度仍然是一种发展趋势。

4. 合层压裂

当各压裂目的层最小水平主应力相差不大、隔层较薄或地应力剖面数据不利于进行各种分层压裂方式时，则应采用多层合压。对合层压裂必须根据压裂层段的地应力剖面，经过全三维水力裂缝模拟软件计算，判断是否可以一次压裂达到改造各目的层的要求，在生产中不会产生层间矛盾。

致密砂岩气藏中采用某种分层压裂方式或者合层压裂方式，主要根据压裂的目的，当然随着水力压裂技术的发展及以长远的观点来看，为实施储层针对性的改造应尽量采用封隔器分层压裂，同时也可根据储层具体情况采取其他方式的组合应用。

（二）注入方式优选

注入方式优选的原则是在满足泵注参数的前提下，在限压以下尽可能选择最简单的注入方式，同时使压裂液在井筒的摩阻最低。通常的注入方式有油管注入、环空注入（套管强度满足要求）、油套混注入等，但由于致密气藏压裂改造管柱通常也是后期生产管柱，因此注入管柱和注入方式的选择还应该考虑后期生产。

（三）施工参数优选

1. 施工规模

压裂规模及裂缝长度的优化包括两部分内容：一是对不同的候选压裂方案进行水力裂缝模拟计算，以确定其支撑裂缝的几何尺寸和支撑铺置浓度分布；二是对不同的裂缝几何尺寸，用气藏模拟预测压后的产量，以产量或经济效益为目标确定最优的缝长及对应的施工规模。低渗致密气藏的压裂规模优化通常以后者为主。低渗致密气藏储层物性越差，压裂的规模越大，越能获得更长的裂缝，从而获得良好的增产效果。

2. 排量优选

致密砂岩气藏压裂改造施工的排量通常受到加砂规模、储层砂体厚度、上下隔层情况、井口限压以及裂缝参数等因素的限制。通常在井口限压、施工设备允许的条件下，以保证裂缝在垂向上不过度延伸（延伸到非产层）为原则，尽可能地提高施工排量、缩短施工时间、提高液体效率。

3. 前置液量

前置液用量应考虑两个因素：一是地层高温，需要冷却；二是后期携砂的施工安全。理论上以裂缝支撑半长与压开半长比值达到 $80\% \pm 5\%$ 时的液量作为前置液的用量标准，但实际应用较为困难。致密气藏前置液量计算的通常作法是根据压裂液效率确定，前置液百分数的经验计算公式如下：

$$\alpha = \frac{100 - \eta}{100 + \eta} \times 100 \tag{2.1}$$

式中，α 为前置液百分数，%；η 为压裂液效率，%。

4. 砂液比

砂液比简称砂比（通常以%表示），通常的定义是指支撑剂堆积体积与纯携砂液体积的比值，与支撑剂浓度（单位为 kg/m^3）相对应。为取得优化的裂缝长度和导流能力，使井的改造增产效益最佳，应在气藏特征及产出能力研究的基础上优化砂比设计。高砂比压裂是提高高渗储层压裂效果的有效途径，但是对于低渗致密储层来说由于储层渗透率很低，压裂改造以造长缝为主，不需太高的裂缝导流能力，因此致密气藏压裂设计不宜追求高砂比，通常平均砂液比为 $15\% \sim 30\%$ 即可，储层物性越差，砂比越低，即应采用低砂比压裂。

5. 顶替液控制

设计支撑剂加完以后，应立即泵入顶替液，以便把携砂液顶替到地层的裂缝中去，考虑到黏性指进现象的存在，停砂后通常不停液体交联（但破胶剂浓度需要追加），保持部分冻胶液继续顶替后再采用基液或 KCl 水顶替。顶替液量的多少十分重要，顶替液量的计算应该考虑混砂车掺和灌及地面注入管线的容积。适度的过量顶替对措施效果并不造成大的影响，但欠量顶替将对后期排液及测试造成较严重的安全隐患。在采用封隔器分卡改造时，为防止封隔器的砂卡，适量的过量顶替是必要的。

（四）泵注程序优化

泵注程序的优化是压裂设计中的一个重要组成部分，一个与储层渗流关系相匹配的支撑剖面可以保证压后获得预期的增产效果。以往的泵注程序通常采用台阶式泵注程序，具有施工容易观察、设置简单等优点，但是形成的支撑剖面并不完善。目前认为线性斜坡式加砂泵注程序是最为理想的泵注程序，国内中石化西南油气分公司对该泵注程序进行了完善，并在四川盆地致密砂岩天然气气藏中广泛应用。国内外通常以低起点、小台阶泵注程序设计代替常规台阶加砂程序设计为原则，力求接近线性斜坡泵注程序。

（五）施工设备的确定

压裂施工设备主要包括压裂车、平衡车、混砂车以及仪表车等，其中压裂车是关键，目前国内外最常用的压裂泵车型号主要有 1050 型、2000 型及 2500 型，其中 2500 型压裂车主要是为满足深层（深度大于 5000m 的井，如新场气田须家河组气藏）致密砂岩储层的压裂改造的设备，理论上地面压力能够达到 140MPa。压裂车主要由压裂施工时所需要的水马力决定，而水马力的大小又主要取决于施工排量和井口压力。

1. 井口压力的确定

在给定排量下，压裂施工时地面井口压力的大小主要受裂缝延伸压力、压裂液管柱流动摩阻、液柱压力及其他摩阻影响，即

$$P_{井口} = P_{延} - P_{静} + P_{阻} + P_{其他} \tag{2.2}$$

式中，$P_{井口}$ 为地面井口压力，MPa；$P_{延}$ 为裂缝延伸压力，MPa；$P_{静}$ 为静液柱压力，MPa；$P_{阻}$ 为压裂液在管路中的流动摩阻，MPa；$P_{其他}$ 为压裂液通过喷砂器、节流器、射孔孔眼等的摩阻，MPa。

2. 压裂车水马力的确定

在给定排量下确定出井口最大施工压力后，就可以由下式计算压裂车所需的水马力大小：

$$W = 22.5767PQ \tag{2.3}$$

式中，W 为水马力，hp[①]；P 为井口压力，MPa；Q 为施工排量，m^3/min。

3. 压裂车数量的确定

计算出压裂施工所需要的水马力后，再根据每台泵车可使用的水马力即可得到压裂车数量：

$$n = \frac{W}{W_1 \cdot \eta} \tag{2.4}$$

---

① 1hp=745.700W。

式中，n 为压裂车数量，台；W_1 为单台泵车的理论水马力，hp；η 为单台泵车的水马力有效输出率。

（六）压后排液管理

压裂液长时间滞留在地层中对裂缝和地层将造成严重的伤害，因此致密天然气气藏压后效果对关井时间特别敏感，压裂液返排一般是越快越好，因为压裂形成裂缝后的投产通常开始是线性流阶段然后是拟径向流阶段，最后是径向流阶段。

为加快后期液体的返排，通常的做法是施工中严格优化破胶程序、尾追纤维，辅以液氮伴注，返排时采用强制闭合、优化油嘴等配套高效返排技术，通常在开井 8h 内能够实现 60％以上的返排率，对于低压气藏来说，不能自喷返排时辅以抽吸、氮气气举等方式加快液体返排是必要的。

第三章 低伤害压裂材料

针对川西致密砂岩气藏地层特性及压裂工艺要求，开发了适合中温储层的低伤害压裂液、适合低温储层的超低稠化剂压裂液、适合低温储层的自生热增压泡沫压裂液和适合深层储层的高温压裂液等四大低伤害压裂液体系，优选了相匹配的支撑剂类型。

第一节 压 裂 液

一、压裂液概述

压裂液是致密砂岩气藏储层压裂技术的重要内容和关键环节之一。压裂液及其性能是影响压裂成败和施工成本的重要因素。压裂液类型及其性能与能否形成一条足够尺寸的、有足够导流能力的裂缝和减少对储层的伤害、最大程度改善增产效果是密切相关的。致密砂岩气藏的压裂液技术是压裂液分子理论、压裂液添加剂与配伍体系和压裂液工程应用技术的组合技术。在满足压裂施工造缝、携砂的条件下，实现压裂液低成本和低伤害是致密砂岩气藏压裂液技术的主要特征。

1. 压裂液基本性能

压裂施工中压裂液的基本作用是使用水力尖劈作用形成裂缝并使之延伸、沿裂缝输送并铺置压裂支撑剂、压裂后液体能最大限度地破胶与返排，减少对裂缝与储层的伤害，使其在储层中形成一定长度的高导流的支撑裂缝带。一种理想的压裂液应满足以下性能要求。

（1）良好的耐温耐剪切性能

在不同的储层温度、剪切速率和剪切时间下，压裂液应保持较高的黏度和黏弹特性，以满足造缝和携砂性能的需要。即要求具有良好的剪切稳定性和热稳定性，不因温度的增加和剪切速率的增加，压裂液黏度发生大幅度降低。一般要求在就地条件下压裂液黏度大于 $50 mPa \cdot s$。

（2）滤失少

这是造长缝、宽缝和提高压裂液效率的重要要求。压裂液的滤失性能主要取决于压裂液的造壁滤失特性、黏度特性和压缩特性。在压裂液中，加入降滤失剂，将大大减少压裂液的滤失量。在压裂施工中，要求前置液、携砂液的综合滤失系数小于 $10 \times 10^{-4} m/min^{1/2}$。

（3）携砂能力强

压裂液的携砂能力取决于压裂液的黏度和弹性。压裂液只要有较高的黏度和弹性，即可悬浮和携带支撑剂进入裂缝前沿，并形成合理的砂体分布。但如果压裂液的黏度过高，则形成高的裂缝，不利于形成长而宽的裂缝。一般裂缝内压裂液的黏度保持在 $50\sim 100\mathrm{mPa\cdot s}$，表征压裂液弹性的储能模量 G_e 应大于 $1.9\mathrm{Pa}$。

（4）低摩阻

压裂液在管道中的摩阻越小，则在设备动力一定的条件下，用于造缝的有效水马力越大。摩阻越高，导致井口压力越大，降低施工排量，限制了压裂施工。一般要求压裂液的降阻率大于 50%。

（5）配伍性

压裂液进入地层后与各种岩石矿物及流体接触，不应发生不利于油气渗滤的物理-化学反应。例如不要引起黏土矿物膨胀、油水乳化和产生沉淀而堵塞油气通道。这种配伍性的要求是非常重要的，往往部分油气藏压裂后效果不理想或失败的原因就是压裂液的配伍性差。

（6）易破胶和低残渣

压裂液快速彻底破胶是加快压裂液返排，减少压裂液在地层滞留的要求。降低压裂液残渣是保持支撑裂缝高导流能力，降低支撑裂缝伤害的关键因素。要求选用优质的破胶剂和稠化剂；选择合理的破胶剂黏度，从而降低水不溶物含量。

（7）易返排

人工裂缝一旦闭合，要求压裂液快速、彻底返排。影响压裂液返排外部的关键因素包括压裂液的密度、压裂液的表面、界面张力和压裂液破胶液黏度。低密度的泡沫压裂液、油基压裂液有利于压裂液的返排。

（8）货源广、便于配制和价格便宜

压裂液的可操作性和经济可行性是影响压裂液选择和压裂施工的重要因素，随着大型压裂的发展，压裂液的需用量很大，是压裂成本构成的主要部分。近年来发展的速溶连续配制工艺，大大简便了施工，降低了成本。

2. 压裂液的分类

按在压裂施工中的不同阶段和所起的不同作用，压裂液被分为低替液、前置液、携砂液和顶替液，显然前置液和携砂液是整个压裂工作液的主要部分。压裂液按不同阶段作用分类见表3.1。

表 3.1　压裂液按不同阶段作用分类

类别	低替液	前置液	携砂液	顶替液
作用	将井筒充满压裂液，以免其他液体进入地层污染储层	压开并延伸水力裂缝，为支撑剂的进入准备空间	携带支撑剂进井并在缝中铺置高导流能力的裂缝	将井筒携砂液全部替入缝中，清洁井筒，以便压后排液投产
液体性质及添加剂	压裂液基液或冻胶	冻胶	冻胶	冻胶或基液或活性水
用量	井筒容积	总液量（前置液量与携砂液量之和）的 $25\%\sim 45\%$	根据加入支撑剂量和平均砂液比确定	井筒容积

压裂液按照不同组成可以分为水基压裂液、油基压裂液、乳化压裂液、泡沫压裂液和

清洁压裂液等。国内外压裂液类型及使用现状见表3.2，致密砂岩气藏储层的压裂改造一般采用低成本的水基压裂液，其次采用泡沫压裂液体系，清洁压裂液发展较快，目前在一些油田进行试验和应用。由于清洁压裂液在天然气井中的破胶问题尚未解决，清洁压裂液在气井中的应用目前还处于试验阶段。

表 3.2　国内外压裂类型及使用现状

压裂液类型	优点	缺点	适用范围	使用比例/%	
				国外	国内
水基压裂液	廉价、安全、可操作性强、性能好	浓度高，残渣、伤害较高	除强水敏性储层外均可使用	60~65	≥90
泡沫压裂液	密度低、易返排、伤害小、携砂性好	施工压力高，需特殊设备	低压、水敏性储层	25~30	≤3.0
油基压裂液	配伍性好、密度低、易返排、伤害小	成本高、安全性差、耐温较低	强水敏性、低压储层	≤5.0	≤3.0
乳化压裂液	残渣少、滤失、伤害小	摩阻较高，油水比例较难控制	水敏性、低压储层、低中温井	≤5.0	≤2.0
清洁压裂液	无聚合物、无残渣、低伤害	黏度低、滤失较大、成本高	高渗透油气储层	≤2.0	试验

（1）水基压裂液系统

水基压裂液以水为分散介质，添加各种处理剂，特别是水溶性聚合物，形成具有压裂工艺所需的较强综合性能的工作液。一般具有可流动状态含有添加剂的聚合物水溶液被称为线性胶（或稠化水或基液）。而线性胶一旦加入交联剂，则会形成具有黏弹性的交联冻胶，交联冻胶具有部分固体性质，但在一定排量和压力下又能流动。线性胶压裂液和冻胶压裂液是目前致密气藏应用较多的压裂液体系。

线性胶压裂液（基液）由水溶性聚合物稠化剂和其他添加剂（如黏土稳定剂、助排剂和杀菌剂等）组成，具有流动性，一般属于非牛顿流体，可近似地用幂律模型描述。线性胶压裂液具有一定的表观黏度，减阻性能好、易破胶、低伤害；但对温度、剪切速率较为敏感。其表观黏度为剪切速率、温度、聚合物浓度、聚合物分子量及化学环境的函数，具有剪切变稀、流动无滑移、测黏重复性较好等流变特性。它使用和控制简单，如果设计一种消除伤害的施工或在井眼附近得到高裂缝导流能力的支撑带，则线性胶压裂液是理想的液体，在致密砂岩气藏可用于浅层储层的压裂，其对压裂液的剪切稳定性要求不高，储层温度低，易于破胶。

20世纪60年代末开始使用的交联冻胶压裂液被认为是水力压裂技术的进步。如果要求增加压裂液黏度和提高耐温能力，对线性胶而言就得增加聚合物浓度，然而增加浓度是有限的，但对交联冻胶则仅仅是添加少量的交联剂即可实现。交联即通过交联离子将溶解于水中的线性胶以化学键的形式连接起来，形成三维网状结构，使原来聚合物的相对分子质量明显增加。交联聚合物分子有助于增加原聚合物的温度稳定性和剪切稳定性。如果压裂液在地面交联并以高速进入管线和通过射孔炮眼，会发生剪切降解引起黏度下降。虽然这种交联冻胶可以泵入管路，但一部分能量却用于剪切交联体使其黏度下降，因此黏度会表现为较高摩阻。因此，一种延迟交联冻胶压裂液系统以其控制交联时间的优点更受到欢迎。构成水基冻胶压裂液体系的组分主要包括稠化剂、交联剂、破胶剂、pH调节剂、杀菌剂、黏土稳定剂、助排剂等。

（2）泡沫压裂液

泡沫压裂液实际上就是一种液包气乳化液，气泡提供了高黏度和优良的支撑剂携带能力。在施工过程中，保持稳定的泡沫，干度范围极为重要。典型的压裂施工设计达到 70%～80% 干度的泡沫，这意味着压裂液的 70%、75% 或 80% 是气体。一般随着泡沫干度从 60% 增加到 90%，泡沫的稳定性和黏度也增大，超过 90%，泡沫恢复雾状。

液气混合时的扰动产生气泡，气泡乳化到液体中形成随时间会慢慢破裂的泡沫。在大气压条件下，用来产生泡沫的液体有一半从泡沫中破出所需要的时间为泡沫的半衰期。通过加入表面活性剂覆盖气泡表面可以稳定水包气乳化液，添加聚合物到液体中也有助于泡沫的稳定。70%～80% 干度的泡沫使用高质量起泡剂一般有 3～4min 的半衰期，添加聚合物稳定剂可使半衰期增加到 20～30min。

当使用 CO_2 泡沫时，泵入液态 CO_2 以代替干燥的气体，在混合时并未形成气液泡沫，在储层条件下，液态 CO_2 转化为气态时，乳化液才转变为泡沫，使用 N_2 时只要干度为 60%～90% 就会形成真正的泡沫。基液一般为含有起泡剂的淡水、盐水或聚合物水溶液，起泡剂多为非离子表面活性剂。

泡沫压裂液具有易返排、低滤失、黏度高、携砂能力强、对储层伤害小等优点。其不足之处在于压裂施工中需要较高的注入压力、特殊的设备装置、施工难度大、适用于低压、强水敏性储层。

中石化西南油气分公司研制的线性类泡沫压裂液，采用不交联的液体，类泡沫压裂液进入裂缝后，压裂液中的添加剂通过化学反应产生大量气体，具有自动增压功能，形成类似伴注"液氮/二氧化碳"的作用，其升压幅度可达 39.8MPa 以上，能明显增加低压地层的返排能量，提高返排速度，适用于浅层低压气井的加砂压裂改造。由于自动产生气体，压裂液在裂缝中逐渐泡沫化；在井筒中，由于压力释放，就表现为自动气举；压裂液自动产生的泡沫混合物显著降低压裂液密度，降低井筒回压，增加返排压差。

线性类泡沫压裂液具有水基压裂液的经济性和泡沫压裂液的优点，具有较好携砂性能、降滤失性能；自动增压助排，自动气举，有助于增强液体返排性能，同时对储层伤害低。另外，线性类泡沫压裂液施工方便，不需要特殊设备，是一种经济适用的新型压裂液体系。

（3）胶束压裂液

胶束压裂液是近年开发的新型压裂液，其主要组分是表面活性剂。同以往水基压裂液的最大区别是它不会形成固相残渣，因此又称之为清洁压裂液。在以表面活性剂组成的黏弹性清洁压裂液中，以低分子表面活性剂的亲油和亲水基团通过分子间相互缔合作用，首先形成球状胶束，随着浓度的增加，形成棒状胶束或蠕虫状胶束结构，进一步分子叠加，形成具有低黏高弹性的黏弹性流体。相对常规交联聚合物压裂液，胶束压裂液具有无固相、无残渣、低伤害、添加剂种类少、减少施工前期配液工序和混合时间、施工摩阻低、携砂能力强等特点。同时也存在两方面的缺点，一是耐温能力较低，适用温度 24～79℃，二是成本较高。国外目前在加拿大、美国等地压裂应用较多，国内也开展了该压裂液体系的室内研究和现场试验。

二、压裂液添加剂

压裂液是由多种添加剂根据功能要求和协调效应按照一定配比组成的黏弹性流体，因此添加剂是压裂液的最小单元。近年来，代表世界先进压裂技术水平的各大公司，在压裂液化学研究和应用方面开展了大量研究工作，取得了重要进展，形成了 20 多类添加剂 100 多种产品。压裂液添加剂分类及作用见表 3.3。

表 3.3 压裂液添加剂分类及作用

添加剂种类	作用	举例
稠化剂	增黏溶剂，并提供可交联基团	植物胶及其衍生物
交联剂或螯合剂	提供交联离子，交联稠化剂	无机硼、有机硼、钛、锆
杀菌剂	杀灭压裂液基液中的细菌	季铵盐或醛类
降滤失剂	降低压裂液的滤失量	柴油、油溶性树脂
pH 调节剂	调节溶液 pH	NaOH、Na_2CO_3
温度稳定剂	提高压裂液的耐温能力	硫代硫酸钠类
降阻剂	降低摩擦阻力	聚丙烯酰胺类
黏土稳定剂	稳定黏土矿物，防止分散运移堵塞	KCl、聚季铵盐
助排剂	降低表面、界面张力	表面活性剂
起泡剂	泡沫压裂液形成泡沫	表面活性剂
破胶剂	破胶降解，降低分子量	过氧化物、酶
滤饼溶解剂	溶解在压裂过程中形成的滤饼	
低温破胶活化剂	活化低温破胶活性物质	
消泡剂	抑制压裂液配制过程中的泡沫形成	
分散剂	改善烃降滤失剂的分散稳定性	表面活性剂
缓冲体系	缓冲调节 pH 变化	Na_2CO_3-$NaHCO_3$

致密砂岩气藏主要使用水基压裂液体系，其添加剂多达数十种，不同水基压裂液之间的特点都是通过其添加剂的调整表现出来的。水基压裂液是目前致密气藏应用最为广泛的压裂液，因此下面以水基压裂液为例分述各种添加剂名称及作用。

1. 水基压裂液稠化剂

稠化剂是水基压裂液的主要添加剂，用以提高水溶液黏度、降低液体滤失、悬浮和携带支撑剂。当前水基压裂液稠化剂分为 3 大类型：植物胶（如瓜尔胶、香豆胶、田菁胶皂仁胶、槐豆胶、魔芋胶和海藻胶）及其衍生物、纤维素的衍生物（如羧甲基纤维素、羟乙基纤维素等）、生物聚合物（黄胞胶）以及合成聚合物（如聚丙烯酰胺、甲叉基聚丙烯酰胺、羧甲基聚丙烯酰胺等）。此外，也有将淀粉类产品开发为压裂液稠化剂的报道。

目前，植物胶及其衍生物是水基压裂液系统的主要稠化剂，占总使用量的90％以上。大多数植物胶均属于半乳甘露聚糖，具有相似的结构和不同的组成与分子构象，表现出不同的物理和化学性质。瓜尔胶及其衍生物、香豆胶、田菁胶、魔芋胶等不同植物胶稠化剂结构与性能对比见表3.4。

表 3.4　不同植物胶稠化剂结构与性能对比

稠化剂	瓜尔胶及其衍生物		香豆胶	田菁胶	魔芋胶
	瓜尔胶	羟丙基瓜尔胶			
英文名	Guar	HPG	Fenugreek	Sesbania	Devilstonguee
分子式	$[C_6H_7O_2(OH)_3]_n$	$[C_6H_7O_2(OH)_2$ $OCH_2CH_2CH_2OH]_n$	$[C_6H_7O_2(OH)_3]_n$	$[C_6H_7O_2(OH)_3]_n$	$[C_6H_7O_2(OH)_3]_n$
相对分子量	190×10^4		25	39.1	50
外观	淡褐黄色粉末	淡黄色粉末	淡黄色粉末	淡褐黄色粉末	淡褐色胶粒
1％水溶液黏度/(mPa·s)	187～351	255～298	156～321	121～212	551
水不溶物含量/％	8～25	2～12	7～15	15～32	6.5～33.8
交联性能	可与硼酸盐、有机硼、有机钛和有机锆交联				可与硼酸盐交联
来源	国产		国产		
参考价格/(万元/t)	1.2～1.6	2.3～3.2	1.5～1.7	1.2～2.1	1.8
推荐应用	低、中、高温储层			低、中温	中低温

瓜尔胶来自一年生草本植物瓜尔豆（生长于巴基斯坦和印度等地）的内胚乳。它是一种天然半乳甘露聚糖植物胶，分子中的半乳糖侧链易溶于水，在水中使其高分子充分舒展，使水稠化而获得较高的表观黏度。1％溶液黏度大于300mPa·s，同时其分子链上含有大量可与过渡金属离子交换的邻位顺式羟基，是国内外常用的良好稠化剂。瓜尔胶原粉含有较高不可降解的残渣（8％～12％）或不被水溶解的水不溶物（20％～25％）。为减少残渣，提高热稳定性和水合速度，开发了瓜尔胶的衍生物，如羟丙基瓜尔胶（HPG）、羧甲基羟丙基瓜尔胶（CM-HPG）。这些衍生物的不可降解的残渣低（2％～5％），现已广泛地成为水基压裂液的主要稠化剂。

2. 水基压裂液交联剂

交联剂是与聚合物线性大分子链形成新的化学键，使其连接形成网状体形结构的化学剂。聚合物水溶液因交联作用形成冻胶。国内外已开发出各种交联剂，其中硼酸盐用作压裂液交联剂已有近30年的历史。20世纪60年代后期，硼冻胶因无毒、易交联、价廉、具有黏弹性，成为植物胶水基压裂液的主要交联剂，但因交联速度快（小于10s）、耐温能力差（小于90℃）而在高温地层的应用受到限制。20世纪70年代以后，国外开发出有机金属交联剂（主要是有机钛和有机锆），具有延迟交联和耐高温（可大于120℃）的特点。但20世纪80年代后期，一些研究者发现有机金属交联剂使压裂液的支撑裂缝导流能力受到严重伤害，返排能力低于硼交联压裂液，同时，经剪切降解后黏弹性难以恢复。国外在20世纪90年代开发了新型有机硼交联体系，较好地解决了常规硼冻胶压裂液的应用问题。交联剂的选用由聚合物可交联的官能团和聚合物水溶液的pH决定。不同交联剂特性统计见表3.5。

表3.5 不同交联剂的交联特性与使用条件

交联剂类型	两性金属（或非金属）含氧酸的盐	无机酸的两性金属盐	无机酸酯（有机钛或锆）	醛类
交联剂举例	硼酸盐、铝酸盐、锑酸盐、锆酸盐	硫酸铝、氯化铬、硫酸铜、氯化锆	有机硼、有机钛、有机锆	甲醛、乙醛、乙二醛
pH范围	硼酸盐：8～12 锑酸盐：3～6	4～7	7～13 锆酸盐：3～10	6～8
官能团	邻位顺式羟基	钠羧基、酰胺基、邻位反式羟基	邻位顺式羟基	酰胺基团
聚合物举例	植物胶及其衍生物	羧甲基植物胶、羧甲基纤维素	植物胶及其衍生物	聚丙烯酚胺及其衍生物
耐温能力	小于100℃	小于120℃ 锆酸盐（碱性）：100～150℃	小于180℃ 酸性介质：80～120℃	小于60℃
交联特性	快速交联	快速交联	可延迟交联	可延迟交联

有机硼是由硼酸或硼酸盐与有机络合物在一定条件下合成的新型有机交联剂，可与植物胶稠化剂交联，形成三维网状冻胶。它具有3大特点：①具有明显的延迟交联作用，因络合剂和溶液pH的不同，延迟交联时间有较大差异，一般为30s～12min不等；②具有耐高温特性，耐温能力可达到150～160℃，而无机硼压裂液的耐温能力一般小于100℃；③在高温下缓慢形成有机酸，具有一定程度的自动破胶能力，对支撑裂缝的伤害率明显小于有机金属离子交联压裂液。因此，有机硼交联压裂液体系可满足高温深井压裂的需要，适用范围广。

3. 黏土稳定剂

产层中黏土和微粒的存在会降低增产效果的作用。使用压裂液或温度、压力特别是离子环境的变化都可能引起黏土沉积并迁移穿过岩石的孔隙系统。微粒迁移桥架在孔隙喉道和黏土膨胀都会降低渗透率。在施工中，压裂液以小分子水溶性滤液进入孔隙，对储层黏土矿物的伤害通常是水敏性与碱敏性叠加作用的结果。水溶性介质对储层黏土矿物潜在膨胀、分散和运移；同时水基压裂液以碱性交联为主，滤液存在较强的碱性（pH一般为8～10），对黏土的分散、运移、堵塞油层有很大的影响。如果不采取稳定黏土措施，将导致储层渗透率不可逆转的下降。

在水基压裂液中，常加入黏土稳定剂防止黏土膨胀、分散和运移。KCl是压裂液中常使用的黏土稳定剂，使用浓度一般为1.0%～3.0%。这是因为KCl不仅提供了充分的阳离子浓度防止阳离子交换，压缩使黏土膨胀的扩散双电层，而且钾离子大小恰能进入黏土的硅氧四面体的六角空间，防止黏土膨胀、分散和运移。加入 KCl 还可以提高压裂液矿化度，使之与地层水矿化度相匹配；同时当 KCl 存在时可消除压裂液中碱敏性对储层渗透率的损害。实际上几乎所有压裂设计都包括有 KCl。

另外，锆盐特别是氯化锆在水中稀释会形成一种包含羟基联结基团的复杂无机聚合物，这些聚合物的高带电性使它以不可逆的方式吸附在黏土表面上并能将黏土颗粒黏结在砂粒表面上。但锆盐的昂贵价格使其使用受到限制。

聚合物黏土稳定剂是阳离子型的高分子聚合物，因其吸附牢固耐冲刷而对于注水井是良好的长效黏土稳定剂。但对于压裂井，不存在类似注水的长期冲刷，特别是压裂井往往渗透率低且很容易被阳离子聚合物堵塞，因而不建议在压裂液中使用。

4. pH 调节剂

在水基压裂液中，通常用 pH 调节剂控制稠化剂水合增黏速度、交联剂所需的 pH 范围和交联时间以及控制细菌的生长。在基液配制过程中，如果 pH 太低，植物胶稠化剂水合速度越快，在其表面形成一层水化膜，抑制内部的高分子溶胀，即会形成"鱼眼"。因此，在配液过程中，通过 pH 调节剂，首先使溶液保持弱碱性，稠化剂处于完全分散状态；再调节 pH 为弱酸性，使其水合增黏，减少"鱼眼"，充分溶胀。另外，不同的交联剂要求与之相适应的 pH 范围，硼交联压裂液要求 pH 在 11.0 以上；并通过调节 pH，控制延迟交联时间，满足不同油气藏压裂的需要。pH 调节剂还可以根据酶破胶剂的最佳活性范围调节出适合的 pH，使破胶剂发挥最大破胶能力。提高基液 pH，可以控制细菌的生长，起到防腐作用。

用无机或有机酸碱，以及强碱弱酸盐、强酸弱碱盐调节溶液的 pH，使其具有一定的 pH 缓冲能力和范围。通常使用的 pH 调节剂为碳酸氢钠、碳酸钠、醋酸、柠檬酸和氢氧化钠等，配合使用可使 pH 的控制范围达到要求。常用 pH 调节剂的 pH 范围与用量见表 3.6。

表 3.6　常用 pH 调节剂的 pH 范围与用量

类型	酸性 pH 调节剂			碱性 pH 调节剂		
	醋酸	柠檬酸	亚硫酸氢钠	碳酸氢钠	碳酸钠	氢氧化钠
pH	2.5~6.0	4.5~6.0	6.5~7.5	7.5~8.5	8.0~10.0	>10.0
用量/%	0.002~0.01	0.004~0.1	0.05~0.5	0.05~0.1	0.05~0.1	0.002~0.02

5. 杀菌剂

杀菌剂用于抑制和杀死微生物，使配制的基液性质稳定，防止聚合物降解，同时阻止储层内的细菌生长。许多阳离子表面活性剂都具有一定的杀菌防腐作用，但要注意避免使用亲油性强的产品。甲醛、乙二醛、戊二醛及其复配物具有良好的杀菌防腐作用，是水基压裂液常用的杀菌剂。

对于压裂液杀菌剂的杀菌效果，最简单的评价方法为检测在不同条件下压裂液放置后黏度的变化，防止黏度下降的能力一般就表现为杀菌剂的杀菌能力。

杀菌剂在使用过程中必须注意添加过程和杀菌时间效应，即在注水充满大罐前，加入一半的杀菌剂迅速杀死罐中的细菌，当大罐注满后，再加入余下的杀菌剂，并保持 $6\sim 8h$，以杀死压裂液中所有细菌。

6. 表面活性剂（助排剂）

水基压裂液表面活性剂常用于压后助排，有时也用作在配制压裂液时的消泡剂。乳化压裂液以表面活性剂为乳化剂。泡沫压裂液又以表面活性剂为起泡剂。

表面活性剂还用于防止和处理井眼附近的水锁，即所谓的压裂液助排。影响压裂液返排的主要因素是地层压力降、黏滞力和毛细管力等。地层压力降越慢，排液压差越大，即排液的动力越大；黏滞力与地层孔隙大小、压裂液破胶液黏度、残渣含量、颗粒大小等有关，毛细管力按下式确定：

$$P_c = 2\sigma\cos\theta / r \tag{3.1}$$

式中，P_c 为毛细管力；σ 为油水界面张力；θ 为接触角；r 为毛细管半径。

可见，在压裂液中，正确合理地使用表面活性剂，降低油水界面张力，增大接触角，减少毛细管力是加快压裂液返排的重要措施。

7. 抗高温稳定剂

高温下压裂液黏度下降是由多种机理引起的，比较常见的机理是氧的存在起到了加剧压裂液降解的速度，因此抗高温稳定剂往往和除氧有关。常用甲醇、硫代硫酸钠、三乙醇胺。

8. 降滤失添加剂

控制压裂液向地层的滤失，有利于提高压裂液效率，减少压裂液用量，形成长而宽的裂缝，提高砂液比，获得高导流能力的裂缝；同时通过降低压裂液的滤失和滞留，缩短压裂液返排时间，减少对储层的损害。如果压裂液类型和储层条件一定，控制降滤失性能的关键因素即为降滤失剂。

常用作压裂液降滤失剂的添加剂为柴油、油溶性树脂、聚合物（如淀粉）和硅粉等。各种降滤失剂对压裂液的初滤失和造壁滤失系数的影响差异很大。在控制初滤失方面，各种添加剂的效率按如下顺序排列：聚合物/硅黏土＞硅粉＞油溶性树脂＞柴油＞无降滤失剂；而在控制造壁滤失系数 C3 方面的排列顺序为：柴油＞聚合物/硅黏土＞硅粉＞油溶性树脂＞无降滤失剂。柴油降滤失剂就其对 C3 的影响而言，可产生极好的降滤失效果，但对初滤失量几乎没有影响。合理的降滤剂应是固体降滤失剂（如硅粉）和液态烃类（如柴油）的配合体系，固体降滤失剂用于控制高渗面的初滤失，而液态烃则降低造壁滤失系数 C3 值。对固体降滤失剂必须选择合理的粒径匹配，优化用量，同时尽可能选用可以降解的产品如淀粉及其衍生物以避免堵塞储层孔道。

9. 破胶剂

破胶剂是压裂液的一种重要添加剂，其主要作用是使压裂液中的冻胶发生化学降解，由大分子变成小分子，有利于压后返排，减少储层伤害。

水基压裂液常用的破胶剂通常包括过氧化物破胶剂和酶破胶剂。生物酶和催化氧化剂系列是适用于 $21\sim 54℃$ 的低温破胶剂；一般氧化破胶体系适用于 $54\sim 93℃$，而有机酸适用于 $93℃$ 以上的破胶作用。与破胶机理相关的关键因素之一是压裂液 pH。对于一般的酶破胶剂，pH 是影响酶破胶作用的重要因素之一。普通酶破胶剂最佳 pH 为 5.0，低于 3.0

或高于8.0时,酶破胶活性将大大降低。因为酶破胶剂实际上是打断了分子链从而有效降低分子量,其破胶更彻底,因而人们致力于扩大其应用范围,最新开发的碱性甘露聚糖将酶的应用范围从pH为8扩大到了10以上。强氧化剂破胶体系pH在3与14.0之间均可使用。最常用的是过硫酸盐,过硫酸钾、钠、铵均是无色或白色结晶粉末,用量为$0.01\sim$ $0.2mg/L$,双氧水为无色液体和特丁基双氧水为黄色液体,用作压裂液破胶剂的用量为$0.005\sim0.1mg/L$。

由于过硫酸盐的分解反应最快在60℃以上,因此在较低温度下需要使用还原剂如三乙醇胺、亚硫酸钠、氧化亚铜等共同作用,形成催化氧化剂系列。

施工中要求压裂液维持较高黏度与施工结束后要求快速降解、彻底破胶是一对尖锐的矛盾。为此,在20世纪90年代初,利用流化床原理,国内外相继研制了胶囊包裹破胶剂,即延缓释放破胶剂。它是在常规破胶剂外表包裹一层特殊的半渗透材料,一般膜厚$20\sim30\mu m$,占15%~20%,利用挤压或渗透作用释放破胶活性物质。囊心材料一般为过氧化物或酶。胶囊破胶剂有两方面主要作用:

1) 提高了破胶剂的适用范围,酶胶囊破胶剂可与碱性交联压裂液相配伍,pH达9~13,同时也提高了温度使用范围。

2) 可提高破胶剂的用量,对压裂液流变性能影响很小,使压后快速彻底破胶,加快压裂液返排成为可能。

同时,胶囊破胶剂作为一种不随滤液进入地层的破胶剂,将对裂缝壁面滤饼的破胶起一定的作用。压裂液对支撑裂缝长期导流能力的影响研究表明,使用大量破胶剂将压裂液快速破胶,会明显改善导流能力,使支撑裂缝渗透率保持率由20%上升到43%。考虑到成本因素,致密气藏中胶囊通常在前置液和携砂前段采用。

三、压裂液优化技术

(一) 压裂液优化原则及压裂液优选

致密砂岩气藏压裂液选择的要求:

1) 致密砂岩储层可选用水基压裂液,低压水敏储层选用泡沫压裂液,致密、低黏土矿物的砂岩储层可考虑使用低成本的清水压裂工艺。

2) 影响压裂液主要性质的是储层温度、压力和滤失特性。

3) 低伤害。

4) 低成本、低污染和易操作。

压裂液选择主要应考虑流体的以下性质:

1) 控制流体滤失的压裂液效率:是衡量压裂液用于裂缝形成的液量的重要指标。

2) 产生缝宽的能力:主要取决于压裂液的黏度,较小程度取决于滤失控制程度。

3) 输送支撑剂的能力:取决于裂缝内温度与剪切条件下流体的弹性和黏性,弹性贡献大于黏性。

4) 井筒性质:包括压裂液摩阻损失和液柱静压。

5) 残渣与残胶:彻底破胶,降低残渣。高残渣含量、破胶液较高黏度是储层、裂缝伤害的重要因素。

6）表面/界面物理化学性质：降低表面/界面张力、改善润湿性、增大接触角是降低低孔低渗储层毛管阻力的重要措施。

7）与地层流体和岩石的相容（配伍）性：与地层黏土矿物和气水相容，避免储层岩石颗粒分散、运移和堵塞。

8）动力助排性：如通过泡沫（CO_2，N_2）压裂液在油气藏的体积变化，降低滤失，加快液体返排过程中的液体驱动力，减少在低渗透储层中的永久性液阻效应。

（二）压裂液性能评价

在致密砂岩储层中，压裂液的质量直接影响压裂施工的成败，压裂液本身对储层造成的伤害还会影响到压后效果。因此，在压裂液的优选和应用中，必须以储层特征和工艺要求为基础，分别对压裂液添加剂性能和压裂液体系综合性能进行评价，充分考虑压裂液的造缝携砂性能、助排性能和低伤害性能等 3 大方面的压裂液体系的性能指标，最终提出针对性的、适用的压裂液体系。

1. 压裂液的滤失性

压裂液向地层的渗滤性决定了压裂液的压裂效率。用滤失系数来衡量压裂液的压裂效率和在裂缝内的滤失量。压裂液的滤失系数与该液体特性、油气层孔渗性及储层本身裂缝发育程度及压裂缝发育情况等特性有关。压裂液滤失系数越低，说明在压裂过程中其滤失量也越低，其压裂液效率就越高。因此，在同一排量条件下，可以压出较大的裂缝面积，并将滤失伤害降到最低。

目前对压裂液滤失性的评价主要通过压裂前采用压裂工作液进行测试压裂，采用压裂软件拟合分析压裂液的造壁滤失系数和综合滤失系数，确定压裂液的效率。

压裂液综合滤失系数包括 3 部分：受黏度控制的压裂液滤失系数；受油层流体压缩性控制的压裂液滤失系数；受造壁性能控制的滤失系数。

受黏度控制滤失系数的压裂液，其滤失量主要受黏度制约。这种压裂液的黏度大大超过储层内原有流体的黏度，因而在一定压力梯度下，它在地层内的流动性比层内原有流体小得多，渗滤量也少得多。受黏度控制滤失系数的压裂液在储层内的滤失取决于储层孔隙度、渗透率、裂缝面所受的压差和压裂液在储层条件下的黏度。

受储层流体压缩性控制滤失系数的压裂液具有低黏度，它近于或基本接近储层流体的物理性质。这种压裂液的滤失是受其压缩性和储层本身流体黏度所控制。当储层内饱和某一流体时，如不受压缩，就不能再容纳多余的同类流体，因而，尽管压裂液黏度较低，其滤失量也是有限的。这种压裂液适用于接近饱和压力下采油的油井。

压裂液在裂缝壁面上形成暂时滤饼，能防止压裂液继续渗滤。由于滤饼渗透率低，通过滤饼即产生压降，因而根据达西定律可以求出通过滤饼进入地层的液体滤失量。

2. 压裂液的流变性

由于压裂液在施工过程中经过各种地面设备、井筒、射孔孔眼以及裂缝等，这些不同形状、孔隙大小的几何体的剪切差别很大，每个不同的流动空间对其影响也不一样：在地面管汇流动时间较短，尽管剪切作用较大，其对压裂流体的影响并不明显；在泵车中的剪切作用极大，但时间很短且其数值很难计算。考察较多的是在井筒中较长时间的高剪切作用和在裂缝中的低剪切作用。压裂液在井筒中受到的往往是较大的剪切，而在裂缝中的剪切速率要小很多。因此，在经过井筒和射孔孔眼的高剪切之后，进入剪切速率较低的裂缝中，不同的压裂流体表现出不同的恢复特征。

压裂过程中，要求压裂液具有好的携砂能力、低的摩阻和抗剪切能力，要达到这些性能，就需要对压裂液流变性能进行评价。进行压裂液的黏度测量时，常使用的是旋转黏度计和管路黏度计。测试方法见 SY/T 5107-2005。

（1）旋转黏度计

Fann35 及六速黏度计：在现场检测压裂液基液的基本性能时，最常用的是 Fann35 及六速黏度计等较为简单的旋转黏度计。这种仪器一般采用 Couette 测量系统，具有操作简单，携带方便等特点，但其仅具有 6 种剪切速率，并且对黏弹性能较强的交联冻胶压裂液很难测定。

RV20 和 Fann35 型高温高压黏度计：RV20（德 HAAKE）和 Fann35（美）型高温高压黏度计是压裂液评价实验中最常用的仪器，能在高温高压、密闭条件下进行压裂液黏度的测量，避免了由于爬竿效应造成的无法测量黏弹液体黏度的问题，测量精度和自动化程度较高，但设备结构复杂，不易携带，常用作在实验室中评价压裂液。

现场冻胶压裂液流变性能采用高温高压黏度计测定，满足压裂施工要求的压裂液必须在室内进行高温（储层温度）、长时间（施工作业时间）下连续剪切（$170s^{-1}$），测定压裂液黏度，要求压裂液黏度保持在 50mPa·s 以上。

（2）管路黏度计

由于旋转黏度计中的流场与实际压裂施工中的流场相差较大，无法很好地模拟现场实际施工情况，因此，国内外的研究工作者设计了多种管路黏度计进行压裂液的现场模拟试验。这一类黏度计一般具有模拟实时混配、动态交联以及剪切速率场和温度场的能力，有些甚至可以进行实施的加砂模拟，并观察记录支撑剂在模拟裂缝的沉降过程和铺置情况。而且对于某些特定的压裂液体系，如泡沫压裂液，只有这种类型的仪器才能获得较准确的模型参数。这种装置的缺点是测量精度稍差，结构复杂，价格昂贵。

（3）控制应力流变仪

上述仪器都是研究压裂液黏度性能的，而控制应力流变仪主要用于研究压裂液的黏弹性能。压裂液的携砂和悬砂能力与压裂液的黏弹性能密切相关。控制应力流变仪是通过对样品施加一交变应力，测定相应的剪切速率从而获得样品的黏弹参数。

3. 压裂液的伤害评价

压裂液进入地层后通过物理或化学作用引起的地层渗透率下降，按压裂液作用位置可分为地层基质伤害和支撑裂缝伤害。根据流体性质不同，其伤害又可分为以下 3 种类型。①液体伤害：压裂液滤液引起的地层黏土膨胀、分离、运移、堵塞孔道；滤液进入喉道后由于管力的作用而造成水锁，润湿性反转使油相渗透率变小，与地层流体配伍性差而产生沉淀等。②固体伤害：压裂液破胶水化后，残留固体颗粒于地层喉道和支撑裂缝造成堵塞。③压裂液滤饼和浓缩伤害：由于滤失作用，在压裂液的裂缝表面形成致密的滤饼；同时滤液进入地层裂缝内形成浓缩压裂液，破胶困难，导致裂缝导流能力大大降低。

防止压裂液对地层的伤害是油层保护技术的重要内容之一。为减少压裂液对地层的伤害，主要是在室内对其进行评价，除了弄清地层岩石的润湿性、矿物成分、孔喉状况和地层流体组成、性质等外，还应对压裂液潜在的对地层伤害的因素和程度进行分析。

（1）支撑裂缝导流能力

支撑裂缝伤害程度是以裂缝导流能力的变化来表征的：

$$裂缝伤害程度 = \frac{裂缝伤害前导流能力 - 裂缝伤害后导流能力}{裂缝伤害前导流能力} \qquad (3.2)$$

支撑裂缝导流能力试验装置由裂缝腔、上下活塞体、上下岩心板及流动线等组成，模拟裂缝位于裂缝腔内上下岩心板之间的支撑剂层。该装置可以模拟压裂施工中压裂液的滤失作用，并可形成滤饼。

试验方法：将支撑剂与压裂液按一定比例搅拌均匀后倒入裂缝腔内，装好岩心板和活塞体等，施加闭合压力后裂缝腔内的压裂液发生滤失，并在岩心板表面上形成滤饼，部分支撑剂嵌入滤饼中。滤液通过岩心板和活塞体流出，裂缝闭合后压裂液残渣滞留于裂缝及岩心板内，用2%KCl盐水或其他介质即可测定裂缝的导流能力。

（2）岩心伤害的测定

压裂液对地层基质的伤害以岩心渗透率的变化来表征，影响压裂液伤害率大小的因素主要有岩心的矿物组成、渗透率的大小、压裂液进入岩心的压差和时间、压裂液返排压差、返排时间和压裂液破胶的程度等。伤害率是反映压裂液影响地层基质伤害各因素的综合表现：

$$伤害率 = \frac{伤害前渗透率 - 伤害后渗透率}{伤害前渗透率} \times 100\% \qquad (3.3)$$

（3）残渣含量

压裂液残渣是导致地层孔隙和支撑裂缝导流能力伤害的重要因素，是植物胶水不溶物含量、破胶水化程度以及压裂液中其他添加剂杂质共同作用的结果，残渣含量越低，压裂液对地层堵塞作用越小，因此对地层伤害越小。

压裂液残渣含量测定方法参见SY/T5107-2005《水基压裂液性能评价方法》。应该强调的是压裂液配方应是实验用或现场施工用配方，并在地层温度条件下进行破胶实验。

（4）助排性能测定

压裂液进入油气层后产生毛细管力，与压裂液产生乳化剂黏土膨胀使地层渗透率下降相比，毛细管力造成的压裂液阻滞显得更为严重。

压裂液助排性能评价包括：在一定温度下破胶液与地层原油的界面张力；压裂液滤液与地层岩石的接触角；压裂液中表面活性剂的吸附性能。在考察压裂液性能时，对于油气藏应强调的是界面张力而不是表面张力。

（5）黏土稳定测试

主要用于测定压裂液进入地层后引起地层黏土矿物的速敏性、水敏性、盐敏性和碱敏性。黏土稳定实验结果对实验条件具有较大的依赖性。通过岩心流动实验发现，随着温度的升高（38～120℃），KCl稳定黏土能力增强，渗透率保持率由50%提高到100%。

4. 压裂液质量控制

现场压裂液全程质量控制，其关键是能监控全过程实际入井的压裂液交联状况及性能参数；另外，监控配液罐清洁程度、配液水质状态、配制溶胶黏度、pH、交联时间等，按作业过程分施工前配液过程质量监控和施工过程中液体质量控制。

（1）配液过程质量控制

配液水质要求：压裂液罐清洗干净，其标准为无残酸、残碱、铁锈、油污及其他机械杂质；配液用水采用井水或自来水，水质要求清澈透明，浑浊度不超过 5 度，机械杂质含量应小于 0.2%，铁含量不大于 25mg/L，碳酸盐含量不大于 600mg/L，pH 为 6.5～8.5，不得有异臭异味。压前取水样进行室内压裂液流变实验和破胶实验，现场配液用水、化学添加剂和室内实验用水、化学添加剂相一致。

添加剂质量要求：按设计配方添加剂和用量配制压裂液，各类压裂液添加剂应符合有关质量标准，并进行取样检测，确保所购材料合格，严禁使用不合格产品。

压裂液配制要求：压裂基液依次单罐配制，按设计添加剂的加入顺序和加入量进行添加，每一罐液体必须循环均匀。从加稠化剂开始，就要启动搅拌，加完稠化剂后搅拌时间不小于 30min，泵注前搅拌时间不小于 10min，配制好的压裂液不能有鱼鲥、豆眼等现象。泵注前循环一周以上。液体各项指标要求：各罐基液黏度误差不超过 3mPa·s；综合基液黏度误差不超过 2mPa·s。

压裂液配好后及正式施工前均要循环液体，并要取样进行测试（黏度、pH 和交联性），并做小样交联实验，确定施工最佳交联比。

（2）施工过程中质量控制

施工过程按以下步骤进行压裂液的质量控制以实现对压裂液的优化设计。

前置液：按设计配方加入胶囊破胶剂，既保证压裂液黏度少受破坏又保证施工结束裂缝闭合后释放足够的破胶剂。前置液阶段要取样监测压裂液交联状况和液体性能，并及时调整压裂液交联比。

携砂液：根据破胶实验优化破胶程序结果，逐渐加大追加破胶剂加量，并取样监测压裂液性能，必须保证混砂车上添加剂泵工作计量准确无误。

顶替液：停止交联剂加入，追加超量破胶剂，使近井地带的破胶剂量足以在短时间内使压裂液破胶，以保证压裂液快速返排。

（3）施工返排质量控制

致密气藏施工结束后关井通常不超过 0.5h，开井放喷排液应采用快速排液技术、加速裂缝闭合，并监控返排液黏度和记录返排液量、速度和时间等参数。

四、低伤害压裂液体系

水基压裂液因安全、清洁和容易以添加剂控制其性质而得到广泛的应用。除了极少数水敏地层外，水基压裂液几乎可以应用到所有的致密砂岩气藏储层，是压裂液技术发展最快也最全面的体系。而低渗致密气藏通常具有低孔、低渗、强水锁等特征，压裂过程中减少外来液体侵入储层，降低压裂液对人工裂缝壁面污染伤害，将有助于提高压裂改造效果。因此低伤害压裂液是致密气藏压裂技术的关键之一。

针对川西致密砂岩气藏开发了适合中温储层的低伤害压裂液、适合低温储层的超低稠化剂压裂液、适合低温储层的自生热增压泡沫压裂液和适合深层储层的高温压裂液体系。

（一）低伤害压裂液体系

在实施压裂增产改造过程中，应尽量减少压裂液对储层造成的伤害，提高压裂液的返排效率，同时降低施工管柱摩阻。通过研发研制了一种添加剂，该添加剂具有降低表面张力、增加黏稳性能、降低伤害等多种功能，且其加入不改变原有液体体系的综合性能，因此简称多功能增效剂（代号 BM-B10）。

1. 表面张力

多功能增效剂 BM-B10 为含有机阳离子和非离子表面活性剂基团低分子量高聚物，是集黏土稳定性能、助排性能、起泡性能等多种功能于一体的液体添加剂，与压裂液和酸液配伍性良好，在压裂结束后，能够显著降低破胶液表面张力以及破胶液与岩石之间的界面张力，能够实现压裂液高效返排。在室内通过 TX500C 旋转界面张力仪（图 3.1、图 3.2），按照 SY/T5755-1995 标准，测定前面优选的助排剂与 BM-B10 复配后的表面张力，实验原理如下式所示：

$$\delta = 1.233 \times 10^3 \Delta\rho(Kd_{sv})^3 T^{-2} \tag{3.4}$$

式中，δ 为表面张力，mN/m；$\Delta\rho$ 为两相密度差，g/cm^3；K 为放大因子（放大倍数的倒数）；d_{sv} 为显微镜中读出的液滴宽度，mm；T 为仪器面板上显示的旋转周期。

图 3.1 TX500C 旋转界面张力仪

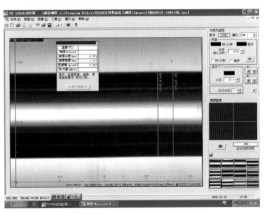

图 3.2 悬滴法测表面张力

实验结果如表 3.7。

表 3.7 复配体系表面张力

复配体系	表面张力/(mN/m)
0.5%WD-12	25.54
0.5%WD-12+0.5%BM-B10	24.96
0.5%WD-12+1.0%BM-B10	24.75

注：实验温度为 35℃。

由表 3.7 可知,助排剂 WD-12 通过复配后,表面张力从 25.54mN/m 下降到 24.75mN/m,小于标准《压裂液通用技术条件》28mN/m 的最高标准,满足压裂施工助排性能。

2. 黏土稳定性能

黏土是平均尺寸为 2μm 的硅氧化物和铝氧化物颗粒,呈层状排列,当正电荷(铝)与负电荷(氧)间的电荷平衡因阳离子置换或颗粒中断而遭到破坏时,产生了带负电荷的离子,源于液体中的阳离子包围了黏土颗粒并且形成了带正电荷的电子云。这样颗粒相互排斥易于运移。颗粒一旦分散,即可堵塞岩石中的孔隙空间从而降低渗透率,为了防止储层改造过程中压裂液引起的黏土运移所带来的地层伤害,往往在压裂液中加入黏土稳定剂。在室内采用高温页岩膨胀仪对加入不同稳定剂的黏土稳定性能进行检测,比较结果如表 3.8 所示,从表中可以看出,0.5%BM-B10 增效剂复配后黏土膨胀率大幅度下降,即复配体系具有较好的黏土防膨性能。

表 3.8　复配体系黏土膨胀率

复配体系	膨胀率/%
2%KCl+0.5%WD-5	44.5
0.5%WD-5	38.7
0.5%WD-5+1.0%BM-B10	24.5
0.5%WD-5+0.5%BM-B10	24

3. 起泡性能

由于增效剂 BM-B10 具有起泡性能,压裂液体系中加入增效剂 BM-B10,可改善体系的助排性能,在室内通过实验对压裂液的起泡性能进行了测定。

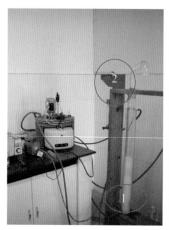

图 3.3　起泡实验装置

实验装置如图 3.3 所示,将待测液体从"1"处泵入,注气速度 50L/min,通过 1m 高的玻璃管(内径 48mm),在"2"处用 2000ml 烧杯收集产生的泡沫,流出第一个泡沫所需要的时间为携液时间,烧杯中接满 2000ml 泡沫所需要的时间为起泡时间,通过稳泡时间(泡沫析出一半基液所需要的时间)即半衰期来考察稳泡性能。实验结果见表 3.9。

表 3.9　不同浓度 BM-B10 起泡实验结果

实验号	样品	携液时间	起泡时间	稳泡时间	携液量/%
1	0.5%BM-B10	49″82	2′36″（2000ml）	2′13″	35
2	1.0%BM-B10	1′29″	10′03″（350ml）	/	27
3	1.5%BM-B10	2′07″	10′（600ml）	/	88

由实验看出：当增效剂的浓度为 0.5%时，与其他浓度相比，生成 2000ml 泡沫所需要的时间最短，表明起泡能力最强，并且稳泡时间最长，为 2′13″，而其他浓度的增效剂的稳泡时间很短，无法有效测出。

4. 其他性能

BM-B10 为强酸性物质，pH 为 2～3，加入后会影响体系 pH。配制 1.0%和 0.5%BM-B10，测其 pH 分别为 4 和 5，加入不同量 Na_2CO_3 后，pH 变化情况如表 3.10、表 3.11。

表 3.10　BM-B10 对体系 pH 的影响

浓度		1.0%BM-B10	1.0%BM-B10	1.0%BM-B10
pH	加入 Na_2CO_3 前	4	4	4
	加入 Na_2CO_3 后	8（0.2% Na_2CO_3）	8～9（0.3% Na_2CO_3）	9（0.4% Na_2CO_3）

表 3.11　BM-B10 对体系 pH 的影响

浓度		0.5%BM-B10	0.5%BM-B10	0.5%BM-B10
pH	加入 Na_2CO_3 前	5	5	5
	加入 Na_2CO_3 后	8（0.2% Na_2CO_3）	8～9（0.3% Na_2CO_3）	9（0.4% Na_2CO_3）

可见，BM-B10 对体系 pH 影响较大，在配方中加入不同浓度的 BM-B10 时，pH 调节剂的加量需要根据情况调整。因此，在低伤害降阻压裂液配方调试过程中，pH 调节剂加量比常规配方要多 0.1%～0.2%，因此，压裂液体系通过 NaOH 进行 pH 调节。

5. 配方及伤害评价

将多功能增效剂加入常规压裂液体系中，通过调节 pH，可形成适合不同温度条件、储层条件的致密气藏配方。其中川西地区新场沙溪庙气藏（储层温度为 65℃）典型的低伤害压裂液配方及综合性能如下：

0.45%瓜胶＋0.3%WDS-2（杀菌剂）＋0.5%WD-5（黏稳剂）＋0.5%WD-12（助排剂）＋0.5%BM-B10（多功能增效剂）＋ 0.3% Na_2CO_3（pH 调节剂）＋0.3%WD-4B/WD-4A（交联剂）。

其中基液 pH 约为 9，基液黏度：26mPa·s（511s^{-1}），45mPa·s（170s^{-1}）。在 65℃做流变实验，曲线见图 3.4。

室内伤害实验、表面张力测定结果及现场施工资料表明，低伤害压裂液与常规压裂液相比较，伤害程度大幅度降低（表 3.12），接近清洁压裂液的伤害结果，表面张力明显降低（表 3.13），施工管柱摩阻也明显减小（表 3.14）。

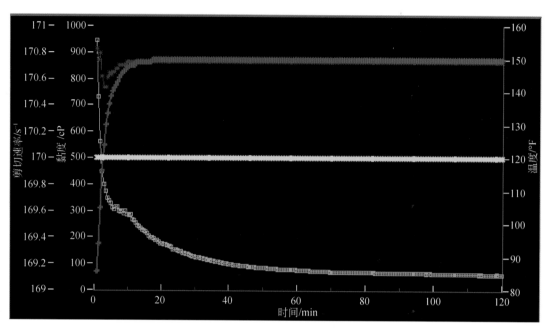

图 3.4　0.45％配方流变曲线（65℃）

$1cP=10^{-3}Pa \cdot s$；℉为华氏度，$F=32+1.8C$

表 3.12　压裂液岩心伤害实验

适合温度/℃	瓜胶浓度/%	岩心伤害率/%	
		常规压裂液	低伤害压裂液
50	0.38	32.07	14.73
65	0.45	32.5	16.13

表 3.13　各配方破胶液性能

项目	黏度（511s⁻¹）/(mPa·s)	密度/(g/cm³)	表面张力/(mN/m)
0.32％配方	1	1.001	23.16
0.35％配方	1	1.001	24.08

表 3.14　现场施工管柱摩阻对比

压裂液	井号	注入方式	排量/(m³/min)	管柱摩阻系数/(MPa/1000)
低伤害降阻压裂液	DS104	Φ73mm 油管	4	8.8
	L86D	Φ73mm 油管	4	8.97
	LS1	Φ88.9mm 油管	4.5	6.1
常规压裂液	B51-6X	Φ73mm 油管	3.5	10.6
	JS28	Φ73mm 油管	4	10.5
	WJ2	Φ88.9mm 油管	4	6.5

6. 低伤害压裂液应用情况

采用在常规压裂液体中添加增效剂后的低伤害压裂液体系在 DS104 井组和 DS101 井

组进行对比试验，对比结果分别见表 3.15 和表 3.16，从表中看出在物性略差于邻井的基础上通过采用低伤害压裂液进行改造的井在相同条件下的液体返排率和增产效果均好于常规压裂液的施工井。

表 3.15 低伤害压裂液与常规压裂液在 DS104 井组的应用对比

井号	DS104	DS1-3	DS1-2	DS1-1	
层位（砂体）	J_3sn	J_3sn	J_3sn	J_3sn	
视深/m	1930.0～1951.0	2111.0～2137.0	2203.0～2219.5	2049.0～2069.0	
视厚/m	21	26	16.5	20	
槽面及井口显示	零星气泡	气泡 15%	气泡 20%	气泡 25%，伴随微涌	
$\sum Cn/\%$	0.031↑0.112	0.0960↑38.095	0.1615↑99.999	0.0960↑99.999	
录井解释结果	含气层	气层	气层	气层	
垂深/m	1810.3～1815.5	1907.7～1911.1	1892.4～1905.9	1890.1～1897.4	1898.7～1909.7
垂厚/m	5.2	3.4	13.5	7.3	11
AC/(μs/ft[①])	63	69	68	68	66
GR/API[②]	70	60	57	53	51
DEN/(g/cm³)	2.56	2.46	2.46	2.41	2.49
$\phi/\%$	6	9	7	8	7
$K/10^{-3}\mu m^2$	0.06	0.32	0.43	0.19	0.18
测井解释结果	差气层	气层	气层	气层	气层
压后无阻流量/(m³/d)	15150	12784	15623	20828	
液体体系	低伤害压裂液	常规压裂液			

①1ft=0.3048m。②美国石油学会采用的单位。两倍于北美泥岩平均放射性的模拟地层的自然伽马曲线值的 1/200，就定义为 1 个 API。

表 3.16 低伤害压裂液与常规压裂液在 DS101 井组的应用对比

井号	压裂液	$K/10^{-3}\mu m^2$	油压/MPa	压后产量/(10^4m³/d)	排液情况
DS101-2	低伤害压裂液	0.013	11	1.7	24h 返排率 72%
DS101-4		0.013	14	1.23	24h 返排率 68%
DS101-3	常规压裂液	0.018	敞井	0.42	72h 返排率 48%

（二）超低稠化剂浓度压裂液

在实施压裂增产改造过程中，应尽量减少压裂液对储层造成的伤害。其中，选择合适的压裂液体系，尤其是降低压裂液体系中稠化剂加量浓度，是减少压裂液对储层伤害的关键之一。对于适合低温储层的压裂液，如何在保证压裂施工的基础上将体系中的稠化剂浓度降低到最低值，从而使得体系伤害实现最低，是压裂液优化的关键之一。下面以适合储层温度 45℃的压裂液体系为例，通过研究目前已经将该体系中稠化剂浓度由原来的 0.35% 下降到目前的 0.2%～0.25%，稠化剂浓度降低了 28%～43%。

1. 配方体系及综合性能

配方：0.2%～0.25%瓜胶＋0.1%WDS-2 杀菌剂＋0.5%WD-5 黏土稳定剂＋0.5%
WD-12 助排剂＋0.3%～0.5%BM-B10 增效剂＋0.25%碳酸钠＋0.25% WD-4 交联剂。

当前对压裂液携砂性能的评价方法和性能表征，主要集中在测定不含砂液基液和冻胶
的黏度，并以此来预计携砂性能，方法比较简单，间接反映压裂液的携砂性能。

0.25%稠化剂浓度压裂液在温度 45℃，剪切速率 170s^{-1}下连续剪切 60min 后黏度为
66mPa·s，可以直接用于规模较小的压裂施工。

0.20%稠化剂浓度压裂液在温度 45℃，剪切速率 145s^{-1}下连续剪切 60min 后黏度为
60mPa·s，其流变曲线和交联冻胶结果分别见图 3.5、图 3.6。

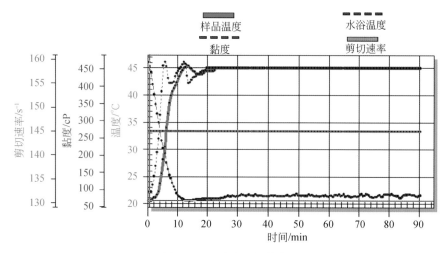

图 3.5　压裂液流变曲线

图 3.6　0.2%稠化剂压裂液交联照片

2. 残渣含量

通过离心分离实验对 0.2％超低浓度压裂液和常规 0.3％压裂液体系进行残渣实验，结果见表 3.17。超低稠化剂浓度压裂液的破胶液残渣和水不溶物明显低于 0.3％稠化剂的压裂液体系，超低稠化剂浓度压裂液体系的运用，能够降低破胶液残渣和水不溶物在裂缝中的含量，减少对地层的污染。

表 3.17 两种压裂液体系的残渣实验对比

压裂液体系	残渣含量/(g/50ml)
0.2％稠化剂浓度压裂液体系	0.0641
0.3％稠化剂浓度压裂液体系	0.0810

3. 滤失性能

通过运用高温高压滤失测定仪，依据 SY/T5107-2005《水基压裂液性能评价方法》对超低稠化剂浓度压裂液体系进行滤失实验，结果见表 3.18。

表 3.18 两种压裂液体系的滤失实验对比（35℃）

时间/min	1	4	9	16
累积滤失量/ml（0.3％稠化剂浓度体系）	3	6	9	12.2
累积滤失量/ml（0.2％稠化剂浓度体系）	3.4	8.2	11.5	16.7

由上表可以看出，超低稠化剂浓度压裂液体系中，由于稠化剂含量的降低，滤失明显增大，那么在运用该压裂液时，如何降低滤失，优化压裂液用量变得尤为重要。

4. 超低稠化剂浓度压裂液体配套措施

由于稠化剂含量的降低，压裂液的黏弹性降低，在这种情况下，对于含 0.25％稠化剂压裂液体系来说，本身就能满足一定规模压裂施工的要求，如果通过其他压裂工艺协助携砂，则性能更加优良；对于 0.2％稠化剂压裂液体系，尽管由于气泡的产生引起黏度的上涨，黏度能够满足携砂，但是由于稠化剂的降低，单凭液体黏度携砂来完成施工有一定难度，尤其是规模较大时，这就需要通过辅助压裂工艺的方法来提高携砂能力，常用的有纤维增强携砂工艺和泡沫（液氮伴注）增强携砂等辅助携砂工艺。

随着目前技术的发展，纤维的作用不仅在于其防止支撑剂回流方面，同时还体现在纤维在加砂压裂中的携砂作用、改变支撑剂的沉降速度、改善支撑剂铺砂剖面获得更好的裂缝形态、降低裂缝伤害等方面的作用，即纤维网络加砂压裂技术，该技术对闭合压力不高、闭合时间相对较长的储层尤其适用。分散性好的纤维可以对压裂液的携砂性能有一定的补强作用，它不像瓜胶通过交联形成网状结构，依靠网状结构来携砂。纤维携砂是一个复杂的过程，当纤维均匀分散在压裂液中时，其链的弹性和易弯曲性导致其在压裂液中与瓜胶一起形成缠绕结构，起到增强交联网状结构，提高压裂液的携砂能力（图 3.7）。

泡沫增强携砂工艺是在利用液氮的增压助排作用时，通过液氮形成泡沫压裂液，提高了泡沫压裂液的黏度，同时，由于气泡形成的特殊结构，对支撑剂具有一定的夹持作用，对 20～40 目的陶粒进行室内静态悬砂实验表明，其沉降速度几乎为零，可以看出泡沫压裂液具有良好的携砂能力。

图 3.7　纤维携砂实验图

针对超低浓度稠化剂压裂液来说，要想在降低稠化剂浓度时，还能不影响压裂液性能，通常依靠多种工艺方法来提高压裂液性能，如纤维的加入可以弥补由于稠化剂浓度的降低所带来的携砂性能的降低，但却不能弥补压裂液的滤失的增大，这时可通过加入液氮，使得氮气在压裂液中形成稳定的泡沫，不但降低了压裂液在裂缝中的滤失，同时由于泡沫的结构携砂作用，也增强了压裂液的携砂性能。在施工过程中也可以通过"纤维＋液氮"加砂工艺来弥补由于稠化剂浓度的降低而引起的压裂液性能的降低。

5. 超低稠化剂浓度压裂液体系应用

2008 年洛带气田采用超低稠化剂浓度压裂液体系，同时配套纤维压裂、液氮增能技术的应用，使得该区块压裂井在开井排液 6h 后均能达到 50％左右的返排率（以前通常到达 50％要 5～7d），且见气点火时间从以往的 24～36h 缩短到 4～7h，测试时间明显缩短（以前通常要排液接近 1 周才能输气，现在通常不足 1d），测试成本大为降低，且增产效果明显改善（单井压裂产量较上年增加 $0.2\times10^4\mathrm{m}^3/\mathrm{d}$），见表 3.19。

表 3.19　洛带气田 2008 年压裂井统计表

井号	返排量/m^3	返排率/％	最终返排率/％	入地液量/m^3	点火时间/h	测试/无阻流量 /$(10^4\mathrm{m}^3/\mathrm{d})$
LS48D	62（4.5h）	51（4.5h）	64.38（35h）	85	8	0.4458/0.4760
LS48D-1c	108（5h）	63.5（5h）	70.62（29h）	170.18	13.5	0.6979/1.2369
L87D	112（6h）	45.5（6h）	69（51h）	246	7	0.3177/0.4044

续表

井号	返排量/m³	返排率/%	最终返排率/%	入地液量/m³	点火时间/h	测试/无阻流量 /(10⁴m³/d)
L87D-1	70 (6h)	56.4 (6h)	60 (37h)	124	2	4.2196/22.2084
L87D-3	110 (6h)	51.0 (6h)	60.1	216	3	1.252/2.608
LS10	67 (11.5h)	57.3 (11.5h)	61.4 (51h)	117.28	4	0.9716/2.747
L87D-2	100 (7h)	46.2 (7h)	54 (63h)	216	10	0.1407/-
L57	65 (4h)	40.5 (4h)	40.5 (101h)	160.1	4	0.25/-

（三）线性自生热增压泡沫压裂液

随着川西气田中浅层气藏采出程度的逐步增加，地层能量（地层压力）逐步降低，压裂改造后，压裂液依靠储层自身能量返排的能力越来越差、返排速度越来越慢，返排率也逐步下降。

自生热增压泡沫压裂液突出的优点是具有自动释放热量升温和生成气体增压助排以及生成泡沫减少水分与地层黏土矿物接触面和生成微泡沫降低滤失等功能，从而可以实现降低滤失和压裂液对地层的伤害，并在较低温度下能迅速彻底破胶和快速返排，对低温储层、低压（常压）储层、滤失性大的储层及敏感性强的储层等，具有很好的针对性。

但是过去的自生热增压泡沫压裂液体系，由于技术不够成熟，还存在许多缺点和不足，制约了它的推广应用，如各种添加剂特别是稠化剂和破胶剂的用量远大于常规水基压裂液，压裂液采用改性胍胶作稠化剂，而改性胍胶是乳状液体，室内和现场实验评价的难度大、现场配液困难，配液效率低；施工程序复杂，尤其是压裂液腐蚀性十分严重，压裂液在配制、施工及压后返排各阶段易腐蚀液罐及施工管线，存在严重的安全隐患等。

目前通过优化自生热增压泡沫压裂液的整体性能，逐步降低了各类添加剂的用量，优化了压裂液成胶破胶性能，降低了腐蚀性，降低压裂液的综合成本，提高了配液效率等，增强了这种压裂液体系现场施工的可操作性。

1. 自生热增压泡沫压裂液的研制和性能评价

目前通过对胍胶（稠化剂）进行改性，采用固体粉末型胍胶，将胍胶加量由以往的0.64%～0.69%降到目前的0.30%～0.45%，有效降低了胍胶的使用量和压裂液基液配制难度。

为彻底解决自生热增压泡沫压裂液对设备、液罐及管线的腐蚀问题，从以下几个方面进行了探索：①将腐蚀性添加剂做成胶囊状，腐蚀性添加剂在施工过程中适当阶段释放出来后再发生反应，减少压裂液对液罐和地面管线的腐蚀；②将酸性添加剂用于常规压裂液配方（有机硼＋羟丙基胍胶），以期实现在弱碱性条件下成胶、携砂。当裂缝闭合后，胶囊受挤压破碎释放出来后，体系变成弱酸性环境，引发压裂液的生热化学反应，产生大量的气体，达到延迟生热增压的目的，实现高效助排。这样一方面可以采用目前成熟的常规压裂液技术，降低配方成本，同时可以完全避免压裂液对液罐和地面管线的腐蚀；另一方面也保持了延迟生热增压的特征。

自生热增压泡沫压裂液由基液和酸性液（催化液）两部分组成。其中，基液为常规压裂液基液＋生热剂；酸性液为清水＋缓蚀剂＋酸性 pH 调节催化剂。

典型的自生热增压泡沫压裂液配方如下：

清水＋0.03％Na_2CO_3＋2％KCl＋4.2％生热剂 A＋5.4％生热剂 B＋0.5％胍胶＋0.5％黏稳剂＋0.3％杀菌剂＋0.5％助排剂＋1.25％调节剂＋0.75％缓蚀剂。

现场使用时，基液与酸性液分开配制，不需要使用常规交联剂，施工时按基液：酸性液＝（10～20）：1 在高压管汇混合即可像常规压裂液一样使用。

2. 自生热增压泡沫压裂液膨胀性能

自生热增压泡沫压裂液通过生热反应，产生大量的微泡沫，体积急剧膨胀，从而起到了升压的作用。从理论上分析，基液中生热剂（A、B 剂）比例越大，所产生的气体和泡沫越多，体积膨胀倍数越高。室内采用配方分别在室温（27℃）、40℃、60℃条件下，评价了改进后的自生热增压泡沫压裂液的膨胀性能（表 3.20）。

表 3.20　改进压裂液不同温度条件下膨胀能力表

体积膨胀倍数	时间/min		
	27℃（室温）	40℃	60℃
1	1.5	1.3	0.93
2	/	2.4	2.0
3	4.7	3.3	2.8
4	/	4.2	/
5	8.4	/	4.7
6	10.2	7.3	5.8
7	12.7	9.4	6.8
8	15.2	/	/
9	18.8	15.3	8.7

从表 3.20 中可以看出，通过优化不同温度条件下的生热剂比例浓度，就可达到改善不同膨胀倍数比的需求。

3. 压裂液增压性能

增压功能是自生热泡沫压裂液的最重要特征之一。泡沫压裂液增压原因在于生热反应生成大量气体，气泡受环境条件限制，体积膨胀受压缩，从而对外形成高压状态。在室内分别采用以上压裂液配方评价了该改进自生热增压泡沫压裂液的增压能力，实验结果如图3.8 所示。

从实验结果可见，该压裂液配方在室温密封条件下增压幅度可达 40MPa，增压能力极为突出，并且总的增压时间可达 10h 以上，对压裂液返排具有非常好的增能助排作用。从增压能力图中可以看出，该泡沫压裂液在最初 2h 内增压效果最显著，使用该压裂技术时应注意充分利用好该时间段的增能助排作用，促进压裂液的快速、高效返排。

4. 压裂液流变性

压裂液流变评价不仅可以较直观、准确地反映压裂液黏度变化情况，从黏度变化也可以推测其携砂性及摩阻性能。模拟地层温度和施工剪切情况分别评价了泡沫压裂液配方的流变性能（图3.9）。

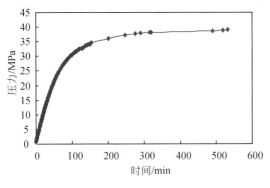

图3.8 在室温条件下的增压能力图

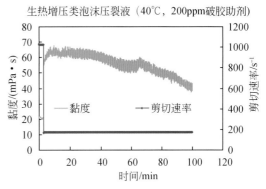

图3.9 泡沫压裂液流变曲线（40℃）

实验技术条件：先在 $511s^{-1}$ 剪切 3min，之后在 $170s^{-1}$ 剪切至实验结束。由流变曲线（图3.9）可见，40℃温度下加入200ppm超级破胶助剂，在80min后黏度大于 $50mPa \cdot s$，以平均砂比 $25\% \sim 30\%$、排量 $2 \sim 3m^3/min$ 计算，压裂液可以满足 $30 \sim 60m^3$ 加砂压裂规模的施工要求，压裂液流变性好。同时，也可以通过改变破胶助剂的用量，来满足不同加砂规模施工的需要。

5. 压裂液的伤害性能

模拟施工过程，将基液与酸性液混合，并加入 200ppm[①] 破胶助剂后立即放入流动实验装置中评价压裂液对岩心的伤害性。实验采用新场 X41 井 Jp1 气藏岩心，在40℃下按标准对该压裂液对岩心的伤害性进行了评价（表3.21），压裂液平均伤害率为15.9%，较常规压裂液的伤害性弱。

表 3.21 压裂破胶液对岩心伤害实验数据

岩心号	伤害前液体渗透率 $/10^{-3}\mu m^2$	伤害时间/h	伤害后液体渗透率 $/10^{-3}\mu m^2$	伤害率/%	损害程度
95-2-1	0.00572	1.5	0.00476	16.8	中偏弱
95-2-2	0.00426	1.5	0.00360	15.4	中偏弱

6. 压裂液滤失性能

与泡沫压裂液类似，泡沫压裂液反应生成的微泡沫具有类似粉砂的降滤失效果，但不会造成裂缝壁面伤害和裂缝导流能力伤害，实验测得其滤失系数小于 1.75×10^{-4} m/ $min^{1/2}$，压裂液抗滤失性强（表3.22），能有效降低对地层的侵入伤害。同时其滤液也能

---

① $1ppm = 1 \times 10^{-6}$。

自动生热增压、产生气泡降低静液柱压力自动返排到地面，能起到比液氮伴注更好的增能助排效果。

表 3.22　配方的滤失特征参数

样品	1#	2#	3#
初滤失量/($10^{-3}m^3/m^2$)	6.3	9.4	6.4
滤失速度/($10^{-5}m/min$)	4.32	4.42	4.35
滤失系数/($10^{-4}m/min^{1/2}$)	1.73	1.77	1.74

7. 压裂液破胶性能

泡沫压裂液反应生成热量和气体，破胶后会形成部分的残液，残液黏度低，容易侵入地层孔喉之中，并且由于含有较多的稠化剂残渣，影响支撑裂缝的导流能力。泡沫压裂液破胶液混合样破胶残渣含量平均为 290mg/L，低于对常规压裂液残渣含量小于 550mg/L 的标准，可见该泡沫压裂液破胶比较彻底。

破胶液表面张力可以较为准确地反映压裂液进入地层后，在相同条件下的返排难易程度，表面张力越低，液体越容易从地层中返排出来。在配方中分别加入 200ppm、400ppm、600ppm 破胶助剂破胶后，将破胶液混合采用圆环法测试液体的表面张力，多次测量表面张力平均值为 27.2mN/m，与常规压裂液破胶后的表面张力相当。保持压裂液配方中其他添加剂浓度不变，如果将助排剂加量提高到 1.0%，破胶液表面张力可降到 21.7mN/m 左右。可以根据改造目的层工程地质特征和已采用泡沫压裂液施工了的井以及区块内同层段压后返排情况来确定助排剂的加量。

根据界面化学的一个基本公式 Laplace 公式可知，液滴启（驱）动力与接触角的余弦、表面张力成正比关系，与喉道半径成反比关系，即液体表面张力越大、启动力越大，因此，通常要求残液具有较低的表面张力；而喉道半径越小、启动力也越大；并且该启动力与液滴与岩石接触余弦成正比，接触角越大、余弦越小启动力也越小。将上述混合后的破胶液，按助排剂单剂评价方法测试了破胶液的接触角，结果表明该压裂液破胶液的接触角为 54.8°，破胶液的接触角较高，表明该破胶液容易从地层微孔缝中返排出来。

8. 压裂液的缓蚀性能

由于 TC9 系列新型自生热增压泡沫压裂液的交联是在 pH 为 4 的弱酸性条件下完成的，因此压裂液对常规压裂设备及地面管线具有一定的腐蚀性能。为降低压裂液对设备及管线的腐蚀，在 TC9 系列泡沫压裂液配方调试时，增加了 1% 缓蚀剂作为液体配方添加剂。

在 70℃采用标准 N80 钢片评价了压裂液生热反应破胶后混合残液的腐蚀性能（表 3.23）。

表 3.23　压裂液残液腐蚀性评价结果

序号	N80 钢片编号	温度/℃	2h 后腐蚀速率/[$g/(m^2 \cdot h)$]	4h 后腐蚀速率/[$g/(m^2 \cdot h)$]	腐蚀后钢片
1	079#	70	11.43	11.31	表面光亮，基本无点蚀
2	031#	70	11.54	11.38	表面光亮，基本无点蚀
平均值			11.48	11.35	/

从表 3.23 中可以看出，压裂液残液混合液腐蚀速率为 11.48g/（m² · h），远低于我国对酸性液体腐蚀速率低于 40g/（m² · h）的要求，残液腐蚀性较低，可以满足井下管柱、地面管线对压裂液腐蚀性能的要求。

综上所述，该套压裂液基液无腐蚀性，而酸性液中如果不加缓蚀剂则具有较强的腐蚀性，通过加入适量缓蚀剂，可以将酸性液的腐蚀性控制在要求的范围内。从压裂液膨胀性实验、增压能力实验数据可见，该改进压裂液具有很强的膨胀、增压能力，而从标准 N80 钢片腐蚀性评价结果来看，压裂液残液腐蚀速率较低。

根据线性自生热增压泡沫压裂液流变实验、静态悬砂性能实验及破胶实验可见，该改进泡沫压裂液流变性好、携砂能力强、破胶性好、破胶后残液残渣含量较低、残液表面张力低、残液防膨率较高、残液对地层伤害较低、容易返排并且有较好抑制地层中黏土矿物膨胀的能力。加入纤维后不影响压裂液的各项性能，压裂液与纤维的配伍性好，可以与纤维防支撑剂回流技术很好地配套使用。

从破胶液黏度测试数据来看，该改进自生热增压泡沫压裂液在高温时使用常规过铵破胶剂可以获得较好的效果，而在低温地层必须采用超级破胶助剂达到压后快速、彻底破胶的目的。

9. 自生热泡沫压裂液的应用

HP16 井为典型的低压、低温储层，该井采用自生热泡沫压裂液进行压裂施工，入地液体共 198.3m³，施工排量 3.4～3.6m³/min，施工压力 21～25MPa。施工完成后开井 6h 见气点火，17h 共排液 100m³，返排率达到 50.42%。测试在油压 8.2MPa、套压 8.9MPa 下的天然气产量为 1.1365×10⁴m³/d。该井压裂后的自喷返排率由邻井平均的 43.79% 提高到 50.42%，且见气时间远远低于该区块 39.14h 的平均见气时间，表明自生热泡沫压裂液对该类储层具有较强的适应性。

（四）高温低伤害压裂液

高温压裂液体系通常适合储层温度大于 120℃ 的储层，要求液体在高温度下满足携砂黏度的要求，更重要的仍然是要求有低伤害的特点。以适合新场气田须二段气藏埋深 4500～5300m，地层温度 120～135℃ 特点的 120℃ 高温低伤害压裂液体系为例进行高温压裂液体系的说明。

1. 高温压裂液配方

满足须二段储层高温压裂液配方为：0.55% 瓜胶＋0.3% WDS-2＋0.5% WD-5＋0.5% WD-12＋1.5% WD-21＋0.5% BM-B10＋0.12% NaOH。其中 pH＝9～10；基液黏度 36mPa · s（511s⁻¹，29℃）；交联剂：WD-51B，0.35%。

2. 压裂液流变性能评价

压裂液的流变数据及流变曲线见表 3.24 和图 3.10。

表 3.24　0.55% 配方（120℃）流变数据

时间/min	10	20	30	40	50	60	70	80	90
黏度/（mPa · s）	231.5	249.2	249.6	285.8	259.8	259.1	252.3	245.7	216.3

时间/min	100	120	140	160	180	200	210	/	/
黏度/(mPa·s)	187.5	90.06	93.57	73.95	77.58	66.86	62.8	/	/

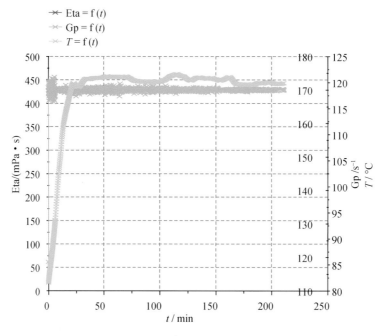

图 3.10　0.55％配方流变曲线（120℃）

Eta：黏度；Gp：剪切速率；T：温度；t：时间

在 120℃下通过 M5500 高温高压流变仪对压裂液基础配方进行流变实验，流变曲线如图 3.10 所示。该配方在 120℃下，连续剪切 210min，黏度保持在 60mPa·s 以上，能够满足地层温度 120℃左右加砂压裂施工的需要。

3. 破胶性能评价

对 0.55％配方进行了破胶实验，实验数据见表 3.25，压裂液能够及时破胶，满足压裂后立即开井排液的目的。

表 3.25　压裂液静态破胶实验数据（0.55％胍胶）

破胶剂加量	破胶液黏度/(mPa·s)			
	30min	40min	50min	60min
100ppm	未破	未破	未破	变稀
200ppm	未破	未破	未破	25
300ppm	未破	未破	5	/
400ppm	未破	3	4	/
500ppm	未破	3.5	/	/
600ppm	18	3	/	/

4. 滤失性能评价

从压裂液滤失实验可以看出（表3.26、表3.27、图3.11），随着温度的增加，增效压裂液的滤失速度逐渐变快，但初滤失量逐渐减小。

表3.26 累积滤失量与时间的平方根关系（120℃）

时间/min	1	4	9	16	25	36
累积滤失量/ml	5.6	10.8	16	21.2	26.6	32.4

表3.27 滤失系数测定结果

滤失系数 C3	滤失速度 Vc	初滤失量 QSP
0.00084m/min$^{1/2}$	0.00014m/min	0.003m^3/m^2

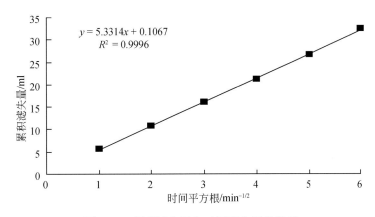

$$y = 5.3314x + 0.1067$$
$$R^2 = 0.9996$$

图3.11 累积滤失量与时间平方根的关系

5. 伤害实验评价

选用须家河须二段储层岩心，采用调试的高温低伤害压裂液配方，进行储层伤害实验（表3.28）。复配有增效剂的新型低伤害压裂液，可以大大降低储层伤害，伤害率仅为16.67%，大大优于目前的川西常规水基压裂液体系。

表3.28 压裂液伤害率

配方	岩心编号	伤害前液测渗透率/10^{-3}μm^2	伤害后液测渗透率/10^{-3}μm^2	岩心伤害/%
高温压裂液	D3-3C	0.000060	0.000050	16.67

6. 压裂液破胶液表面张力实验

将新型低伤害压裂液交联后加入破胶剂，使压裂液在恒温下破胶，制备出破胶液，提取上层清液采用TX500C全量程界面张力仪测定破胶液表面张力（表3.29），该新型低伤害压裂液的破胶液表面张力为24.95mN/m，具较低的界面张力，有利于破胶液返排。

表 3.29　120℃压裂液破胶液表面张力

体系	表面张力/(mN/m)
0.55%配方破胶液	24.95

7. 膨胀性能评价

实验测试（表 3.30）该压裂液配方防膨率为 81.25%，具有较好的黏土防膨性能。

表 3.30　高温压裂液膨胀性能评价实验结果

检测条件	常温常压	
膨胀性检测结果	V_0——膨润土在煤油中的体积，ml	0.6
	V_1——膨润土在防膨剂溶液中的膨胀体积，ml	1.05
	V_2——膨润土在水中的膨胀体积，ml	3.0
	B_1——防膨率，% $$B_1 = \frac{V_2 - V_1}{V_2 - V_0} \times 100$$	81.25

8. 破胶液与地层水配伍性

将高温低伤害压裂液与须家河组地层水复配后观察混合液的变化情况，结果表明增效压裂液破胶液与地层水复配后没有出现沉淀、分层现象，配伍性较好。

<h1 style="text-align:center">第二节　支　撑　剂</h1>

<h2 style="text-align:center">一、支撑剂类型</h2>

压裂用支撑剂大致可分为天然的和人造的两大类，前者以石英砂为代表，后者是通常称之为陶粒的支撑剂。压裂支撑剂主要用于地层压开后充填人工裂缝，以防止裂缝的闭合，从而提高裂缝内流体的流通性。自从水力加砂压裂以来，天然石英砂是最先而又得到广泛使用的支撑剂，但是随着向深层、致密层开发油气，20 世纪 70 年代中后期出现了高强度的人造陶粒支撑剂。与此同时发展起来的树脂砂由于可防止砂粒碎屑外逸，对固砂有一定的作用，也曾经是很有前途的支撑剂，但目前在致密气藏压裂中树脂砂应用较少。50～60年代曾出现过使用不成功的以金属铝球、塑料球、核桃壳与玻璃珠等为材料的支撑剂。由于天然石英砂价格相对低廉，应用量大，而人造陶粒抗压强度高，品种繁多，所以目前这两种支撑剂被国内外广泛使用。低渗致密气藏由于储层闭合压力较高以及维持裂缝长期导流能力的需要，通常使用陶粒支撑剂，石英砂目前一般用于喷砂射孔等特殊用途。

1. 石英砂

石英是分布广、硬度大的稳定性矿物。多产于沙漠、河滩或沿海地带。国内主要有甘肃兰州砂、福建福州砂、江西永修砂、湖南岳阳砂等；国外有美国渥太华砂、约旦砂、圣彼得砂等。

天然石英砂的主要化学成分是氧化硅（SiO_2），同时伴有少量的氧化铝（Al_2O_3）、氧化铁（Fe_2O_3）、氧化钾（K_2O）、氧化钠（Na_2O）、氧化钙（CaO）与氧化镁（MgO）。

天然石英砂的矿物组分以石英为主。石英的含量（质量百分数）是衡量石英砂质量的重要指标，我国压裂用石英砂中的石英含量一般为80%左右，且伴有少量长石、燧石及其他喷出岩和变质岩等岩屑。就石英砂的微观结构而言，石英可分为单晶石英与复晶石英两种晶体结构。复晶石英是由两个以上的单晶石英聚集在一起而形成的集合体，与单晶石英相比，内部结构相对松散，常见缝理。在天然石英砂中，单晶石英颗粒所占的质量百分数越大，则这种石英砂的抗压强度就越高。

一般石英砂的视密度约为 $2.65g/cm^3$ 左右，体积密度约为 $1.60g/cm^3$。虽然石英砂的密度低，易于泵送，但是抗压强度低，当压力大于20MPa后就开始出现大量的破碎，其导流能力大幅度下降。故石英砂一般用于地层闭合压力小于20MPa的浅井中。这种支撑剂货源广、价格便宜，同时100目（0.154mm）左右的石英砂可以作为固体降滤剂。

2. 陶粒

人造陶粒通常由铝矾土（氧化铝）烧结或喷吹而成，它具有较高的抗压强度，一般按照抗压力等级划分成中等和高强度两种陶粒支撑剂，也可以按照密度分为低密度陶粒、中密度陶粒和高密度陶粒，通常情况下密度越高，抗压力级别也越高。

中等强度陶粒支撑剂（ISP）是由铝矾土或铝质陶土制造的，视密度通常为 $2.7\sim 3.3g/cm^3$。其主要组分中氧化铝（Al_2O_3）或铝质的含量为46%～77%，硅质（SiO_2）含量为12%～55%，其他氧化物含量不到10%。

高强度的支撑剂主要由铝矾土或氧化锆的物质制成，视密度通常大于 $3.3g/cm^3$。其化学组分为氧化铝（Al_2O_3）（含量可达85%～90%），氧化硅（SiO_2）（3%～6%），氧化铁（Fe_2O_3）（4%～7%），氧化钛（TiO_2）（3%～4%）。高含量的硅铝物质使这类支撑剂具有更高的抗压力强度。

陶粒具有很高的强度，在相同的闭合应力下，与石英砂相比具有破碎率低、导流能力高的性能。尤其是在高闭合压力下仍能提供一定的导流能力，完成压裂增产任务。陶粒还具有抗盐、耐温性能，在150～200℃含10%盐水中陈化240h后抗压强度不变；在280℃和溶液pH为11的条件下，陈化72h后，陶粒重量损失3.5%，而石英砂约有50%被溶解。

陶粒的主要缺点是密度较高，如石英砂的相对密度约 $2.6\sim 2.7g/cm^3$，而陶粒则为 $2.62\sim 3.6g/cm^3$。因此对压裂液的性能（如黏度、流变性等）及泵送条件（如排量、设备功率等）都提出了更高的要求，同时由于铝矾土开采及加工相对石英较难，所以价格较贵。

二、支撑剂物理性能

支撑剂物理性能包括粒度组成、球度和圆度、密度、酸溶蚀度、浊度和抗破碎能力。物理性能的评价依据通常是SY/T5108-1997《压裂支撑剂性能测试推荐方法》。

1. 物理性能指标

（1）支撑剂的粒径范围

支撑剂的粒径范围可分为0.45～0.224mm、0.9～0.45mm和1.25～0.9mm三种不同的规格。根据表3.31给出的标准筛组合，可得到筛析结果：落在公称粒径范围内的样品质量，不应低于样品总质量的 90%，小于支撑剂下限（0.224mm、0.45mm 和 0.9mm）的样品质量，不应超过样品总质量的 2%，大于顶筛的支撑剂样品质量，不应超过样品总质量的 0.1%，落在支撑剂下限（0.224mm、0.45mm 和 1.25mm）筛子上的样品质量，不应超过样品总质量的 10%。

表 3.31　筛析实验标准筛组合

粒径范围/mm	1.25~0.9	0.9~0.45	0.45~0.224
筛目/目	16~20	20~40	40~70
标准筛组合/mm	1.6	1.25	0.63
	1.25	0.9	0.45
	1	0.63	0.355
	0.9	0.5	0.28
	0.75	0.45	0.224
	0.63	0.355	0.154
	底盘	底盘	底盘

（2）支撑剂的球度与圆度

支撑剂的球度是指支撑剂颗粒接近球形的程度：

$$S_p = \frac{d_n}{d_c} \tag{3.5}$$

式中，S_p 为球度；d_n 为颗粒等值体积的球体的直径，mm；d_c 为颗粒外接球体直径，mm。

支撑剂圆度指其棱角的相对锐度或曲率的量度。天然石英砂的球度、圆度应大于 0.6。人造陶粒的球度、圆度应大于 0.8。

支撑剂圆度和球度的目测图版参照 1963 年发表的球度、圆度图版。

（3）支撑剂的酸溶解度

支撑剂的酸溶解度是指在规定的酸溶液及酸溶时间内确定一定质量支撑剂被酸溶的质量与总支撑剂质量的百分比。

各种粒径支撑剂允许的酸溶解度值见表 3.32，天然石英砂和人造支撑剂的酸溶解度值采用同一规定。

表 3.32　支撑剂酸溶解度

粒径范围/mm	酸溶解度的最大允许值/%
1.25~0.9，0.9~0.45	≤5
0.45~0.224	≤7

（4）支撑剂的浊度

支撑剂的浊度是指在规定体积的蒸馏水中加入一定体积的支撑剂然后搅拌，液体的混浊程度。

支撑剂的浊度值不应超过 100NTU 或 100 度。

（5）支撑剂抗破碎能力

石英砂相应粒径范围、规定闭合压力与破碎率的指标见表 3.33。

表 3.33　20～40 目石英砂支撑剂抗破碎测试结果

铺置浓度/(kg/m²)	闭合压力/MPa	破碎率/%
20.00	21	2.60
	27	6.43
	35	16.08

陶粒支撑剂的抗破碎能力要经过 52MPa、69MPa 两个模拟闭合压力的测试。若因储层闭合压力对支撑剂性能的需要，闭合压力可增至 86MPa、102MPa 甚至更高，如四川盆地新场须家河气藏需要支撑剂抗破碎能力达到 120MPa 以上。在使用中，根据支撑剂所承受的闭合压力来确定试验时的压力点，如地层闭合压力为 60MPa，通常对支撑剂的试验压力需要达到 69MPa 的试验值。

2. 物理性能试验

3 种 20～40 目（0.9～0.45mm）支撑剂物理性能如表 3.34 和表 3.35 所示。

表 3.34　支撑剂筛析测试结果　　　　　　　　　　　（单位：%）

筛目	低密度陶粒	中密度陶粒	天然石英砂
20	2.2	7.23	5.23
25	46	34.61	37.29
30	36.2	38.94	47.32
35	14.8	17.79	9.69
40	0.65	1.35	0.39
50	0.14	0.05	0.03
底盘	0.01	0.02	0.04

表 3.35　支撑剂物理性能测试结果

项目		低密度陶粒	中密度陶粒	天然石英砂
球度		0.9	0.9	0.8
圆度		0.9	0.9	0.8
体积密度/(g/cm³)		1.41	1.69	1.53
视密度/(g/cm³)		2.62	3.20	2.65
浊度/NTU		28.0	34.7	126.7
酸溶解度/%		7.5	5.3	2.8
破碎率/%	27MPa	/	/	6.43
	30MPa	0.05	/	/
	35MPa	/	/	16.08
	40MPa	0.02	/	/
	50MPa	8.0	1.79	/
	69MPa	/	5.51	/

三、支撑剂导流能力

支撑剂裂缝导流能力指的是在储层闭合应力下，充填支撑剂的裂缝可以通过（或输送）储层流体的能力。

裂缝导流能力定义为在储层的闭合应力下，裂缝支撑剂层的渗透率（K_f）与裂缝支撑缝宽（W_f）的乘积，常以（KW）$_f$表示，单位为$\mu m^2 \cdot cm$。裂缝导流能力是支撑剂颗粒均匀程度与物理机械性能的综合反映，是选择支撑剂的主要依据。

1. 导流能力试验方法

测量支撑剂导流能力可通过短期和长期两种试验方法，但一般对支撑剂性能进行比较评价时，采用短期导流能力试验方法，即对支撑剂测试样由小到大逐级加压，测量每一个压力下通过支撑剂裂缝固定流量所产生的压差，从而计算裂缝的导流能力。支撑剂导流能力评价参见 SY/T6302-1997《压裂支撑剂充填层短期导流能力评价推荐方法》。

2. 导流能力影响因素分析

影响支撑裂缝导流能力的因素主要有支持裂缝承受的作用力、支撑剂物理性质、支撑剂在裂缝中的铺置浓度，以及支撑剂对岩石的嵌入、承压时间和压裂液对支撑裂缝的伤害等因素。为使水力压裂后形成的支撑裂缝提供更高的裂缝导流能力，这里将对影响裂缝导流能力的主要因素进行分析。

（1）地应力与孔隙压力对裂缝导流能力的影响

对于压裂井，压裂后形成的支撑带中的支撑剂承受着裂缝闭合压力 P_p，它是地层地应力，即最小主应力 σ_x 与地层孔隙压力之差，在生产时最低的地层孔隙压力应是井底流压 P_f，即

$$P_p = \sigma_x - P_f \qquad (3.6)$$

图 3.12 是闭合压力对 20～40 目支撑剂裂缝导流能力的影响，从图中可知，在支撑剂规格相同的情况下，不同支撑剂的导流能力均具有随闭合压力的增加而递减的趋势。

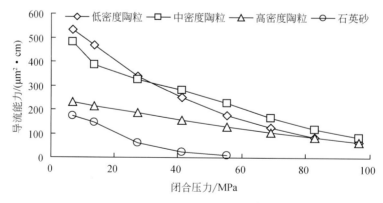

图 3.12　闭合压力对（20～40 目）支撑剂裂缝导流能力的影响

（2）支撑剂物理性能对裂缝导流能力的影响

支撑剂物理性能包括粒径、圆度、球度、强度、浊度、酸溶蚀度、密度、光洁度等，

其中对裂缝导流能力影响比较敏感的主要是粒径、圆度、球度和强度。

支撑剂的粒径大小及其均匀程度影响着支撑裂缝的孔隙度和渗透率，亦即影响着裂缝的导流能力。在低闭合压力下，大粒径的支撑剂可以提供更高的导流能力。但大粒径支撑剂的输入比较困难，它要求水力裂缝有足够的动态缝宽。

若粒径范围分布较宽，将出现小粒径的颗粒充填大粒径颗粒组成的孔隙，从而降低裂缝的渗透率。所以粒径相对集中、比较均匀的支撑剂能提供更高的导流能力。图 3.13 显示在相同的铺砂浓度下，闭合压力小于 96.5MPa 时大粒径支撑剂能提供更高的导流能力。

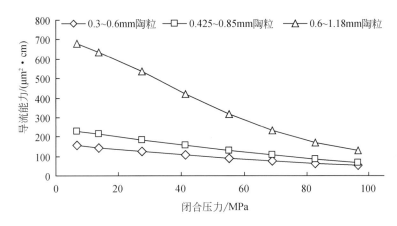

图 3.13　相同铺砂浓度（10kg/m² ）下支撑剂粒径大小对导流能力的影响

圆度和球度好的支撑剂能承受更高的裂缝闭合应力，非常圆的球体颗粒由于表面受力更加均匀，比不大圆的颗粒能够承受更高的载荷，所以在高闭合压力下，圆度、球度好的支撑剂能提供更高的导流能力，然后在低闭合应力下则相反，带有棱角的支撑颗粒比圆度、球度更好的支撑颗粒有更高的孔隙度和与之相应更高的导流能力。

支撑剂强度是以支撑剂一定量的群体破碎率来表示的。破碎率低的支撑剂的导流能力高，定性地可以反映出强度高的支撑剂可以提供更高的导流能力。所以通常根据支撑剂的破碎率来选择支撑剂。

（3）支撑剂铺置浓度对裂缝导流能力的影响

支撑剂铺置浓度是指单位裂缝壁面积（按一个壁面计算）上的支撑剂量，常用单位 kg/m² 。

裂缝导流能力随裂缝中支撑剂铺置浓度的增加而增加，但在单层铺置时导流能力较强，所以早期压裂时，认为裂缝中局部单层铺置支撑剂可以获得理论上最大的裂缝导流能力。但工业上未能得到应用，其原因是不能在全裂缝中获得完全均匀的单层铺置。而多层铺置不仅可以降低支撑剂的破碎程度，而且可以提高裂缝宽度。图 3.14 是支撑剂的铺置浓度与裂缝导流能力的典型关系曲线，由图可知，随着铺置浓度的增加，裂缝导流能力随之增加。

（4）支撑剂在岩石上的嵌入对裂缝导流能力的影响

如果支撑剂嵌入裂缝缝壁，有效缝宽将有所下降，引起导流能力下降，同时嵌入还会使地层破碎产生碎屑，这些碎屑会堵塞孔隙通道，引起渗透率和导流能力降低。嵌入对导

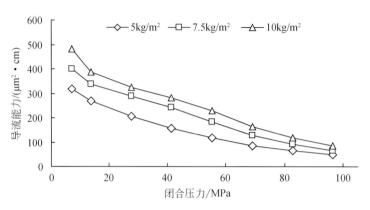

图 3.14　不同铺置浓度下支撑剂导流能力曲线

流能力的损害是非常大的，在 4000psi① 闭合压力下，ISP 支撑剂嵌入岩石深度为 0.001in，而当闭合压力增加到 10000psi 时，每个缝壁嵌入深度为 0.0016in，总嵌入深度为 0.0032in，单独由于嵌入而导致导流能力下降了 17。考虑岩石硬度和闭合压力等多种因素的作用，在较软或中硬地层中，随着闭合压力的增大，嵌入将成为损害导流能力的主要因素之一。

支撑剂在裂缝中呈多层排列有利于减缓支撑剂对岩石嵌入造成的对裂缝导流能力的影响。靠近裂缝壁面的那一层支撑剂对岩石有嵌入，而支撑裂缝中间的支撑剂不存在这一影响。所以支撑裂缝铺置浓度（层数）越大（多），支撑剂嵌入影响就越小。

（5）压裂液对裂缝导流能力伤害的影响

压裂后压裂液破胶返排，但仍有一部分破胶较差的压裂液及其残渣滞留在支撑裂缝的孔隙中，以及压裂液在缝壁所形成的滤饼等都将会导致裂缝导流能力的下降。目前，国内外使用的压裂液种类很多，总的说来，不同压裂液对导流能力保持的系数不同。表 3.36 列出了 6 种压裂液对裂缝导流能力的保持系数。尽管交联冻胶对裂缝导流能力保持系数最低，但是由于交联冻胶的各种优点，目前在致密气藏的压裂改造中仍被大量用于现场，同时由于目前液体体系综合性能的不断完善，裂缝导流能力也不断得到提高。

表 3.36　6 种压裂液对裂缝导流能力的保持系数

压裂液种类	压裂液对裂缝导流能力的保持系数
生物聚合物	95%
泡沫	80%～90%
聚合物乳化液体	65%～85%
油基冻胶	45%～70%
线型冻胶	45%～55%
羟丙基瓜胶交联冻胶	10%～48%

---

① psi＝6.89476×10³Pa。

（6）酸碱性环境

酸性环境将使支撑剂产生一定程度的溶解，使支撑剂承受闭合压力的能力降低，同时使支撑剂粒径变小，这都将减小裂缝的有效宽度。不同浓度的 HCl/HF 可明显溶解支撑剂，从而降低导流能力。某公司未经发表的工作成果提出，高硅支撑剂在盐水及高温条件下，强度将严重衰减。

（7）两相流、非达西流动

当流体通过裂缝时，如果流速超出了层流范围，流体的流动将不再遵循达西定律，会产生一个附加阻力，这相当于降低了支撑剂的渗透率，使得导流能力下降。当存在两相流时，液体的流速会由于气体的存在而受到影响。

（8）其他因素

其他因素如地应力作用时间、地层水对支撑剂的浸泡等都会对支撑剂的导流能力造成影响，在实际应用中由于低渗气藏长期的采气过程中支撑剂的回流，也会导致裂缝最终的导流能力有所降低。

四、支撑剂优选

1. 支撑剂选择原则

压裂支撑剂的选择必须基于气藏就地应力、施工时的压力、开采时的井底流压，且与储层相匹配，以及在现有的施工水平下能达到的砂液比，低渗致密气藏目的在造长缝，对导流能力的要求不高，仅使裂缝内所能达到的铺砂浓度满足气藏所需要的导流能力即可。然而不同的支撑剂提供的导流能力不同，一般来说能够提供高导流能力的支撑剂价格较为昂贵，例如人造陶粒价格通常是石英砂的 $3\sim5$ 倍。支撑剂的优化选择，应是综合考虑各种因素的结果。

2. 支撑裂缝闭合压力的确定

支撑剂承受的裂缝闭合压力 P_p 是地层就地应力 σ_x 与井底流动压力 P_f 之间的差值，即

$$P_p = \sigma_x - P_f \qquad (3.7)$$

随着油气井的油、气、水不断产出，在一次采油期间，地层压力将降低，而就地应力也将随之降低。根据 Eaton 公式：

$$\sigma_x = \gamma/1 - \gamma(P_o - P_s) + P_s \qquad (3.8)$$

式中，γ 为泊松比；P_o 为上覆岩层压力，MPa；P_s 为地层压力，MPa。

为了保持产量，通常降低井底流动压力，以保持一定的生产压差进行生产。所以选择支撑剂应该从生产的动态预测上来考虑支撑剂所承受的压力。

当地层压力 P_s 降至 P_s'，使就地应力由 σ_x 降至 σ_x'，流动压力由 P_f 降至 P_f'，支撑剂承受的地层闭合压力 P_p 变为 P_p'：

$$P_p' = \sigma_x' - P_f' \qquad (3.9)$$

因此，支撑剂承受的地层闭合压力的增量 ΔP_p 应为

$$\Delta P_p = P_p' - P_p = (\sigma_x' - P_f') - (\sigma_x - P_f) \qquad (3.10)$$

假设气井生产时生产压差保持恒定，支撑剂所承受地层闭合压力的增量 ΔP_p 为

$$\Delta P_{\mathrm{p}} = \gamma / 1 - \gamma (P_{\mathrm{s}} - P_{\mathrm{s}}') \tag{3.11}$$

以上可作为支撑剂承受裂缝闭合压力的确定方法，但在实际优化压裂设计过程中通常以储层的闭合压力作为支撑剂选择的依据，以使损失一定的支撑剂导流能力后裂缝内还能够保持有效的导流能力。

3. 支撑剂导流能力优化

（1）不同承压下的支撑剂导流能力

导流能力是支撑剂颗粒均匀程度与物理性能的综合反映，是选择支撑剂的主要依据。表 3.37 列出了国内一些常用陶粒和石英砂在不同闭合应力下导流能力的实验评价结果。其实验温度为 25℃，实验液体为蒸馏水，实验为短期导流测试。

表 3.37 常用支撑剂在不同闭合应力下导流能力实验结果

样品名称	粒径规格 /mm	铺置浓度 /(kg/m²)	导流能力/(μm²·cm)					
			27.6MPa	41.4MPa	55.2MPa	69MPa	82.7MPa	96.5MPa
SGB	0.425~0.85	5	211.42	143.67	111.1	80.41	60.01	47.57
	0.425~0.85	7.5	163.77	132.65	112.42	91.36	74.5	59.95
	0.425~0.85	10	185.35	156.24	130.38	105.91	84.28	65.22
	0.6~1.18	10	536.58	420.12	316.02	233.56	172.02	129.74
HX	0.425~0.85	10	162.7	120.79	87.11	61.99	43.35	31.32
LH	0.425~0.85	5	197.9	149.32	107.54	76.31	56.94	44.42
	0.425~0.85	7.5	245.53	186.63	137.27	100.33	70.01	54.27
	0.425~0.85	10	302.57	242.23	183.24	127.81	88.74	61.92
JH	0.425~0.85	5	208.11	158.78	118.64	86.06	63.98	48.38
	0.425~0.85	7.5	287.01	241.11	184.09	128.9	90.89	64.26
	0.425~0.85	10	325.35	280.69	228.02	165.36	119.42	83.82
QS	0.425~0.85	5	221.33	156.7	106.92	71.9	49.9	33.42
	0.425~0.85	7.5	313.86	220.27	146.45	99.81	67.49	48.66
	0.425~0.85	10	339.91	249.97	176.93	124.84	86.37	63.12
PG	0.3~0.6	5	99.06	77.41	59.63	45.03	33.55	25.38
	0.3~0.6	7.5	111.76	93.07	74.7	57.81	42.89	32.19
	0.3~0.6	10	152.02	127.58	102.73	79.15	58.54	42.71
	0.425~0.85	5	180.01	139.42	108.89	80.25	61.52	47.22
	0.425~0.85	7.5	228.11	160.85	121.23	81.65	57.98	41.31
	0.425~0.85	10	264.89	207.14	170.83	132.03	100.74	75.52
YQ	0.425~0.85	10	272.68	248.32	200.21	155.36	112.94	83.77
LH	0.3~0.6	10	95.32	79.69	68.88	57.1	46.44	37.18
	0.6~1.18	10	325.05	227.51	156.72	111.21	80.79	60.94
PGHY	0.425~0.85	10	197.81	162.37	124.19	91.95	66.41	48.5
石英砂	0.425~0.85	10	61.84	24.33	10.92	/	/	/

（2）支撑剂应用的经济评价及优选

选择与储层相匹配的支撑剂，使裂缝内铺置浓度达到致密气藏所需的导流能力，但是通常低渗致密气藏主要在于有一定的裂缝长度，导流能力主要以满足储层要求为准。然而不同支撑剂的导流能力不同，所以选择不同的支撑剂获得的增产效果也不一样。通过经济优化选择的支撑剂，应是综合考虑支撑剂导流能力、支撑剂价格、施工难度、增产效果等多种因素的结果。致密气藏压裂技术的发展促使支撑剂向小粒径（＜40/70目）、高强度（抗压要求＞120MPa）、低密度、低成本的方向发展。

第四章 浅层、中深层侏罗系储层压裂工艺

川西浅层、中深层侏罗系气藏具有纵向多层叠置、横向连片、含气丰度高、储量规模大、异常高压等优越的压裂增产物质基础和能量基础。储层岩石致密、低孔渗，压裂增产需要足够的有效支撑缝长；孔喉结构差、启动压力梯度高、敏感性强需要低伤害；物性差、产出有限、投入相对较高需要低成本。丛式井开发和大型压裂工艺、多层压裂工艺、斜井压裂工艺、水平井压裂工艺及其高效返排配套工艺等特色工艺成为了川西浅层、中深层侏罗系气藏最有效的压裂开发技术。

第一节 大型压裂技术

一、大型压裂的必要性与可行性

压裂目的层的有效渗透率、有效厚度、含气饱和度、孔隙度、单井控制储量是压裂增产的物质基础；而地层压力的高低及压后生产中可能建立的压差是压裂增产的能量基础；排除压裂施工因素影响，目的层物质基础、能量基础是取得压裂增产的关键。

1. 储层致密，造长缝大型压裂是提高单井产能的重要手段

川西浅层、中深层侏罗系气藏致密储层需要长的人工裂缝，气藏基质渗透率越低，需要的最佳裂缝半长越长。国外专家从储层物性出发研究了致密气藏缝长对整个渗流机制的影响，提出了不同气藏渗透率取得商业性开采价值需要的裂缝半长（表4.1）。

表 4.1 ELkins 给出的有效渗透率与压裂裂缝半长的关系

分类	有效渗透率/$10^{-3}\,\mu m^2$	压裂裂缝半长/m
极致密	0.0001～0.001	915～1220
很致密	0.001～0.005	763～915
致密	0.005～0.1	305～763
接近致密	0.1～1.0	153～305
常规	1.0～100.0	61～153

以新场气田沙溪庙组气藏沙二^{3}与沙二^{1}储层为例，其有效渗透率一般小于$0.1\times10^{-3}\,\mu m^2$，表4.1的推荐裂缝半长则在305～763m范围，而这只有通过大型压裂才能达到。

2. 储层纵向厚度大，砂体横向展布好，是实施大型压裂的地质基础

大型压裂改造的另一地质条件就是储层厚，砂体展布好。大型压裂在这种储层中可以

实现少打井、单井高产的开发效果，从而提高致密砂岩气藏储量压裂开发的经济效益。

如川西新场气田沙溪庙组气藏，其虽然属于河道砂体沉积环境，但砂体空间展布范围却非常大，砂体的延伸长度大于2000m。沙溪庙组各个小层砂体厚度平均为20m，最厚的达50m，完全具备大型压裂改造的地质条件。

3. 储产层与盖底层间足够的应力差，是确保大型压裂有效性的工程地质条件

大型压裂工艺一般要求较大的排量，同时由于注入液量多，缝高可能很难控制。为了防止人工裂缝的无效支撑，或高度失控沟通上下水层，对储层盖层以及盖层与产层应力差提出了更高的要求。

川西沙溪庙组气藏测井资料显示，产层段岩性为较纯的砂岩，上下盖层岩性为较纯的泥岩，上盖层厚约30m，下盖层厚约40m。同时根据测井数据计算产层与上盖层应力差为7.2MPa，与下盖层应力差约为9.07MPa。因此加砂过程中裂缝主要在产层段内延伸，裂缝高度将会控制得很好。

4. 与邻井的足够井距，是实施大型压裂的井网控制条件

大型压裂目标缝长优化是油气田在现有井网井距和单井目标控制储量条件下进行的油气藏整体开发部署方案的重要组成部分；同时，也是确保大型压裂达到预期增产和稳产效果的重要方法。

对于井间距离大，单井控制范围有限的储层，实行大型压裂改造，优化裂缝与井网的匹配程度，提高人工裂缝的控制范围，提高井网对储量的控制程度就显得极其必要。

例如，川西新场沙溪庙组气藏，由于在开发初期单层加砂规模较小（支撑剂一般为$20\sim60m^3$），压后试井解释得到的有效人工裂缝半长一般为$40\sim80m$。按气藏现有平均井网井距750m计算，在气藏开发初期，压裂人工裂缝的穿透比（穿透比是指压裂人工裂缝半长与井间距之比）仅$0.1\sim0.2$，远远小于井控储量所需的人工裂缝穿透比，因此，气藏现有井网井距条件下井间储量仍未完全控制，气藏整体上具备实施大规模加砂压裂的井网井距条件。

二、大型压裂工艺

对于特定的川西浅层、中深层侏罗系气藏储层地质条件，能否在压裂目的层造出期望的有效裂缝长度，不仅受地层条件的限制，而且受压裂工艺、材料、设备等技术条件的制约，故压裂能否达到相当规模造出足够的有效支撑缝长是川西浅层、中深层侏罗系气藏单层压裂增产的关键。

大型压裂是一项系统工程，涉及的技术细节较多，不是仅简单地增大加砂压裂规模、增加一些液量，其关键技术如下。

（一）低伤害压裂液技术

大型压裂施工规模大，作业时间长，压裂液的耐温抗剪切性能成为制约大型压裂施工成败的关键性因素。另外，大型压裂要取得预期的增产效果，对压裂液的低伤害性能提出了较高要求。

1. 大型压裂工艺对压裂液性能的要求

1）满足施工时间要求。要求压裂液能够在施工时间内保持良好的相关性能，同时要求液体性能应调节方便，易于现场操作。

2）压裂液黏度将影响裂缝的几何尺寸及支撑剂的最终分布，要求压裂液在保证产生足够的缝宽时，便于携砂并轻易泵入地层，避免支撑剂过快沉降而发生砂堵；同时，较低的滤失可使压裂液携带尽可能高浓度的支撑剂，产生较大的裂缝体积，提高支撑裂缝的导流能力。

3）大型压裂施工一般采用较大排量，要求压裂液具有较强的抗剪切能力。

4）大型压裂时，为了提高排量和保障施工顺利进行，须有效降低施工压力，这就要求压裂液具有延迟交联作用时间和低的摩阻特性，以减少管路摩阻，降低施工泵压。

5）大型压裂入井液量大，对于低渗、低压储气层，要求压裂液快速返排，减少其在地层的滞留时间，最大限度地降低对储层的损害。

6）大型压裂时要求压裂液综合性能好，适应性强，具有良好的适应性和可操作性；压裂液货源广，成本低，施工安全，可操作性强，以满足储层条件和压裂工艺的要求。

2. 强化破胶工艺

压裂液在满足携砂性能条件下在地层中滞留时间越长，对储层的伤害越严重；因此，大型压裂取得预期增产效果的关键技术就是要保证压裂液完成携砂功能后能快速破胶和及时返排。

由于压裂液在压裂过程中所经历的温度是变化的，同时压裂液发生滤失后，其中未能降解的高分子物质（如胍胶）会留在基岩表面形成致密滤饼，从而导致压裂液在支撑裂缝内浓缩，加之近井筒附近人工裂缝温度相对较低，破胶效果很难保证，一旦井底附近压裂液破胶不彻底，压裂液返排效果将大大降低，影响压裂增产的效果。因此，在大型加砂压裂后期，破胶剂浓度加量应适度增大，以达到缝口附近液体的快速及时破胶。

（二）优化设计关键技术

压裂施工优化设计是水力压裂施工的指导性文件，压裂施工前进行科学的压裂设计，已成为必不可少的重要环节。

1. 人工裂缝目标缝长优化

大型压裂目标缝长应与储量类型、井网密度等诸多因素匹配，以实现气藏最优化的人工裂缝配置关系。在大型压裂目标缝长优化时，以储量类别为基础，采用 FracproPT 软件分别选择井距、穿透比、导流能力作为主要的设计变量，分别对不同储量按不同穿透比和不同导流能力条件进行压裂井压后初期日产量以及 5 年累积产量模拟计算，以累积产量最优者作为大型压裂目标缝长优选依据。

例如，目前新场气田沙溪庙组气藏剩余可采储量主要是以 Ⅱ、Ⅲ$_a$、Ⅲ$_{b+c}$ 类难动用储量为主，大型压裂的目标是造长缝，增大向井筒的供气半径，从而获得老区天然气剩余可采储量的高产，同时也可实现勘探扩边新区"稀井少打"的储层含气性评价需求。

目前新场气田沙溪庙组气藏现有平均井距 750m，通过井网井距条件对储量控制程度的分析和优化，得到了大型压裂目标缝长，如表 4.2 所示。

表 4.2 新场沙溪庙组大型压裂目标缝长优化

储量类别	井距/m	合理穿透比	合理裂缝半长/m	合理导流能力/($10^{-3}\mu m^2 \cdot m$)
Ⅱ类	750	0.3	225	100～140
Ⅲ$_a$类	750	0.4	300	140
Ⅲ$_{b+c}$类	750	0.45	大于 350	140

2. 人工裂缝导流能力优化

根据不同铺砂浓度下，裂缝导流能力对产能大小的影响分析，计算得到的川西新场沙溪庙组气藏人工裂缝无因次导流能力 F_{CD} 最佳范围为 2～5，然而由于储层压裂后仍有诸多因素影响裂缝导流能力，如压裂液滤饼、支撑剂、流体流态、两相流等。综合考虑以上影响因素后，分析认为无因次导流能力 $F_{CD}=8～12$，可以满足新场沙溪庙组气藏大型压裂后人工裂缝长期导流能力的需要。

3. 施工关键参数优化

（1）施工排量

大型压裂要求较大的排量，不仅是为了控制施工时间，同时也是为了提高液体效率，将携砂的液体更进一步推向地层深处，实现造长缝的要求；同时，施工排量的大小主要控制着裂缝的几何形态。由于新场沙溪庙储层一般都具有良好的盖底层，在压裂施工确定为大规模加砂的条件下，采用大排量施工造一条缝宽相对较宽的人工裂缝不但可以减少施工中出现砂堵的概率，而且可以有效地降低裂缝弯曲摩阻，利于形成一条具有较高导流能力的裂缝。在施工管柱和泵注方式优选条件下，结合国内外大型压裂经验，推荐新场沙溪庙组气藏大型加砂压裂设计排量以 5.0～7.0m³/min 为宜。

（2）施工砂比

砂比的设计主要应根据压裂区块先前的压裂经验和设计规模条件下所需要达到的裂缝缝长，同时并结合储层小型压裂测试所确定的综合滤失系数来确定。

大型加砂压裂时，为减少入地液量，降低压裂液对储层的伤害，同时缩短施工时间，一方面要减少携砂液量，以减轻压后储层返排负担；另一方面在保证裂缝具有足够导流能力的条件下，可通过适当降低裂缝的填砂浓度来增加人工裂缝的半长。在气藏前期施工和裂缝设计参数要求基础上，通过模拟和总结得到新场沙溪庙气藏大型加砂压裂的平均砂比为 25%～35%，属于中高砂比。

（3）前置液量

压裂设计时最优前置比的设计原则是：当最后一批砂子进入时，前置液正好滤失完。前置液量过高，会造成液体的浪费、返排困难及污染地层；前置液用量过低又会使所造缝不够，导致施工失败。一般获得准确的前置液用量必须获得液体效率，能得到准确液体效率的手段是微型压裂测试。新场沙溪庙组储层测试压裂得出的液体效率大致为 40%～50%，同时根据以往邻井的施工经验，以及大规模压裂低砂比段较长的特点（低砂比的携砂液在携砂的同时仍然能造缝），结合软件模拟最终确定新场沙溪庙组气藏的最优前置液量比为 35%～40%。

（三）施工现场控制技术

大型压裂由于动用设备多，液罐多，占用地面空间比较大，因此要求井场必须有足够的场地。由于施工排量大，施工时间长，对泵注设备的动力要求也比较高。更为重要的是供液系统与供砂系统必须能够及时供液，及时供砂，尤其需要合理解决后期罐群液面下降时大排量的供液问题。

1. 施工设备配套技术

大型压裂高压作业时间长，对施工设备的连续作业能力和稳定性能提出了较高要求。因此，大型压裂施工设备的配套技术是确保大型压裂施工成功的关键技术之一。

（1）施工水马力确定

压裂施工水马力主要取决于施工排量和井口压力。

施工水马力＝施工最大排量×施工最高压力×22.3。

（2）压裂泵车数量确定

计算压裂所需的水马力后，再根据每台泵车可使用的水马力，可得到压裂车数量。即压裂泵车数量＝施工水马力/每台泵车可使用水马力。

（3）其他关键设备的配备

为确保大型压裂施工的连续性和资料收集、处理的准确性，在施工关键设备准备时，对混砂车和仪表车等关键设备都进行了双车配备。

（4）设备的检查和维护保养

大型压裂前，为保证施工设备在长时间、大负荷工况下能正常运行，施工前对设备的检查、维护和保养尤为重要。施工设备检查主要是剔除和更换掉施工设备中的不合格部件；维护保养是确保施工部件能正常运转的关键。

2. 供砂和供液能力保障技术

（1）供砂能力保障

供砂能力的保障不仅包括施工中供砂砂量的保证，还包括施工高砂比阶段供砂速率的保证。如 CX495-1 井 200m³ 陶粒加砂规模施工，为保证供砂量，采用了 2 个 100m³ 的立式砂罐盛装支撑剂同时供砂。

（2）供液能力保障

大型压裂用液量多且施工排量大，对整个供液系统的有效组织和正常运转要求较高。一方面，大型压裂液体有效用量大，为降低后期废液处理成本，应尽可能提高压裂液的利用效率；另一方面，为保证施工中大排量供液需求，应对盛液罐群内的液体及时进行转移罐内剩余液和倒换各功能罐组处理。

三、应用效果

（一）CX491 井大型压裂

CX491 井是新场气田一口扩边评价井，2375～2405m 目的层是"岩性纯、砂层厚、物性条件好、砂体平面展布范围较好"的砂体，且与周围邻井的井距相对较大（800m 左右），是新场气田沙溪庙组气藏大型压裂的最佳候选井。

1. 优化设计

CX491 井沙溪庙组 2375～2405m 气层大型加砂压裂优化设计结果见表 4.3。

表 4.3　CX491 井压裂施工优化设计表

压裂目的层射孔段/m	2375～2388、2390～2393、2400～2405
压裂井口	KQ70/65
注入方式	环空注入
注入压裂液体总量/m³	908
前置液/m³	350
携砂液/m³	553
顶替液/m³	37.1
支撑剂：20～40 目陶粒/m³	155
砂液比变化范围/%	5.4～40.2（三段线性加砂）
平均砂浓度/(kg/m³)	501.2（砂液比 28%）
施工限压/MPa	70
施工排量/(m³/min)	6.0～7.0

2. 现场施工

2006 年 7 月，对 CX491 井进行了 155.6m³ 规模的加砂压裂施工，施工曲线见图 4.1。

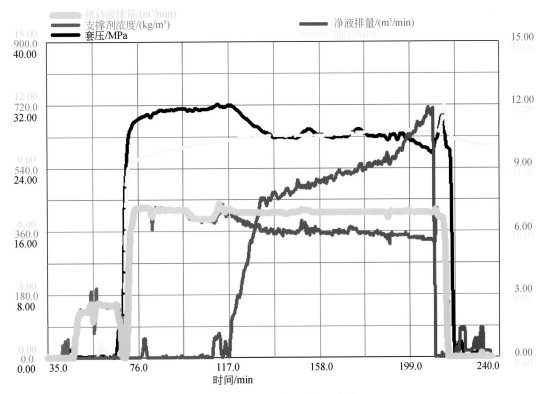

图 4.1　CX491 井压裂施工曲线

从图可以看出，CX491 井采用了 $6.5 \sim 7.0 \mathrm{m}^3/\mathrm{min}$ 大排量施工，同时施工采用了三段式线性加砂和支撑剂段塞处理技术，使得该井整个施工中压力平稳，顺利完成了设计加砂规模。

3. 压后效果

CX491 井沙溪庙组 $2375 \sim 2405\mathrm{m}$ 气层采用了分段强化破胶技术，压后在 17h 内，液体返排率达到了 70.5%，返排效果非常好；在油压 22MPa 下，测试获天然气产量 $14 \times 10^4 \mathrm{m}^3/\mathrm{d}$，与邻井相比，增产效果显著。

（二）CX495-1 井大型压裂

CX495-1 井是新场气田的一口定向扩边评价井，目的层井深 $2586.4 \sim 2633.2\mathrm{m}$，储层渗透率为 $1.16 \times 10^{-3} \mu\mathrm{m}^2$，有效厚度达 43.1m。与邻井 CX495 井、CX479 井、CX491 井井距在 650m 以上，具备实施大型加砂压裂的储层及井网井距条件。

1. 优化设计

CX495-1 井大型压裂优化设计结果见表 4.4。

表 4.4　CX495-1 井压裂施工优化设计表

压裂目的层射孔段/m	2604～2618
压裂井口	KQ78/65-70
注入方式	油套环空四翼注入
压裂液配方	延迟交联时间：2.5min±
KCl 溶液配制总量/m³	40
压裂液配制总量/m³	1200
注入压裂液体总量/m³	1054.5
前置液/m³	380
携砂液/m³	635
顶替液/m³	19.5
支撑剂：20～40 目陶粒/m³	200（360t）
砂液比变化范围/%	5↑20.7↑36.0↑43.3↑45.6（四段线性加砂）
平均砂浓度/(kg/m³)	558（砂液比 31%）
液氮用量/m³	28
纤维 GX-2 用量/kg	200
施工限压/MPa	70
施工排量/(m³/min)	5.0～6.5

2. 现场施工

2008 年 2 月，CX495-1 井进行了 $200.5\mathrm{m}^3$ 陶粒规模的加砂压裂施工，施工曲线见图 4.2，从图可以看出，采用了 $5.2 \sim 5.9 \mathrm{m}^3/\mathrm{min}$ 大排量施工，施工采用了线性加砂和支撑剂段塞处理技术，使整个施工中压力平稳，顺利地完成了设计加砂规模。

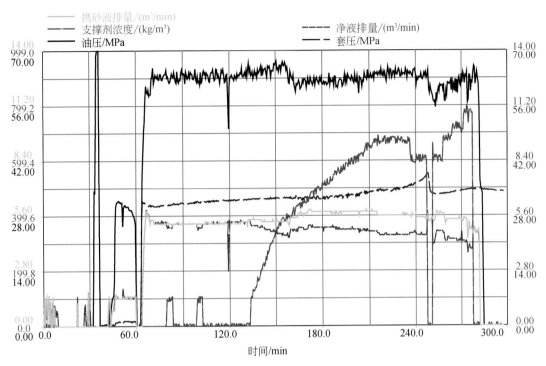

图 4.2　CX495-1 井压裂施工曲线图

3. 压后效果

施工中采用了分段优化破胶、液氮助排和纤维防砂的高效返排技术，压后在 20h 内，液体返排 650m³，返排率达到了 63％。

射孔未获得天然气产量，压后获得天然气产量 $2.86 \times 10^4 m^3/d$、地层水产量 $30m^3/d$。

（三）新场沙溪庙组气藏大型压裂效果

通过大型压裂的推广应用，新场沙溪庙组气藏压后单井平均无阻流量由实施前的 $7.01 \times 10^4 m^3/d$ 上升到实施后的 $8.40 \times 10^4 m^3/d$（表 4.5）。

表 4.5　大型压裂先导性试验及推广应用效果统计表

阶段	井号	加砂规模/m³	压前产量 q_{AOF}/$(10^4 m^3/d)$	压后产量 q_{AOF}/$(10^4 m^3/d)$
先导性试验	CX491	155.4	0.2	14
	CX495-1	200.5	0.17	15
大型压裂 推广应用	CX495	100.0	0.54	6.6
	X905-1	100.0	0	18.3
	X906-1	111.0	0.48	8.8
	X906-2	120.0	0	7.0
	X906-3	110.0	1.01	6.7
	X906-4	105.0	0.54	7.9

续表

阶段	井号	加砂规模/m³	压前产量 q_{AOF}/(10^4m^3/d)	压后产量 q_{AOF}/(10^4m^3/d)
大型压裂推广应用	X892	115.0	0	14.3
	X843	100.0	0	7.5
	CX601-2	105.0	0	1.23
	CX601-3	100.0	0.09	6.8
	CX493D	135.0	0.1	52.0

第二节　多层压裂技术

川西气田中浅层气藏，如新都气田遂宁组气藏、洛带气田遂宁组气藏、新场气田沙溪庙组气藏、马井气田蓬莱镇组气藏等，在纵向上均具有多层叠置的特点，由于储层低渗致密，敏感性强，水锁严重，泥浆、压井液对储层伤害强，为缩短气井压裂改造施工周期，降低气井作业成本和储层伤害，提高气井投产速度，提高气田的整体开发效果，不动管柱的分层压裂技术是气藏高效开发的重要技术手段。

一、多层分层压裂必要性和可行性

1. 多层分层压裂是气藏经济高效开采的重要手段

据川西气田中浅层气藏动态特征资料，目前洛带气田遂宁组气藏单井平均控制储量为 $0.308 \times 10^8\text{m}^3$，单井平均采气速度为 2.44%，老井单井阶段产量综合递减率为 13.3%；新场沙溪庙组主力气藏（沙二² 和沙二⁴）单井平均控制储量为 $0.8 \times 10^8\text{m}^3$，平均单井采气速度为 1.58%，老井单井产量年综合递减率为 28%。由以上数据可以看出，川西中浅层主力气藏的采气速度较慢，无法适应社会经济高速发展对天然气能源的巨大需求；另外，气田老井的综合递减率和自然递减率都较高，气田单井控制储量偏小，气田要实现既定的增产和稳产目标的难度较大。

因此，气田开发方案实施过程中对压裂工艺技术提出了更高的要求，希望通过压裂提高多层系气藏薄互交替层的动用程度；同时解决气藏钻井中钻遇多套含气砂体的有效利用问题，以增加单井的控制储量和可动用储量，从而有效提高气藏的经济开采效益。

2. 多层分压合采是改善开发效果的重要途径

在川西气田多层系气藏开发早期，由于缺乏对多层系气藏纵向分层应力剖面计算和分析手段；同时也受压裂工艺和设备的限制，大部分合压井存在并未真正一次性同时压开所有产层的问题（表4.6）。另外，由于合压井存在重点改造目标层和潜力层施工工艺针对性不强的特点，不同储层物性特征与合压工艺的匹配性较差，可能导致重点改造目标层无法达到预期改造效果要求。

表 4.6　川西中浅层气藏部分单井压裂改造方式与改造效果分析评价表

井名	井段（垂深）/m		施工排量/(m³/min)	压裂方式	平均最小主应力值/MPa	应力差值/MPa	压后无阻流量/(m³/d)	评价
LS 18D-1	储层1	1647.7~1654.9	3.2	合	9.8	6.1	5645	储层3和储层1、2的应力差较大，压裂未能达到同时改造3层的预期目的
	隔层1	1654.9~1667.4			15.8	6.8		
	储层2	1667.4~1679.6			9	8		
	隔层2	1679.6~1687.8			17			
	储层3	1687.8~1696.3			15.2	1.8		
LS 18D-3	储层1	1659.9~1688.8	2.65	分	12.9	4.9	18189	工具分压，确保两层均获得了改造，压裂效果相比同井组18D-1明显要好
	隔层	1688.8~1695.7			17.8			
	储层2	1695.6~1698.3	4.1		13.8	4		

3. 气藏纵向多层系，且砂体叠置率较高、层间距范围较大，具有实施多层分层压裂的优势

川西气田侏罗系中浅层气藏是我国多层系复合性气藏的典型代表，自上而下发育着蓬莱镇组、遂宁组、沙溪庙组气藏，形成了浅-中浅层立体勘探开发的局面。一般单井可钻遇 5~30 层含气砂体。

由于这些砂层在构造的不同区域分布的规模、厚度、范围各不相同，并在纵向呈交错状叠置，因此在构造不同部位其砂体间距在纵向上的变化差异相对较大，一般为 10~30m，为气藏多层压裂工艺方式的选择提供了重要保障。

4. 气藏产层应力特征决定压裂形成的人工裂缝以垂直裂缝为主，且人工裂缝的横向延伸能力相对较强，多层分层压裂的工程地质条件充分

川西气田蓬莱镇组气藏的垂向应力（σ_z）一般介于水平最小主应力（σ_h）与最大主应力（σ_H）之间，即 $\sigma_h < \sigma_z < \sigma_H$；产层的这种应力特征决定了气藏水力压裂形成的裂缝以垂直裂缝为主，裂缝的横向延伸能力较强；同时，这种地应力关系特性与施工工艺优化设计相结合，便可有效防止裂缝的纵向突破，有利于裂缝在储层中的横向延伸，对于采用多层压裂来提高增产效果具有重要意义。

二、多层分层压裂工艺

（一）限流法多层分层压裂

1. 作用原理

限流分层压裂主要应用于未射孔的新井，该方法的基础条件是制定合理的射孔方案。通过在不同小层内射不同的孔眼数，严格限制炮眼的数量和直径，并以尽可能大的注入排量进行施工，利用压裂液流经孔眼时产生的炮眼摩阻，大幅度提高井底压力，用孔眼的摩阻差异抵消各个储层应力差异，并迫使压裂液分流，使破裂压力接近的地层相继被压开，达到一次加砂能够同时处理几个层的目的，示意图参见图 4.3。

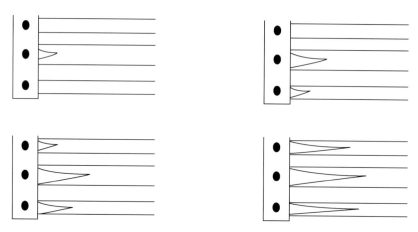

图 4.3　压裂液分流过程

　　为提高施工成功率，防止万一一次不能压开全部裂缝，有时也与封堵球法分层压裂相结合，即与投球分段压裂相结合。在进行实际压裂处理之前，需要计算油、套管的摩阻，确定是否可以达到同时有效地处理多层的排量，又不会危及套管或油管。

　　但是，限流分层压裂要求的射孔密度较低，一定程度上会妨碍射孔对有效井筒半径的扩大。作业期间，在射孔通道和裂缝入口处可能出现过大的压力降，并会影响悬砂液在层间的分布，限流分层压裂射孔提供的裂缝入口面积较小，在高产井中或在任一口井的压裂液返排期间都会使支撑剂回流问题加剧。

2. 优化布孔原则与方法

（1）布孔原则

在限流分层压裂设计中，制定合理的射孔方案是决定工艺效果的核心，根据其工艺特点，结合储层和井网的实际情况确定射孔方案。

1）保证足够的炮眼摩阻值，在此条件下充分利用设备能力提高排量，以套管能承受的最高压力为限，尽可能压开破裂压力高的目的层。

2）对已见水或平面上容易水窜的层，处理强度应严格控制。厚层与薄层划为一个层段处理时，强度应有所区别。

3）一般选择层内渗透率最好、有出油气把握的部位射开，当层内存在薄的夹层时，可考虑在夹层上下分别布孔。

4）考虑裂缝破碎带的影响，在处理层段内层数多，其炮眼总数因受限制而少于待处理层数的情况下，可在紧相邻的几个小层的中间位置布孔。

5）由于目前射孔技术水平有限，个别炮眼的堵塞难以避免，因而允许实际的布孔数量比理论计算的稍多一些，以利于顺利完成施工。

6）一般常用 10mm 或小于 10mm 的炮眼直径进行限流，因小直径孔眼有利于增加炮眼摩阻，可减少施工设备。

7）为提高限流法分段压裂施工成功率，各小层的破裂压力必须相近，这就需要利用各种资料预测最小主应力，即对破裂压力低的层段要减少布孔数和孔径，对于破裂压力高的层段要做相反的处理。

（2）优化布孔方法

限流分段压裂设计中，把层间流量分配的计算作为模拟分析各小层裂缝参数的基础，在计算流量分配时应综合考虑射孔数、储层物性和层间裂缝扩展状态对层间流量分配的影响，根据捷尔霍夫第一定律，可以得出流量守恒方程式：

$$Q_\text{T} = \sum_{i=1}^{m} Q_i \tag{4.1}$$

式中，Q_T 为压裂处理的总注入排量，m^3/min；Q_i 为各条裂缝中的流量，m^3/min；m 为裂缝条数。

如图 4.4，对于每条裂缝，存在以下压力连续准则：

$$P_i + P_h - P_\text{cf} = \sigma_\text{cj} + \Delta P_\text{nj} + \Delta P_\text{pfj} \tag{4.2}$$

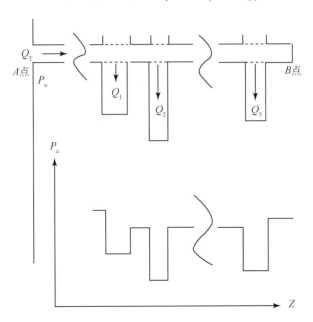

图 4.4　水平井限流压裂流量分配示意图

换一种表示方法，取水平段 A 点处为参考点基准：

$$P_\text{o} = \sigma_\text{cj} + \Delta P_\text{nj} + \Delta P_\text{pfj} - \sum_{j=1}^{i} \Delta P_\text{hj} + \sum_{j=1}^{i} \Delta P_\text{cfj} \tag{4.3}$$

式中，P_i 为地面注入泵压，MPa；P_h 为液柱压力，MPa；P_cf 为管柱摩擦力，MPa；σ_cj 为第 j 射孔段的最小地层应力，MPa；ΔP_nj 为第 j 条裂缝内缝口的净压力，等于裂缝内的压降，$\Delta P_\text{nj} = P_f - \sigma_\text{cj}$，MPa；$\Delta P_\text{pfj}$ 为射孔和近井筒摩擦压力降，MPa；P_o 为选择在水平段 A 点压力，MPa，可以任选，当然也可选井口为参考压力点；ΔP_hj 为第 i 层与第 $i-1$ 层段间的液体静液柱压力，MPa；ΔP_cfj 为第 i 层与第 $i-1$ 层段井筒段内的套管摩擦压力，MPa；j 为第 j 条裂缝。

在限流分层压裂施工过程中，井底处理压力可由地面瞬时停泵压力和静液柱压力确定，压裂液沿程总管损可采用非牛顿液体垂直管流压力损失计算公式，根据注入方式

（油、套管或合注）和雷诺数计算。

射孔炮眼摩阻计算方法如下：

$$\Delta P_{pfj} = 2.25 \times 10^{-9} \frac{Q_j^2 \rho}{n_p^2 d_p^4 a^2} \tag{4.4}$$

式中，ρ 为压裂液密度，kg/m^3；n_p 为射孔孔眼的数量；d_p 为射孔孔眼直径，m；a 为孔眼流量系数。

在高雷诺数（$Re \geq 10$）条件下，压裂液通过射孔炮眼时的流动特性类似于通过一个喷嘴的流动。a 值就只取决于液流收缩断面的大小，实验表明，没有磨蚀作用的流体通过孔眼时的 a 值为 $0.5 \sim 0.6$；有磨蚀作用的流体通过射孔炮眼流动时，a 值可达 $0.6 \sim 0.95$。在现场施工过程中，a 值是变化的，随施工时间的延长，a 值不断变大。由于现场射孔炮眼有凹坑、形状不规则等原因，a 的初始值可取 $0.7 \sim 0.85$。

压裂液沿套管的压力损失一般可以通过各种计算方法或经验方法求得，常用的公式为

$$P_{cf} = \frac{0.2013 L V^2 f \rho_f}{d} \tag{4.5}$$

当 $Re < 2100$ 时为层流：

$$f = \frac{16}{Re} \tag{4.6}$$

当 $Re > 2100$ 时为紊流：

$$f = 0.079 R^{-0.25} e \tag{4.7}$$

而

$$Re = \frac{1.02 \times 10^{-5} V^{2-n} d^n P_f}{k 8^{n-1}} \tag{4.8}$$

$$V = \frac{212.1 Q}{d^2} \tag{4.9}$$

式中，d 为管柱内径，cm；f 为摩阻系数，无因次；k 为稠度系数，$Pa \cdot s^n$；L 为管柱长度，m；n 为压裂液流动系数，无因次；Re 为雷诺数，无因次；P_{cf} 为沿程摩擦阻力，MPa；V 为流体在管柱内的流速，cm/s；ρ_f 为流体密度，g/cm^3；Q 为流量，m^3/min。

从压力平衡的方程可以看出，影响压裂液压力分布计算的另一个关键是净压力 ΔP_n，因此在设计中需根据裂缝形态由裂缝内压力分布计算。

式（4.1）与式（4.3）组成（$i+1$）个非线性方程组（i 为改造层数），与裂缝几何参数模型联合求解可确定各层的射孔数、进液量和裂缝几何参数。

（3）选井选层原则

为达到限流压裂的目的和较好的增产效果，必须选好压裂对象，选井选层决策应该综合考虑储层破裂压力、储层物性、地应力差值、隔层厚度等重要因素。

1）破裂压力。对储层非均质性极强、破裂压力梯度相差极大的区域，不宜采用限流压裂多层分层压裂工艺。

2）储层物性。为达到多层分层改造目的，宜选择储层物性条件相近的多产层储层实施限流多层分层压裂。

3）地应力差值。限流多层分层压裂时，应尽可能选择多产层地应力差值不是太大的

储层。一般情况下，地应力差值相差不大的储层，储层破裂压力值也相差不大，因此可以通过合理的布孔，利用破裂压力低的产层的孔眼吸液时产生较大的摩阻从而提高井底压力达到将高破裂压力层段压开的目的；同时，地应力差值相差不大的储层，各个产层被压开后，储层的延伸压力也相差不大，有利于裂缝在各个产层内延伸和扩张。

（4）施工砂比控制技术

对于限流法多层分压工艺，混砂比大小是决定压裂能否成功及限流效果如何的关键。由于在加砂过程中支撑剂通过孔眼时单孔液量较大，高浓度支撑剂会使射孔孔眼受到一定的冲蚀，从而造成孔眼直径变大。

因此，在地层压开后，一般在加砂初期，混砂比要小，目的在于冲刷、扩大射孔孔眼，减小甚至消除孔眼不规则所造成的节流现象，达到这个目的后，混砂比再逐渐增大。

在排量恒定时，孔眼摩阻将降低，致使各压裂层的排量重新分配，分层排量与设计值存在一定的误差，现场实施过程中应逐步提高排量，以补偿孔眼冲蚀造成的排量分配比例偏离设计值。

（二）封堵球法多层分层压裂

1. 基本原理

投球分层压裂是一次性连续完成多个含油气层段常采用的一种分层加砂压裂工艺技术措施。其原理是基于气层之间破裂压力存在着差异，在进行投球分层压裂施工时，首先压开的是破裂压力低的气层，在投入一定数量特制的尼龙暂堵球将其射孔孔眼堵住后，压裂液截流效应会造成井内压力升高，将破裂压力相对较高的气层压开。如此逐层压开气层，直至完成井内多层的加砂压裂作业施工。

投球分层压裂使用的尼龙暂堵球按与压裂液的密度差异分为两类，即比压裂液密度大的高密度尼龙暂堵球、比压裂液密度小的低密度尼龙暂堵球。低密度尼龙暂堵球具有明显的浮力效应，在施工结束后，通过放喷将尼龙暂堵球带出孔眼，并被放喷液携带出井口回收。高密度尼龙暂堵球依靠自身重力落入井底。

目前，川西投球分层压裂的暂堵球属于高密度球，它是由河北衡水精工橡塑制品有限公司生产的暂堵球，其密度为 $1.1 \sim 1.15 \text{g/cm}^3$（压裂液密度为 1.02g/cm^3），直径 22.25mm、耐温 220℃、耐压 70MPa，其内核为尼龙，外包一层氯丁橡胶，目的是使其更好地封堵射孔孔眼。

2. 选井选层原则

投球压裂适用于层间距中等，地层层间破裂压力差值较大（>1MPa），层厚较大的气层压裂，如果各层加砂规模相近则更佳。

如果两个目的层压力差不大，则在现场施工时要判断是一层压开了或是两层都压开了是很难的，盲目性较大。

投球压裂较适合于新井，对于老井，生产过程中往往进行过补孔，孔径、孔眼形状有差异，给分压增加困难，因而不太适合于老井。

3. 技术关键

投球分层压裂具有工具简单、施工安全等优点，其技术关键是保证投入的暂堵球能有效封堵孔眼，保证封堵效率且不能脱落到井底或将第一次压裂缝口处的砂子推向裂缝深处，出现缝口堵塞、架桥、引起砂堵、砂埋事故，即所谓的"包饺子"现象。难点是封堵效率确定较难，不易掌握投球数量，施工具有一定的盲目性。施工时应严格控制施工排量，排量若太低，球很难坐封住，太高又可能出现已压层段"包饺子"现象。其技术关键主要有以下几点。

（1）暂堵球的优选

暂堵球的大小与密度应与炮眼大小及压裂液相适应，并应具有较好的韧性、耐压和耐温性能。经验数据表明暂堵球与孔眼的直径关系为 $D \geqslant 1.25 D_p$ 时，能够满足压裂施工和封堵要求，其中 D 为暂堵球直径，D_p 为射孔孔眼直径。

现场应用的暂堵球直径为 22.25mm，而射孔孔眼为 8.5～10mm，满足封堵要求。

（2）投球数量的确定

投球数量必须大于射孔孔眼数，并留有一定余量，以确保完全封堵。据已施工经验，投球数量与射孔孔眼数之比应大于 1.2。

（3）投球时机的把握

投球速度以较大为好，以缩短暂堵球落座所需时间，减小暂堵球对液体性能的影响、提高封堵效率，经研究，在第一层施工高挤携砂液结束后 1min 开始投球时机最佳。

1）施工过程中不能停泵。暂堵球是靠液体的携带作用封堵在射孔孔眼上，如果施工过程中因种种原因导致压裂车停泵，例如泵压高导致过压保护跳车、管线漏失停泵整改、泵本身出故障等，此时排量会逐渐降至 0，本身封堵在射孔孔眼上的暂堵球会在自身重力作用下脱离射孔孔眼，掉至井底，导致分层压裂失败。

2）排量不能小于暂堵球坐住的最低排量。关于排量与暂堵球的封堵效率前面已进行过讨论，实际施工时应根据射孔孔眼数计算施工时的最低排量。

（4）投球压裂排量控制

暂堵球封堵的效果直接影响到分层压裂的成败，其受两个方面因素的影响：

1）暂堵球是否能坐在射孔孔眼上。这取决于暂堵球在管中的垂直流速与液体在孔眼中的水平流速之比。液体流向孔眼的流速所产生的对暂堵球的拖拽力 F_D 必须大于球的惯性力 F_I，才能使暂堵球坐在孔眼上（图 4.5）。

2）当暂堵球已坐在孔眼上时，使暂堵球保持在孔眼上的附着力 F_H 应大于由于流动而使暂堵球脱落的力 F_u，暂堵球才能继续堵住孔眼（图 4.6）。

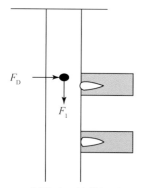
图 4.5　暂堵球坐堵前的受力状态

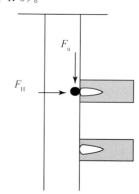
图 4.6　暂堵球坐堵后的受力状态

暂堵球在管中垂直向下的流速 u_f 是液体在管中的流速 u_i 与暂堵球在液体中的沉降速度 u_a 之和，即

$$u_f = u_i + u_a \tag{4.10}$$

在直径为 d_c 的套管中，液体的流速（m/s）为

$$u_i = 2.12 \times 10^{-2} Q/d_c^2 \tag{4.11}$$

式中，Q 为排量，m^3/min；d_c 为套管内径，m。

在紊流状态下，暂堵球在套管中的沉降速度为

$$u_a = \left(\frac{1}{1+D/d}\right) \times 3.615 \left[\frac{(\rho_B - \rho) \times D}{\rho f_d}\right]^{1/2} \tag{4.12}$$

式中，D 为暂堵球直径，m；d 为等值直径，$d = d_c - D$；ρ_B、ρ 为暂堵球及液体的密度，kg/m^3；f_d 为阻力系数。

从而，暂堵球在套管中的惯性力为

$$F_1 = 0.2618 \times \left(\frac{\rho_B D^3}{d_c}\right) \times \left\{2.12 \times 10^{-2} Q/d_c^2 + \left(\frac{1}{1+D/d}\right) \times 3.615 \left[\frac{(\rho_B - \rho) \times D}{\rho f_d}\right]^{1/2}\right\}^2 \tag{4.13}$$

液体对暂堵球的拖拽力为

$$F_D = 4.41 \times 10^{-5} \left(\frac{f_d \rho D^2 Q^2}{n^2 D_p^4 C_d^2}\right) \tag{4.14}$$

式中，f_d 为阻力系数；C_d 为阻力系数；D_p 为孔眼直径，m；n 为射孔总数。

由于液体的流动使暂堵球脱离的力为

$$F_u = 3.927 \times 10^{-1} (f_u \rho u_f^2 D^2) \tag{4.15}$$

式中，F_u 为液体流动使球脱离的力，kN；u_f 为暂堵球在管中垂直向下的速度，m/s；f_u 为阻力系数。

压裂液对暂堵球的附着力为

$$F_H = 1.76 \times 10^{-4} \frac{\rho D_p^3}{(D^2 - D_p^2)^{1/2}} \left(\frac{1.06 Q^2}{n^2 D_p^4 C_d^2} - \frac{Q^2}{d_c^4}\right) \tag{4.16}$$

式中，F_H 为压裂液对暂堵球的附着力，kN。

由上面的分析可知，为使球坐在孔眼上，并不脱离，应满足的条件是

$$\begin{cases} F_D \geqslant F_1 \\ F_u \leqslant F_H \end{cases} \tag{4.17}$$

以新都气田遂宁组气藏现场应用的投球分层压裂时的部分参数，计算不同射孔孔数下的维持暂堵球在孔眼上不脱落的最小排量，详细介绍如下。

暂堵球和压裂液密度分别为 $1120kg/m^3$ 及 $1020kg/m^3$；套管内径（取 $\Phi137.7mm$）、暂堵球及孔眼直径分别为 0.127m，0.022m，0.0095m；阻力系数 f_d 取 0.2，f_u 取 0.47，C_d 取 0.82，表 4.7 是其参数列表。

表 4.7　投球分层压裂的部分参数

参数	数值
压裂液密度 ρ/(kg/m³)	1020
暂堵球密度 ρ_B/(kg/m³)	1120（取平均值）
套管内径 d_c/m	0.127
暂堵球直径 D/m	0.022
孔眼直径 D_p/m	0.0095
阻力系数 f_d	0.3
阻力系数 f_u	0.47
阻力系数 C_d	0.82

将以上参数分别带入到式（4.13）~式（4.16）中，得

$$F_1 = 0.02458 \times (1.3144Q + 0.62)^2 \tag{4.18}$$

$$F_D = \frac{795Q^2}{n^2} \tag{4.19}$$

$$F_u = 0.09112 \times (1.3144Q + 0.63)^2 \tag{4.20}$$

$$F_H = 1501.34 \times \frac{Q^2}{n^2} - 0.0298 \times Q^2 \tag{4.21}$$

由 $F_D \geqslant F_1$ 可知，暂堵球能坐在孔眼上的条件是

$$F_D = \frac{795Q^2}{n^2} \geqslant F_1 = 0.02458 \times (1.3144Q + 0.62)^2 \tag{4.22}$$

即

$$Q \geqslant \frac{0.63n}{137 - n} \tag{4.23}$$

式（4.23）为暂堵球能坐在孔眼上的排量条件。

由 $F_u \leqslant F_H$ 可知

$$F_H = 1501.34 \times \frac{Q^2}{n^2} - 0.0298 \times Q^2 \geqslant F_u = 0.09112 \times (1.3144Q + 0.62)^2 \tag{4.24}$$

即

$$Q \geqslant \frac{0.62}{\sqrt{\frac{16476}{n^2} - 0.327} - 1.3144} \tag{4.25}$$

式（4.25）为暂堵球能保持在孔眼上的排量条件。

表 4.8　不同射孔孔眼数下的排量控制

射孔长度 /m	射孔数 /孔	暂堵球坐住的最小排量 /(m³/min)	暂堵球保持住的最小排量 /(m³/min)	综合排量控制 /(m³/min)
1	16	0.08	0.09	≥0.09
2	32	0.19	0.24	≥0.24
3	48	0.34	0.48	≥0.48
4	64	0.55	1.03	≥1.03
5	80	0.88	3.41	≥3.41

表4.8是不同射孔孔数下维持暂堵球在孔眼上不脱落的最小排量计算结果，从该结果中可以看出：

1）使暂堵球保持在孔眼上的最小排量大于使暂堵球坐在孔眼上的最小排量，由此可见，让暂堵球坐在孔眼上比让暂堵球保持在孔眼上要容易一些。

2）在射孔数小于80时，较低的排量就可以让暂堵球坐在孔眼上，并保持住；当射孔数大于80时，对排量的要求相对较高。

3）如果排量小于让暂堵球保持住的最小排量，则暂堵球将会从孔眼上脱落，这也是压裂泵车停车后，暂堵球会落入井底的原因所在。

4）投球分隔的储层相距较小，需要采用小排量控制裂缝高度时，如果射孔数较多，则应考虑在小排量下暂堵球是否能保持在孔眼上。

（三）机械分隔分层压裂

尽管限流分层压裂工艺和投球分层压裂工艺简单实用，但存在一些不确定因素，或对储层的适应条件要求较高，限制了工艺的普遍推广应用。因此，针对性强、适应性更广的机械分隔分层压裂工艺在现场逐渐获得广泛推广应用。

1. 两层分层压裂

（1）FCY211单封隔器两层分压工艺

1）管柱结构与原理。FCY211封隔器两层分压工艺管柱结构（自下而上）：油管＋FCY211封隔器＋水力锚＋油管＋循环滑套＋油管至井口，示意图参见图4.7。分层压裂原理：FCY211封隔器与油管的组合管柱下入井内，利用油管注入施工下层，环空注入施工上层。

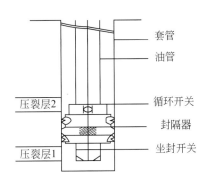

图4.7　FCY211封隔器两层分压管柱示意图

2）适用范围。FCY211封隔器是靠管柱自重加压坐封，在斜井中由于管串压重发生弹性弯曲变形，井斜段的管串与套管壁摩擦增大，使一部分压重作用在套管壁上，从而造成井下坐封压重不够，导致坐封可能不严，在正式压裂过程中易发生窜漏。因此，FCY211封隔器两层分压适用直井，斜井中应用风险较大。

3）施工步骤：

①射孔后，起出射孔管串，下入本压裂管串，装好井口装置；

②通过油管自重或加压使工具完成坐封；

　　③油管内注入对下层进行加砂压裂，同时环空施加一定平衡压力以保护井内管串安全；

　　④下层压裂施工结束后，从环空内注入压裂上层，油管根据情况调整平衡压力；

　　⑤上、下层压裂施工结束后，打开油、套压控制放喷，同时观察油、套压下降情况，从而达到分层排液和分层测试、开采的目的；

　　⑥若需两层混合排液或合采，则投球蹩压打开循环滑套，从而实现两层混合测试及两层合采。

　　(2) Y241单封隔器两层分压工艺

　　1) 管柱结构与原理。该管柱结构与FCY211封隔器结构类似，原理与施工步骤也大致相同，只是封隔器坐封方式不一样。FCY211封隔器利用油管自重或加压坐封，而Y241则是利用封隔器内外液压压差坐封，从而在压裂施工前可以进行循环，这就弥补了FCY211封隔器分层压裂工艺压前不能循环的缺点。

　　2) 适用范围。Y241是水力式压差式坐封，是从油管加压，液体推动水力锚牙压缩碟簧径向伸出，锚定管柱，同时液体推动活塞，带动锁套剪断坐封剪钉上行，压缩胶筒，当胶筒变形到一定程度后，活塞继续上行，剪断卡瓦坐封剪钉推动卡瓦沿锥形体上行，卡瓦抓紧套管壁，起到双向锚定作用，同时锁套与锁环咬合锁定，完成封隔器的坐封。因此Y241在斜井中不存在坐封不严的问题，它适用于直井分层压裂，也适用于斜井分层压裂。

　　上面介绍的是单封隔器封隔，油管、套管分别注入达到分层压裂的目的。实际上，在滑套下边的油管上连接一个接球座，打开滑套的同时密封下部油管通道，从而两层分压均可从油管内泵注。其施工步骤变为：施工下层→投球打滑套，同时密封下部油管通道→施工上层→油管一起排液、测试求产。

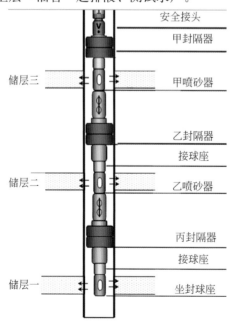

图 4.8　"3封隔器"三层分压管柱结构示意图

安全接头
甲封隔器
甲喷砂器
乙封隔器
接球座
乙喷砂器
丙封隔器
接球座
坐封球座

储层三
储层二
储层一

　　在压裂井两层分压管柱组合的选择上，看该井是否是斜井，如果是斜井，优先选择Y241管柱组合进行分层压裂；如果是直井，则Y241与Y211两者管柱组合均能满足要求，具体采用哪种管柱组合视价格、货源等决定。

　　2. 三层分层压裂

　　(1) 管柱结构与工艺步骤

　　不动管柱"3封隔器"三层分压的压裂井下工具，其结构示意图见图4.8，各工具作用参见表4.9。

　　其中，封隔器甲即最上面的封隔器是保护油层套管，如果油层套管固井水泥返至井口，而且抗内压强度较高，则可去掉封隔器甲，只需要两个封隔器即可完成三层分层压裂施工作业。

表 4.9 工具名称与作用列表

工具名称	作用
安全接头	更换管柱及管柱丢手
水力锚	固定管柱，防止管柱移动
Y241 封隔器	封隔油套环形空间及上下层，并进行反循环洗井
喷砂滑套及接球座	连通需改造的气层段，并封隔油管改造过的下气层段
坐封球座	实现封隔器的坐封

三层分压作用原理及施工主要步骤如下：

1）一次性全部射开三个分压改造目的层。

2）下分层压裂施工管柱（图 4.8）。

3）投坐封钢球入坐封球座，油管加压至设定压力一次性坐封全部封隔器，继续打压至设定压力打坐封球座，确保储层一（最下层）施工油管畅通。

4）油管注入按照压裂设计实施对储层一（最下层）的加砂压裂施工；如果出现砂堵，反循环洗井冲砂后（带循环封隔器），继续油管注入施工，直至施工完成。

5）投钢球乙并坐封于乙喷砂滑套芯子，油管加压至设定压力打开喷砂滑套乙，使油管进液通道与储层二（中间层）连通，同时喷砂滑套乙芯子下移到接球座，封堵已压裂的储层一，以油管注入方式进行中产层储层二的加砂压裂，直至按设计完成。

6）投钢球甲并坐封于甲喷砂滑套芯子，油管加压至设定压力左右打开喷砂滑套甲，使油管进液通道与储层三（最上面储层）连通，同时喷砂滑套甲芯子下移到接球座，封堵已压裂的中间产层，从油管注入进行储层三（最上层）的加砂压裂。如套管抗内压强度较高，甲封隔器不下时可从环空监测压力，直至按设计完成施工。

7）油管开井排液，实施混层排液、合层采气。

三层一次性不动管柱分层压裂管柱结果由于井内工具较多，节流地方也较多，技术核心是管柱通径要求在满足加砂压裂施工时最低排量的需要，同时还能确保投球后能有效封堵已压层，这对各喷砂滑套、球、接球座各内径尺寸大小与级差要求非常严格。

（2）施工组织

三层多层压裂具有施工层位多、施工规模大、一次性施工时间相对较长的特点，通过多层压裂现场施工质量控制、有效的实时监测技术以及压后返排管理的完善，形成以下确保多层压裂施工的连续性和有效性的措施，确保了多层压裂的成功推广应用。

1）压裂设计中严格设定各项施工参数，根据各层施工时间、投球时间进行破胶剂加量的优化。

2）施工前压裂液一次性配置完成、严格检测液体相关性能指标，支撑剂一次吊装到位，施工过程及时取现场施工大样，检测液体交联性能。

3）施工前现场各相关单位密切配合、相互协调，保证施工过程设备的良好、连续工作。

4）井口安装投球三通，施工完成后开旋塞阀使钢球直接落入井内，缩短了以往通过在井口清蜡闸门上拆卸管线—投球—连接管线投球过程的时间。

5）严格计算钢球到位的时间，严格按照喷砂滑套开启的操作规程进行操作，确保工具的有效、一次性正常工作，工具服务单位现场待命。

6）压裂施工过程中现场技术人员认真加强实时监测技术，观察施工各个参数、提早发现潜在的问题并及时处理，保证施工过程不出现意外。

7）现场严格按照设计进行破胶剂的加量，确保液体按照设计时间进行破胶。

8）施工完成后及时开井排液，根据出砂情况和裂缝闭合情况进行排液，保证入地液体及时排出。

通过以上多层压裂的现场组织管理，确保了多层压裂的连续、有效施工，保证了入地液体在地层停留时间的最小化，降低了储层伤害，保证了多层压裂的成功实施。

3. 工具多层分层压裂配套技术

（1）低密度钢球开滑套技术

封隔器分层多层压裂喷砂滑套的打开主要依靠不同直径的低密度钢球，低密度钢球坐落且密封在滑套芯子，上部加压力剪断滑套芯子销钉，推动滑套下移，密封下部产层，施工完成后管柱内的低密度钢球留在油管内。根据多层压裂分层数目及管柱结构组合，管柱内低密度钢球的个数不同，通常三层压裂油管内的低密度钢球数目为两个（不含坐封封隔器的低密度钢球，低密度钢球在封隔器坐封好后被憋掉，落入井内人工井底）。对于地层压力较高的井，在压裂施工完成后开井排液过程中依靠液体的返排速度，部分低密度钢球能够被带出油管。而对于地层压力较低的井，低密度钢球密度较大，在液体返排过程以及后期输气过程很难将其带出油管。相反若储层产量较低、压力低，就很难将下部产层的低密度钢球顶开（若井口压力控制过高），导致下部层的天然气不能采出，不能达到多层压裂的目的。

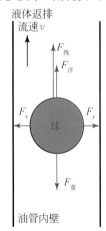

图 4.9　低密度钢球在油管内受力情况

因此如何依靠压裂排液初期的地层能量将油管内低密度钢球带出成为多层压裂必须解决的配套技术，解决该问题的思路就是降低低密度钢球的密度，下面对低密度钢球配套技术进行介绍。

1）低密度钢球返排速度要求。低密度钢球在油管内的受力情况见图 4.9，球在水平方向受到球对油管壁碰撞时的力 F_x 和 F_y，球自己向下的重力 $F_{重}$，球在液体中受到的向上的浮力 $F_{浮}$ 以及液体返排流速 v 对球产生向上的拖曳力 $F_{拽}$，球受到的力为

$$F = F_x + F_y + F_{重} + F_{浮} + F_{拽} \quad （向量和） \quad (4.26)$$

低密度钢球在水平方向受到球对油管壁碰撞时的力 F_x 和 F_y 相反，相互抵消，即

$$F_x + F_y = 0 \quad (4.27)$$

低密度钢球的重力：

$$F_{重} = mg = \rho_{球} V_{球} g \quad (4.28)$$

低密度钢球的浮力：

$$F_{浮} = \rho_{液} g V_{球} \quad (4.29)$$

对低密度钢球的推拽力：

$$F_{拖} = 6\pi\mu\upsilon\frac{D}{2} \tag{4.30}$$

低密度钢球的体积：

$$V_{球} = \frac{4}{3}\pi\left(\frac{D}{2}\right)^3 \tag{4.31}$$

液体返排流速：

$$\upsilon = \frac{Q/60}{\frac{\pi}{4}d^2} \tag{4.32}$$

以上式中，$V_{球}$ 为低密度钢球体积，m^3；D 为低密度钢球直径，m；d 为油管直径，m；μ 为返排液黏度，$mPa \cdot s$；υ 为液体返排流速，m/s；$\rho_{液}$ 为压裂返排液密度，kg/m^3；$\rho_{球}$ 为低密度钢球的密度，kg/m^3；Q 为液体返排量，m^3/min。

在压裂液返排过程中能够将低密度钢球带出的条件是低密度钢球受到的力满足条件：

$$F > 0，即 F_{拖} > F_{重} - F_{浮} \tag{4.33}$$

低密度钢球所受到的浮力与井筒内液体密度、低密度钢球体积有关，现实中很难改变，因此要使液体和低密度钢球的合力大于零，唯一能够改变的是低密度钢球的重力和液体对低密度钢球的拖拽力。受到地层压力、天然气产量、返排出砂、安全等因素的影响，返排液的流速不能无限制增大，因此通过降低低密度钢球密度来降低其重量（或采用高强度材料做成的非钢球）是返排过程中利用返排液流速将低密度钢球带出井内的有效方法。

低密度钢球密度为 $2.2 \sim 2.4g/cm^3$ 时在井内受的重力及浮力情况分析见表 4.10，选用常规 $\Phi73mm$ 油管计算出不同返排液流速下对低密度钢球的拖拽力，计算结果见表 4.11，从表中看出，对密度为 $2.2 \sim 2.4g/cm^3$、直径为 38mm 和 45mm 的低密度钢球，当返排液排量大于 $0.9m^3/min$ 时低密度钢球将随返排液一起带出，考虑返排液具有一定的黏度，临界返排流速将更低。若进一步降低低密度钢球密度，低密度钢球返排出来的液体流速将会更低。

表 4.10　低密度钢球在静止液体中受力分析

钢球直径/mm	重量/g	密度/(g/cm³)	重力/N	浮力/N	合力/N
$\Phi44.39$	104	2.25	1.02	0.497	0.522
$\Phi38.1$	69.5	2.40	0.68	0.312	0.369

表 4.11　不同排量下低密度钢球受到冲击力的情况

返排排量/(m³/min)	内径 $\Phi62mm$ 油管中流速/(m/s)	返排流体对低密度钢球冲击力/N	
		$\Phi38.1mm$	$\Phi44.39mm$
2	11.04	0.76	1.14
1	5.52	0.38	0.57
0.9	4.97	0.34	0.52
0.8	4.41	0.30	0.45
0.7	3.86	0.261	0.40

返排排量/(m³/min)	内径 Φ62mm 油管中流速/(m/s)	返排流体对低密度钢球冲击力/N	
		Φ38.1mm	Φ44.39mm
0.6	3.31	0.22	0.34
0.5	2.76	0.19	0.28
0.4	2.20	0.15	0.226
0.3	1.65	0.11	0.17
0.2	1.10	0.07	0.11
0.1	0.55	0.03	0.057

注：计算时没有考虑液体黏度。

2）低密度钢球强度。封隔器多层压裂中低密度钢球主要用于密封喷砂滑套芯子，其在井内受压力较高，降低低密度钢球密度后，不能降低低密度钢球的抗压强度。上述密度的低密度钢球在室内模拟井下喷砂滑套状态下进行抗压强度试验，地面采用液压泵加压至50MPa，稳压15min，压力未降，低密度钢球在试验前后（试验前直径44.39mm，试验后直径44.38mm）的变形程度仅为0.225‰，满足抗压力强度的要求。

3）低密度钢球下落时间分析。低密度钢球在油管内在静止的液体中下落，受到重力、浮力以及液体对低密度钢球的黏滞阻力三个力的作用，这三个力作用在同一直线上，方向如图4.10所示，分别表示如下：

重力：$mg = \rho_{球} g V_{球}$ (4.34)

浮力：$f = \rho_{L} g V_{球}$ (4.35)

黏滞阻力：$F = 6\pi\eta rv$ (4.36)

图 4.10 低密度钢球受力分析

在低密度钢球下落开始阶段，重力大于其余两个力的合力，低密度钢球向下作加速运动；随着速度的增加，黏滞阻力也相应地增大，合力相应地减小。当球所受合力为零时，球以速度 v_0 向下做匀速直线运动。但由于低密度钢球在油管内下落时会与油管壁发生碰撞，同时由于井斜等因素，低密度钢球的运动速度往往需要结合现场进行修正。根据现场简化计算公式：

先计算系数 A_r：

$$A_r = \frac{D^3 \rho_{L}(\rho_{球} - \rho_{L})g}{\mu^2}$$ (4.37)

根据系数 A_r 计算雷诺数 Re：

$$Re = \frac{A_r}{18 + 0.6A_r^{0.5}}(\text{使用条件 } Re < 200000)\tag{4.38}$$

雷诺数 Re 的计算公式为

$$Re = \frac{D\rho_L v}{\mu}\tag{4.39}$$

根据雷诺数 Re 的计算公式计算出流速 v。在实际应用时应对速度进行修正。修正后经验公式为

$$v = ABCv_0\tag{4.40}$$

式中，A 为考虑碰撞后的修正系数；B 为考虑井斜的修正系数；C 为考虑油管尺寸的修正系数。

直井中考虑低密度钢球碰撞后的修正系数 A 为 0.6803，考虑斜井因素的修正系数 B 为 0.647，考虑油管尺寸的修正系数 C 为 $d/62$，根据油管深度可以计算出低密度钢球在油管内的下落时间。低密度钢球在 1000m 井中下沉速度与常规钢球下沉速度计算参考结果见表 4.12。

表 4.12　低密度钢球与常规钢球下沉速度对比

类型	外径/mm	密度/(g/cm³)	Φ73mm 油管中 1000m 自由下落时间/min	
			直井	斜井
常规钢球	44.39	7.8	8.73	13.43
	38.0	7.8	9.46	14.55
低密度钢球	44.39	2.4	19.57	30.13
	38.0	2.2	23.05	35.50

注：油管外径 73mm，液体黏度 25mPa·s。

从表 4.12 中可以看出，使用低密度钢球后下沉速度大大降低。为缩短投球时间，减少液体在地层的停留，可以在投球后等待一定的时间，待裂缝闭合后，采用泵在低排量下用基液送球的方式，通常对送球的排量不作严格要求，但考虑到球到位后压力的迅速上升和裂缝的重新开启，通常现场要求控制排量，以保证送球速度和已压裂层裂缝口的导流能力。

（2）捞球、捕球技术

根据封隔器多层压裂分层数目及管柱结构组合，管柱内球的个数不同，通常三层压裂油管内的球数目为两个。压裂施工结束后如何实现井内油管内的除障和管柱的全通径是提高多层压裂井措施效果必须解决的配套关键技术，同时也是为后期评价多层压裂井进行生产动态监测工具顺利入井的必然手段。压裂施工完成后开井排液过程中依靠液体的返排速度将油管内的低密度钢球带出油管，即低密度钢球技术是解决油管除障、实现管柱全通径的有效手段。但是对地层压力较低的井，低密度钢球不仅不能被液体带出，反而会对下层产量造成影响，只能依靠机械的方法将球捞出。

1）捕球装置。压裂施工完成后开井排液过程中依靠液体的返排速度将油管内的低密度钢球带出油管，即低密度钢球技术是解决油管除障、实现管柱全通径的有效手段。从前

面分析可见，低密度钢球或者常规钢球能够被返排液体顺利带出井内，但关键是在地面不影响测试的情况下如何将低密度钢球捕到，以防止低密度钢球掉回井内，捕球装置要不能影响压裂后的测试排液，下面对川西地区多层压裂过程中常用的地面捕球器和井口捕球器两种装置进行介绍。

地面捕球装置。地面捕球装置是安装在地面测试管线上，其位置在井口采油树闸阀后，地面节流控制阀前，同时在放喷排液过程中井口针阀要求全开。该装置内部设置有挡球装置，只允许液体通过，而低密度钢球不能通过，地面捕球装置主要用于捕捉直径较小的低密度钢球（直径能够通过井口的针阀，针阀全开时通径通常为 45mm），通常安装在测试排液流程上，闸阀前。

井口捕球装置。井口捕球装置就是将通过特殊加工的捕球器安装在井口采气树上部，丝扣与上部法兰匹配，在压裂施工结束后拆井口压裂管线与井口连接后将捕球器装上，上部设置有压力表，可以实现在排液期间对井口油管压力的观测。捕球管的位置不影响采气树两个主闸的正常开关，测试完成后关闭主闸，将捕球器拆除。该装置在施工结束后安装，因此不影响压裂施工，安装容易，不影响排液、测试等程序。

2）强磁捞球技术。强磁捞球是针对地层能量低，低密度钢球不能被返出的井而采用的机械捞球技术。强磁捞球技术就是利用低密度钢球能够被强磁吸住的原理，操作过程是利用钢丝绳将带强磁部分的装置下入油管内，当装置下入油管内接触到喷砂滑套上的低密度钢球时，依靠强磁将低密度钢球牢牢吸住，再用钢丝将吸住低密度钢球的装置提出，完成低密度钢球的打捞。为了防止强磁部分在下井过程中吸附到油管壁上，一是在设计时仅在最下部装载强磁，使得装置周围磁力较弱，而最下部截面处磁力最强；二是在强磁部分上部连接有加重杆，使得装置的重量足够克服强磁对油管的吸附力而能够顺利地下行，达到低密度钢球的位置。为使工具在下入过程中不受井斜以及油管内变径的影响，通常对工具进行倒角。

3）捞锚捞球技术。捞锚捞球同样是针对地层能量低，球不能被返出的井而采用的机械捞球技术，用打捞锚进行捞球的技术原理和强磁捞球技术类似，只是将强磁装置换成打捞锚装置。

强磁捞球和捞锚捞球可以在压裂施工完成开井排液过程中进行捞球操作，也可以在后期生产过程中进行捞球操作。由于在排液时井内情况复杂（尤其在排液后），强磁和捞锚捞球装置通常会在下入油管过程中受阻。因此，通常选择在压裂施工刚刚结束排液前进行机械捞球或者在排液测试结束生产一定时间后进行捞球，可以减少工具遇阻的概率。

（3）优化顶替配套技术

水力加砂压裂一般是欠量顶替，其目的是为了防止"包饺子"现象发生，但由于多层压裂下了封隔器，欠量顶替则容易砂埋封隔器，同时影响喷砂滑套的有效打开，影响后期起管柱。

因此，针对类似储层的多层压裂，在施工设计顶替液量参数上将原先的足量顶替设计为微过量顶替。由于裂缝缝口支撑剂浓度较高，且支撑剂在裂缝口的运移不是推进过程，而是铺置过程，结合现场应用情况表明微过量顶替对产量不会造成影响。

另外，压裂施工加砂结束后转入顶替阶段时，通常顶替时采用清水或基液顶替，以便清洗压裂管线。由于清水或基液与冻胶黏度差异较大，加上目前的压裂施工排量一般在 $3.0m^3/min$ 以上，从而很容易形成黏性指进现象。国外对前置液酸压的相关研究表明：当前置液和酸液间黏度比为 50：1 时，同等条件下酸液流速约比前置液的流速快 2.7 倍。

显然，清水顶替时其与冻胶黏度差远远大于 50：1，其黏性指进结果将促使一部分砂未顶进地层，停留在井筒内，尤其是喷砂滑套附近，导致打滑套的球不能有效接触滑套，从而滑套不能打开，或者压后初期出砂严重，砂埋封隔器。因此，需要对顶替液进行优化设计，控制的办法是顶替一段冻胶，接着再进行基液（或清液体）注入，顶替液量需计算精确。

（4）工具入井质量控制技术

1）通井、刮管。结合入井工具组合长度，通井规规格长度为 1.5m，应严格采用规定长度通井规进行通井。

2）要求采用性能较好的压井泥浆压井，且在工具入井前充分循环泥浆，保证在工具入井过程及替喷过程中泥浆的不沉淀。

3）压裂管柱在下放过程中，注意下放速度不得大于 25 根/h，在造斜点和斜井段下放速度不得大于 20 根/h，以免封隔器胶皮筒损坏。

4）严格反替泥浆操作程序。反替泥浆时应严格控制替浆排量（通常要求小于 $1.0m^3/min$）和泵压，并且要求泥浆替换干净，以防止泥浆颗粒在喷砂滑套、封隔器胶皮筒等地方沉积，防止含砂泥浆刺坏封隔器胶筒而影响封隔器坐封效果。

5）在压裂施工前首先进行反循环洗井，洗净井筒至连续返出干净液体为止，以保证井筒的干净。

至于四层分压工艺，其管柱结构与三层分压基本相似，只是多一个封隔器，多一个滑套，施工步骤也大致相同，只是开各级滑套的球与各级滑套的尺寸需精心设计。

（四）组合法多层分层压裂

1. "封隔器＋封堵球" 多层分压工艺

在成熟的两层工具分层压裂工艺技术基础上，结合投球选层压裂工艺技术，创造性地实现了"工具分层＋投球选压"不动管柱一次性完成三层分层压裂。

（1）管柱结构与原理

投球选压是一项比较成熟的技术，通过对其改进并将其与成熟的工具分层压裂有机结合，创造性地应用在三层分层压裂上面。"工具分层＋投球选压"三层分压管柱结构与两层分压管柱完全一样，不同之处是根据储层具体特征确定是油管压两层或是环空压两层，而压两层时则需要投球来控制分层压裂。

（2）适用范围

三层分层压裂除了需要满足前面提及的两层分压原则外，还应满足投球压裂的选层原则。而投球选压适用于层间距中等、地层层间破裂压力差值较大、层厚较大的气层压裂，如果各层加砂规模相近则更佳。

（3）技术关键

1）射孔方式。首先投球选压的两层的射孔孔径要与尼龙球球径相适应，要求施工时既能堵住射孔孔径，又在压后开井排液时能离开孔眼。其次两层间射孔孔眼的差值不宜过大，射孔段长度一致为最佳，这样能保证实际压开各井段的次序与预计压开井段的次序有别时，投球数不变，也能良好地堵住已完成压裂施工的井段，从而保证施工的顺利完成。

2）射孔孔眼数必须准确，有条件时要求射孔后必须提出射孔管柱并检查射孔发射率。

3）排量控制。根据川西现场应用投球分层压裂时的部分参数，计算出了不同射孔孔数下维持封堵球在孔眼上不脱落的最小排量，由计算结果可知：①在射孔数量小于 64 时，较低的排量就可以让封堵球坐在孔眼上并保持住；当射孔数大于 80 时，对排量的要求相对较高；②如果排量小于让封堵球保持住的最小排量，则封堵球将会从孔眼上脱落，这也是压裂泵车停车后，封堵球会落入井底的原因所在，因而投球选层压裂施工中不能停泵。

（4）现场试验

"工具分层＋投球选压"不动管柱一次性三层分层压裂工艺在新都遂宁组已进行了 2 口井的应用实践，施工成功率 100％。

图 4.11 是 DS17 井油管注入投球选层压裂 2 层的施工曲线图，图 4.12 是该井环空注入压裂第 3 层的施工曲线图。该井压后在油压 10.8MPa，套压 11.9MPa 下获得了 $1.4 \times 10^4 \mathrm{m}^3/\mathrm{d}$ 的测试产量。

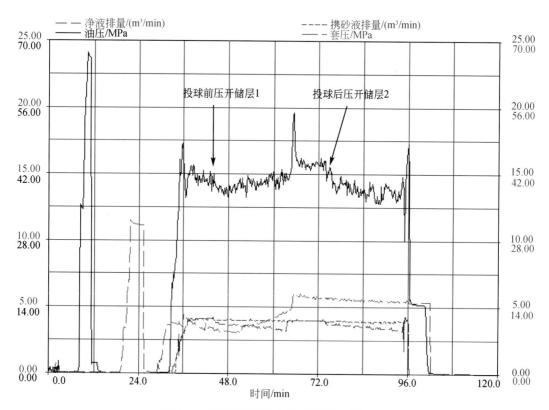

图 4.11　DS17 油管注入投球选层压裂第 2 层

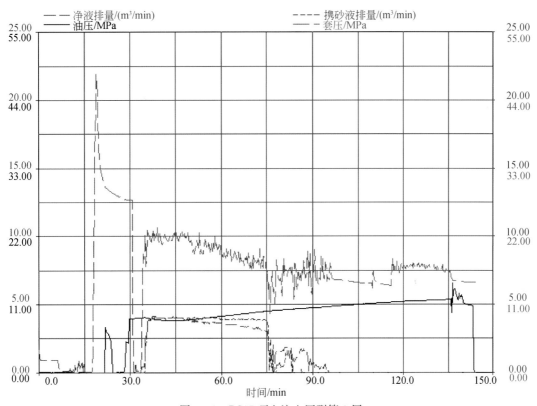

图 4.12　DS17 环空注入压裂第 3 层

2."多层段组合式"多层分压工艺

（1）工艺原理

多层段组合式多层压裂作用原理是利用多层系气藏储层纵向层间距和应力差值不同的特点，首先把层间距较近且层间应力差值较小的薄互层划分为多个组合层段，每个组合层段的压裂是利用水力压裂在纵向上裂缝高度的自然延伸达到兼顾改造每个薄互层的目的；然后再把层间距较大且层间应力差值较大的多个组合层利用工具分层实施多层压裂，从而达到一次性改造所有目标含气层段。

（2）适合对象

1）具有多层系、多产层的气藏。

2）组合层内各小砂层间应力差值一般小于 1MPa，且砂层间距一般小于 10m。

3）组合层间应力差值一般大于 2.0MPa，且组合层间距一般大于 5m。

（3）现场试验

LS35D-1 井多层压裂施工曲线如图 4.13 所示。根据该井储层特征，采用多层段组合式对该井的 5 个小层从地应力角度把储层分为 2 个大的组合，通过射孔优化和相关的配套工艺措施，在 100min 内完成了 5 个层位 40m³ 陶粒的加砂作业，获得了非常显著的增产改造效果，无阻流量达到 12×10⁴m³/d，取得了邻井最好的压裂效果。

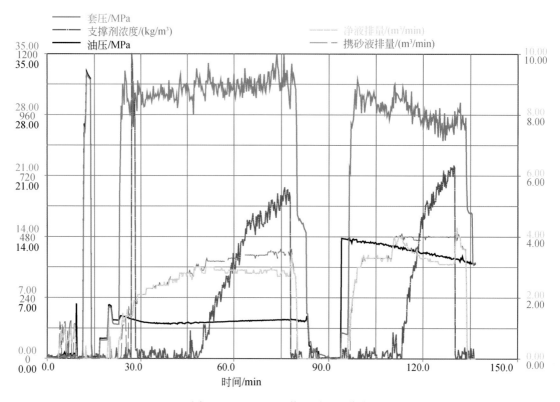

图 4.13　LS35D-1 井压裂施工曲线

三、应 用 效 果

（一）典型井效果评价

多层压裂效果评价主要是评价各个储层是否有效压开和获得的增产效果。下面以 MP42-3 井三层压裂情况及效果与同井组物性相当的邻井情况及效果进行对比，来评价多层压裂的有效性。MP42-3 井同一井组的邻井有 MP42 井、MP42-1 井和 MP42-2 井，MP42-3 井进行三层分层压裂，其他 3 口邻井进行单层压裂。

1. 储层物性条件分析

MP42-3 井及 3 口邻井的储层物性主要参数见表 4.13。从表中看出 4 口井除 MP42-3 井 1524.0～1529.0m 储层厚度较薄、声波时差较小、孔隙度和渗透率较差外，其余各个层位的物性条件相差不大，即各个储层条件基本相当。

2. 施工参数分析

MP42-3 井及 3 口邻井的现场施工主要参数见表 4.14。从表中看出 4 口井中 MP42-1 井两层进行合压压裂、MP42-3 井 3 个小层进行分层压裂，MP42 井和 MP42-2 井分别进行单层压裂，施工规模、排量、砂比等主要施工参数为适合马井构造的优化设计参数。

表 4.13　MP42-3 井组储层参数情况

井号	层位	测井垂深/m	垂厚/m	AC/(μs/ft[①])	ϕ/%	$K/10^{-3}\mu m^2$	综合解释结果
MP42	Jp_2^3	1549.2～1556.0	6.8	76	11	0.15	气层
MP42-1	Jp_2^2	1541.6～1553.1	11.5	62～85	10	0.10	气层
	Jp_2^3	1556.9～1563.6	6.7	70～93	13	0.1～0.45	气层
MP42-2	Jp_2^2	1480.4～1489.6	9.2	83.1	14	0.23	气层
MP42-3	Jp_2^2	1483.5～1499.3	15.8	81	12	0.13	气层
	Jp_2^3	1524.0～1529.0	5.0	71	9	0.08	含气层
	Jp_2^2	1540.3～1551.6	11.3	78	12	0.1	气层

① 1ft=0.3048m。

通过 MP42-3 井压裂施工参数与邻井的对比分析，认为 MP42-3 井多层压裂对每个储层进行了有效的压裂。

表 4.14　MP42-3 井组压裂施工参数

井号	层位	垂深/m	垂厚/m	规模/m³	平均砂比/%	排量/(m³/min)	压裂方式
MP42	Jp_2^3	1549.2～1556.0	6.8	15	20.50	3.00	单层
MP42-1	Jp_2^3	1541.6～1553.1	11.5	35	21.01	3.65	合压
	Jp_2^3	1556.9～1563.6	6.7				
MP42-2	Jp_2^2	1480.4～1489.6	9.2	23	22.00	3.50	单层
MP42-3	Jp_2^2	1524.0～1529.0	5.0	35	23.65	4.50	三层分压
	Jp_2^3	1540.3～1551.6	11.3	15	22.56	4.0	
	Jp_2^3	1549.2～1556.0	6.8	25	22.98	3.1～4.1	

注：压裂液为同一配方体系，支撑剂为相同规格、性能、厂家的支撑剂。

（二）效果对比分析

MP42 井组的压裂施工增产效果见表 4.15。

表 4.15　MP42-3 井组压裂效果

井号	层位	垂深/m	垂厚/m	规模/m³	无阻流量/($10^4 m^3$/d)	压裂方式
MP42	Jp_2^3	1549.2～1556.0	6.8	15	6.6509	单层
MP42-1	Jp_2^3	1541.6～1553.1	11.5	35	2.8566	合压
	Jp_2^3	1556.9～1563.6	6.7			
MP42-2	Jp_2^2	1480.4～1489.6	9.2	23	6.4260	单层
MP42-3	Jp_2^2	1524.0～1529.0	5.0	35	14.8000	三层分压
	Jp_2^3	1540.3～1551.6	11.3	15		
	Jp_2^3	1549.2～1556.0	6.8	25		

从表 4.15 中看出，实施单层压裂的 MP42 井和 MP42-2 井压裂后获得天然气绝对无阻流量分别为 $6.6509 \times 10^4 m^3/d$ 和 $6.4260 \times 10^4 m^3/d$，MP42-1 井两个小层实施合压压裂后获得天然气绝对无阻流量仅为 $2.8566 \times 10^4 m^3/d$，3 口邻井的平均无阻流量为 $5.3111 \times 10^4 m^3/d$。而实施三层分压压裂的 MP42-3 井获得天然气绝对无阻流量为 $14.8000 \times 10^4 m^3/d$，是邻井 MP42 井、MP42-1 井、MP42-2 井平均无阻流量的 2.79 倍。因此，通过 MP42-3 井分层压裂获得的增产效果与邻井的对比分析，认为 MP42-3 井多层压裂实现了对每个储层的针对性压裂。

总之，通过 MP42-3 井与邻井 MP42 井、MP42-1 井和 MP42-2 井的储层条件、压裂施工参数、施工净压力拟合等参数进行对比分析认为，在储层条件相当的情况下 MP42-3 井通过不动管柱实施三层分层压裂获得的增产效果是 3 口邻井单层压裂后天然气绝对无阻流量的 2.79 倍，充分说明工具分层多层压裂对每个储层实施了有效压裂，同时多层压裂有效地提高了单井产能。

（三）整体效果评价

通过对多种多层分层压裂方法的现场试验，目前川西气田中浅层针对多层系气藏地质特征，形成了以多"封隔器"分层压裂为主的分压方法，取得了较好的增产效果。截至 2011 年 7 月，川西气田共实施多层分层压裂 206 井次（表 4.16），施工成功率 100%，平均天然气绝对无阻流量 $8.9 \times 10^4 m^3/d$，三层及以上施工 40 余井次，平均天然气绝对无阻流量 $13.01 \times 10^4 m^3/d$，是同区单层井的 2~3 倍。

表 4.16　川西气田中浅层多层压裂施工统计

气层	年份	2007 年		2008 年		2009 年		2010 年		2011 年	
	层数	两层	三层及以上	两层	三层及以上	两层	三层及以上	两层	三层	两层	三层
沙溪庙	压裂井/口	7	2	45	3	24	3	25	4	12	1
	平均单井天然气绝对无阻流量/$10^4 m^3$	8.8463	29.15	8.75	19.8	6.4	8.24	3.8	5.3	1.32	/
蓬莱镇	压裂井/口	5	4	9	6	17	6	10	6	16	1
	平均单井天然气绝对无阻流量/$10^4 m^3$	11.4460	10.6475	1.09	4.05	3.92	6.7	3.16	4.4	1.29	2.6219

（四）工艺措施评价

1. 多层分层压裂有效提高了单井产量

目前，多层分层压裂工艺已成为川西气田中浅层气藏提高单井产能的重要措施在各气田推广应用（表 4.17）。

表 4.17　川西气田中浅层气藏多层分层压裂单井施工效果统计

气田	平均单井产量/($10^4\text{m}^3/\text{d}$)				
	单层压裂	两层分压	三层分压	四层分压	各层井数量
马井气田	1.1491	11.4460	10.6475	/	4～5～4～0
洛带气田	4.3134	7.4590	0.0098	6.4937	2～4～1～1
新场气田	3.8858	8.8463	29.1500	/	4～7～2～0
新都气田	9.7600	3.4193	/	/	1～1～0～0
合兴场气田	/	2.6640	/	/	0～1～0～0
平均值	3.5024	8.6150	14.4142	6.4937	11～18～7～1

注：不含勘探、评价井。

2. 多层分层压裂提高了气藏开发的经济性

（1）有效地降低了对储层的伤害

不动管柱一次进行多层压裂的工艺技术与采用常规逐层（单层）改造评价方式相比，该工艺技术对多个储层进行一次性压裂、压裂后直接排液投产，减少了单层压裂时的压井作业次数，降低了压井对储层的伤害，尤其是川西致密砂岩气藏，这样有利于储层产能的发挥。

（2）提高了气井开采的经济性

通常对于一口井来说，主要的开发目的层（即主力产层）只有一个，但是钻井过程常会钻遇物性较差的储层，压裂后获得较低的产能，不具备经济开发效益。通过多层压裂技术，可以实现一次性多主力产层和非主力产层同时进行压裂，利用主力产层的作用，携带非主力产层天然气的有效开发，不仅提高了单井产能，而且提高了低产气井开采的经济性。

（3）可降低井下作业施工费用

不动管柱一次进行多层压裂的工艺技术与采用常规逐层（单层）压裂评价方式相比，该工艺只下一趟管柱，实现一次压裂两层、三层、四层或更多层。单井逐层作业以及多层压裂井下作业流程工序的正常次数见表 4.18。

表 4.18　多层压裂及单层压裂的井下作业工序情况

作业项目	单井逐层作业井下工序次数			
	一次多层压裂	两层	三层	四层
射孔次数	1	2	3	4
压井次数	1	4	7	10
起下管柱	3	9	15	21
桥塞作业	0	2	4	6
设备动迁	1	2	3	4
测试作业	1	2	3	4
作业周期	20	40	60	80

从表 4.18 中可以看出，仅两层分层压裂较单层压裂就可减少射孔次数 1 次、压井次数 3 次、起下管柱次数 6 次、桥塞作业 2 次、作业周期 20 天、压裂等施工设备动迁 1 次，降低了气井作业成本。

第三节　斜井压裂技术

为加快气田的勘探开发速度、节约土地、降低投资、减少风险，川西气田部署的丛式井组越来越多，难动用储量定向斜井在开发井中所占比例较大（表 4.19）。采用这种定向斜井方式布井能够有效地解决地下井位与地面建筑物、地形地貌之间的矛盾，具有不受地面障碍限制、减少施工征地、方便日常管理等优点，并可使控制储层得到经济而系统的开发。

表 4.19　川西气田主力气藏开发井中斜井开发情况

气藏	洛带遂宁组	新场蓬莱镇组	新场沙溪庙组	马井蓬莱镇组
斜井占有比例/%	75.90	65.90	73.50	67.80
直井压后平均产量/(10^4m^3/d)	3.69	2.69	5.85	6.05
斜井压后平均产量/(10^4m^3/d)	2.14	0.78	4.20	2.95
斜井压后平均产量/直井压后平均产量	0.58	0.29	0.72	0.49

一、斜井压裂的特点

起初认为斜井压裂过程中裂缝的起裂和扩展规律与垂直井相同，但从前期施工斜井压裂曲线和施工数据统计发现，斜井压裂施工表现出与直井不一样的特点：施工压力比直井压裂时的施工压力高甚至不能压开、近井摩阻大、压后效果差等。这些特点表明斜井的井筒裂缝起裂机理及扩张与垂直井有显著差别，因此研究斜井的裂缝起裂机理和延伸规律对斜井压裂优化设计有着十分重要的现实意义，为成功实施斜井的压裂提供了理论基础，对斜井压裂的优化设计提供了理论依据。

1. 裂缝空间转向及影响

根据斜井井筒周围应力场分布及裂缝起裂位置和起裂角，斜井压裂时，由于井斜角和射孔相位的影响，裂缝起裂方向与最大主应力方向不一致，而裂缝延伸趋于最大主应力方向，这样就造成裂缝在近井地带发生水力裂缝的空间转向。有关模型计算和物理实验结果表明：斜井井筒附近确实存在水力裂缝的空间转向现象，裂缝转向在井筒起裂点处已经开始，一般在离开井壁约井筒直径 1 倍左右处转向开始明显，在离开井壁约井筒直径 3 倍处转到与最小主应力基本相垂直的方向（图 4.14）。

斜井压裂容易发生水力裂缝的空间转向，一是因为射孔相位影响，射孔相位角不在裂缝起裂的最佳平面内，裂缝发生弯曲后转向（图 4.15）；二是因为井斜的影响，裂缝在近井地带应力的作用下扭转，最终向着最大主应力方向延伸（图 4.16）。斜井一般都存在裂缝的空间转向，因此斜井压裂易产生弯曲裂缝。

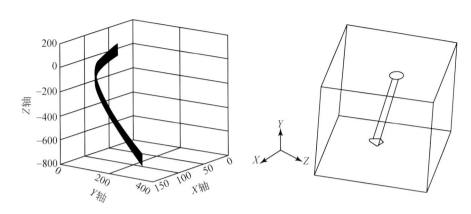

图 4.14　裂缝转向示意图

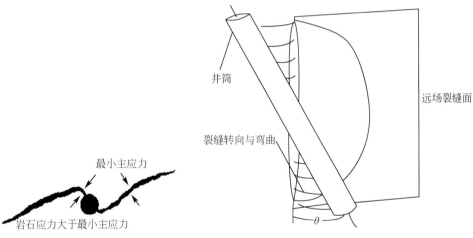

图 4.15　弯曲裂缝示意图　　　　　图 4.16　斜井压裂裂缝扭曲转向示意图

由于裂缝转向而发生近井弯曲的影响，裂缝宽度变窄，近井摩阻增加，施工泵压增加及施工压力异常，表现出斜井压裂施工难度较直井大：一方面由于施工压力高不能顺利完成加砂压裂作业；另一方面携砂液在经过近井地带时由于裂缝弯曲造成了额外的流动阻力，容易发生支撑剂从裂缝中析出，造成近井脱砂，发生砂堵，这种危险随砂浓度的增加而迅速增大。

受裂缝弯曲影响，压裂裂缝与井筒沟通有限，压裂施工还会影响压裂增产效果。

2. 多裂缝的形成及影响

（1）斜井多裂缝形成

由于射孔对岩石局部的冲击破坏，再加上射孔孔眼未位于最佳裂缝平面内，于是裂缝一般就在这些孔眼处起裂，这样很容易形成如图 4.17 所示的雁型裂缝，每个裂缝内都有压裂液支撑。它们会随着压裂的进行而各自不断地延伸，受地应力及裂缝本身的影响，这些裂缝的延伸、连接情况较为复杂（图 4.18），如果裂缝相距较大，那么裂缝之间的相互影响会很小，众多小裂缝就会各自延伸而难以连接成一个大裂缝，反映在压裂时会要求较高的泵压，增加施工难度；如果裂缝之间的间距过小，两相邻的裂缝势必相互干扰、连接形成大裂缝，这对压裂施工是十分有利的，多裂缝的延伸和连接对压裂的成功与否致关重要。

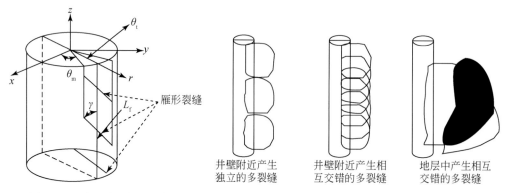

图 4.17　雁型裂缝产生示意图　　　　图 4.18　斜井压裂多裂缝示意图

斜井多裂缝的形成一方面是压裂初始裂缝从每个射孔处起裂，形成一个微裂缝，然后均会发生不同程度的转向，各自延伸而形成多裂缝；另一方面是由于斜井井斜的影响，井筒方向与裂缝面不一致而形成多裂缝。斜井只有井筒方向与裂缝面一致时（即井筒方向与地层最大主应力方向一致），各起裂点会在压裂过程中沟通合并形成单一的裂缝（图 4.19），但通常斜井井筒与地层最大主应力方向不一致，因此斜井压裂在近井筒处形成多裂缝是普遍存在的。

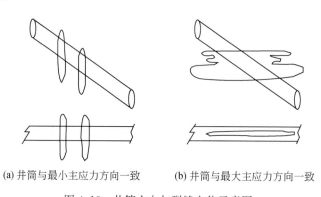

(a) 井筒与最小主应力方向一致　　　(b) 井筒与最大主应力方向一致

图 4.19　井筒方向与裂缝方位示意图

（2）多裂缝对压裂缝影响

斜井压裂时由于多裂缝的影响，注入的液体因多裂缝的存在而分流，然而，多裂缝总的宽度却比单一裂缝的宽度大，这势必增加了液体的滤失，降低了液体效率，使得裂缝缝宽变窄，裂缝长度变短（图 4.20）。

一方面多裂缝的宽度减小，裂缝宽度达不到满足支撑剂进入裂缝的最低要求，使得大颗粒支撑剂无法通过，造成只进液不进砂的情况，形成脱砂，从而增加砂堵的风险，不能按设计完成加砂任务。另一方面裂缝宽度减小后，支撑剂在裂缝中的流动更加困难，为了

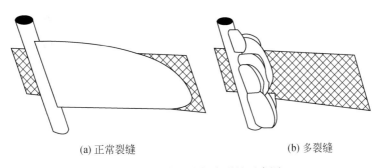

(a) 正常裂缝　　　　　　　　　　　(b) 多裂缝

图 4.20　正常裂缝与多裂缝示意图

确保压裂施工成功，就必须增加压裂液的黏度，这就增加了压裂液对地层的伤害，影响压裂的效果。

多裂缝产生后，液体滤失增加，液体效率降低，裂缝端部脱砂的可能性大大增加。多裂缝出现时，裂缝净压力增加，导致压裂施工压力增加；也可能会使裂缝高度更加难以控制。

3. 射孔对压裂起裂的影响

（1）射孔对裂缝起裂影响机理分析

射孔对裂缝起裂有较大的影响，根据三轴试验模拟井下射孔井压裂的研究表明，剪切应力的存在使得斜井的裂缝起裂和延伸机理变得更为复杂，裂缝会发生转向形成非平面裂缝，如多条裂缝、转向裂缝和 T 型裂缝，这对压裂来说是不利的。目前一般都采用射孔完井方式，从射孔段起裂多条裂缝是可能的。

由于射孔使得井筒周围产生孔边应力集中，即射孔孔眼周围的应力变大。也就是说，靠近孔眼周围井壁处的应力大于井壁处其他地方的应力。用 σ_θ 代替 σ_θ 得到孔眼的最大周向应力的表达式：

$$\sigma = \frac{1}{2} \left[(\sigma_\theta + \sigma_z) + \sqrt{(\sigma_\theta - \sigma_z)^2 + 4\tau_{\theta z}^2} \right] \tag{4.41}$$

考虑不同的射孔方位下即 θ 值不同情况下，射孔孔眼周围的最大周向应力如图 4.21 所示。

由图 4.21 可知，由于孔眼的作用，孔眼周围的应力比未射孔井壁处的应力大幅升高。由图可知射孔方位对孔眼井壁处的应力值有很大的影响，在张应力带射孔（$\theta=0°$），孔眼井壁处的最大周向应力值比在非张应力带射孔（$\theta=30°$、$60°$、$90°$等处）孔眼井壁处的最大周向应力值要大，即容易破裂。因此孔眼方向与垂直于最小主应力平面的夹角为 $0°$ 时，就是最佳孔眼方向，此时垂直于最小主应力的平面称为最佳平面，因而孔眼位于最佳平面时，$180°$ 相位可能是最佳射孔选择。

因此，在弄清井筒应力分布基础上，对于压裂井的射孔完井工艺，应该与水力压裂作业相配套，实施定方位射孔技术，射孔枪沿 $180°$ 相位角布两排孔眼，使射孔弹的发射方位与垂直裂缝方位或最小水平地应力方位正交。但是在定方位射孔技术中射孔枪定向射孔困难较大，由于最小地应力方位不明确，因此射孔孔眼通常难以位于最佳平面。

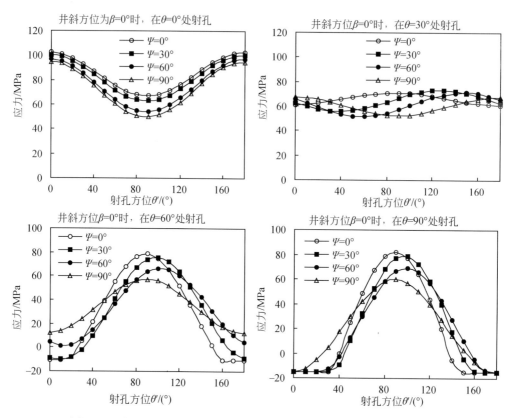

图 4.21　在不同的方位射孔孔眼井壁处的应力变化示意图（Ψ 为井斜角）

（2）射孔对裂缝的影响

射孔相位、孔密以及孔径的选择对于裂缝的起裂、压裂施工压力以及压裂能否成功实施都有直接的影响。根据前面射孔对压裂裂缝起裂影响的分析，在最佳平面（垂直于最小主应力的平面），180°相位角射孔为最佳射孔选择。在最佳射孔相位射孔时，对裂缝起裂非常有利，可减少弯曲裂缝和多裂缝产生的概率，有利降低地面施工压力，且裂缝长度沿最大应力方向。如果孔眼不在最佳平面而与最佳平面有一定夹角时，夹角越大，井底起裂压力越高，裂缝从孔眼处起裂的机会就越小，可能出现如图 4.22 所示的情形。如果裂缝不从孔眼处起裂，就有可能产生多条微裂缝，当微裂缝不能连通起来而形成一条宽而长的高渗裂缝时，将严重影响压裂效果。

(a) 裂缝沿孔眼起裂后重定向　(b) 裂缝面垂直于孔轴　(c) 裂缝经孔眼沿井筒起裂

图 4.22　不同射孔孔眼方向对裂缝起裂的影响示意图

目前，斜井射孔采用直井射孔方式（图 4.23），从图中可以看出，直井采用原有射孔方式（射孔参数：相位角 90°、孔密 16 孔/m），射孔孔道方向始终与储层方向平行。但是如果定向斜井采用这种射孔方式，由于井眼轨迹与储层斜交，射孔孔道方向就不能保证与储层方向平行，直接影响到射孔弹对储层的有效穿深，压裂裂缝有可能穿过储层，不在储层内延伸，最终影响到射孔的完井效率和压裂井产能。因此，原有常规直井射孔参数就不能用于大斜度井射孔，很有必要对大斜度井射孔参数进行进一步优化设计。

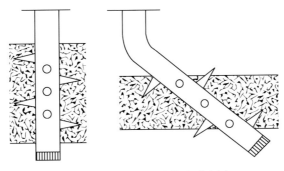

图 4.23　直井、斜井射孔示意图

4. 起裂压力和起裂角

前面我们已经建立了斜井壁处的应力场模型，根据此模型和岩石的张性破裂准则，建立起射孔斜井的起裂压力和起裂角的控制方程。根据弹性力学理论，最大拉伸应力为

$$\sigma_{\max}(\theta') = \frac{1}{2}\left[(\sigma_{\theta'} + \sigma_z) + \sqrt{(\sigma_{\theta'} + \sigma_z)^2 + 4\tau_{\theta z}^2}\right] \tag{4.42}$$

对于某一射孔方位 θ'，对式（4.42）求导，确定出裂缝的起裂方位：

$$\frac{\mathrm{d}\sigma_{\max}(\theta')}{\mathrm{d}\theta'} = 0 \tag{4.43}$$

满足式（4.43）的 θ' 就是在 θ 处射孔井壁发生拉伸破裂时的裂缝方位角。

显然，对于任一给定的射孔方位 θ，总可以确定出在给定射孔方位下的井筒裂缝起裂压力和起裂角。因此，给定某一射孔区间，对所有射孔方位确定相对应的射孔井筒裂缝起裂压力和起裂角，优选出最优起裂压力和起裂角所对应的最优射孔方位 θ。

理论研究计算，通过对裂缝起裂角的计算找到井壁周围最可能产生裂缝的位置，对此位置进行射孔后能使压裂时裂缝最容易产生。从图 4.24 中可以观察到方位角等于 0°时，不论井斜角等于多少，裂缝起裂角都等于 0°。在井斜角等于 0°时，方位角等于某值，所得到的裂缝起裂角数值和方位角大小一致，通过计算裂缝的起裂压力与井斜角和方位角之间的关系，由图 4.24 看出，当井斜角等于 0°时，不论方位角等于多少，所得的裂缝起裂压力都相同。当井斜角等于 90°，方位角等于 0°时裂缝的起裂压力最小，从整体趋势上来看，沿着井斜角增大的方向，当方位角较小时（0°~40°）裂缝起裂压力是递减关系，方位角较大时（50°~90°）起裂压力呈现先增后减的关系。

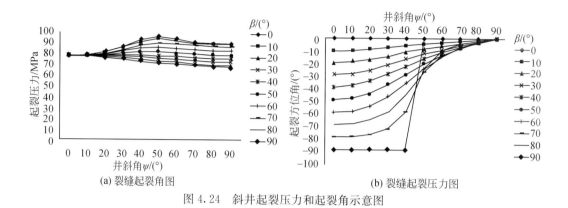

(a) 裂缝起裂角图　　　　　　　　　　　(b) 裂缝起裂压力图

图 4.24　斜井起裂压力和起裂角示意图

二、斜井压裂工艺

根据前面分析，定向斜井压裂施工难度大，主裂缝不易形成，从而人工支撑裂缝受限，加砂压裂效果较差。针对斜井的一些技术难点，在充分考虑近井复杂的裂缝形态的基础上，采取了一系列具有针对性的工艺措施。这些技术主要包括：使用较小的射孔段、支撑剂段塞、变排量施工等。

1. 优化射孔技术

根据前面斜井压裂裂缝规律研究结果，加砂压裂时裂缝在射孔孔眼起裂，如果射孔孔眼不在最大主应力方向，裂缝起裂后发生转向，最终转到最大主应力方向。裂缝转向发生弯曲，弯曲裂缝会导致裂缝宽度减少，裂缝壁面粗糙不平，压裂液的流动阻力增加，而且在加砂过程中易产生砂堵。如果射孔孔眼在最大主应力方向，根据水力压裂力学理论，起裂裂缝易产生平整宽裂缝，减少产生多条裂缝，而且起裂压力最低，为减小近井效应的影响，对斜井射孔时采取的措施是优化射孔技术。

（1）优化射孔段

由斜井压裂裂缝规律分析，斜井压裂易产生多裂缝，为解决压裂多裂缝的问题，射孔时集中射孔段，减少射孔数，集中压裂进入液量，以获得宽缝和长缝。另外，多层压裂时，射孔段还需结合储层应力情况综合而定。

鉴于定向斜井压裂施工的难度，同时结合川西低渗致密储层均需采取加砂压裂投产方式的具体特点，优化后的射孔井段大部分为 3～5m 左右，采取集中射孔方式。集中射孔在压裂施工时更易集中能量于一点，从而不易产生多裂缝，而一旦压开储层后，由于产层段无应力差，人工裂缝很快贯穿整个产层，实现整个产层达到改造效果。集中射孔、缩小射孔段不仅节约了射孔费用，同时也降低了加砂压裂施工难度，可谓一举两得。

（2）定向射孔技术

根据前面理论分析与室内试验结果，斜井压裂时裂缝方向与地层最大主应力方向不一致，在近井地带产生较大的弯曲摩阻，裂缝宽度变窄，易发生砂堵，射孔时进行射孔优化设计，确定地层最大主应力方向，采用定向射孔技术，减小弯曲摩阻。

（3）优化孔密和孔径

为减少多裂缝的产生需减少孔密，这样射孔井段和射孔孔密减少后，射孔数量减少了，增大了压裂时射孔孔眼的摩阻；为减少孔眼摩阻，可以增大射孔孔径，因此在斜井压裂时，还需要对射孔孔密和孔径进行优化。

目前川西气藏射孔孔密一般是 16 孔/m，基本能满足压裂要求。

2. 前置液段塞技术

相对于直井，斜井压裂突出的问题是近井效应，近井效应是影响斜井压裂施工成败的主要问题。斜井压裂更易产生弯曲裂缝和多裂缝，弯曲裂缝意味着高的近井摩阻，多裂缝意味着短而窄的裂缝，更高的净压力，增加砂堵的风险。定向井压裂优化设计应想办法降低近井弯曲摩阻，减少或避免多裂缝的产生。现场应用表明：对斜井进行压裂施工时，最经济而有效地克服近井筒效应的方法便是使用支撑剂段塞技术。

前置液段塞技术就是在泵注前置液中泵注一段或几段少量低浓度粉陶或支撑剂的混砂液，前置液中加段塞能够解决以下斜井压裂问题。

（1）减小孔眼摩阻

在射孔过程中，套管孔眼存在或多或少的毛刺，支撑剂段塞中的支撑剂可以更好地改变液体进入孔眼的物理环境，使孔眼更加光滑而且使孔眼直径增大，可以减小液体进入孔眼的摩阻和降低压裂液进入孔眼的剪切降解，从而降低施工压力，保证压裂液进入裂缝的黏度，降低液体的滤失，提高液体的效率。

（2）优化近井筒附近裂缝壁面

水力压裂壁面通常不光滑，且有粗糙度和凹凸面，这些地方容易发生支撑剂堵塞。段塞加入使得裂缝的壁面更趋于光滑，减小裂缝的凹凸面，增大近井裂缝的宽度，大大减小了支撑剂在近井筒脱砂的可能性。

（3）减小近井裂缝弯曲效应，有效降低孔眼弯曲摩阻

前置液中加入支撑剂段塞，借助水力切割作用对弯曲裂缝进行冲刷、打磨、切割，使裂缝表面平滑从而降低或消除近井地带裂缝弯曲摩阻，减小近井脱砂的可能性。一方面近井地带的射孔相位不当，引起的裂缝方位的裂缝弯曲或重新取向，携砂液在经过近井地带时由于裂缝弯曲造成了额外的流动阻力，容易发生支撑剂从裂缝中析出，造成近井脱砂，发生砂堵，这种危险随砂浓度的增加而迅速增大，另一方面，裂缝弯曲使裂缝与井筒沟通有限，在压裂施工后，还会影响压裂效果。如何减轻弯曲效应，较为有效的办法便是在前置液中加入支撑剂，借助水力切割作用对弯曲裂缝进行冲刷使裂缝弯曲度减小，并使裂缝面与优化的裂缝面趋于一致。

（4）解决多裂缝同时吸液问题

要克服斜井压裂多裂缝的产生几乎是不可能的，所以只能采取措施来减小由于多裂缝的产生而带来的负面影响。使用支撑剂段塞对多条裂缝中的部分裂缝进行堵塞，阻止裂缝进液，裂缝不再延伸，使绝大多数的液体进入主裂缝，保证主裂缝的延伸，并迅速增加主裂缝的宽度，为以后的混砂液的进入创造良好的通道，防止出现砂堵。

一般认为，过高的摩阻是由于近井筒效应的产生和多裂缝产生的反应，所以，支撑剂段塞技术的成功与否可以通过近井摩阻的降低值来衡量，因此泵入的支撑剂段塞数量、支撑剂尺寸、段塞体积、支撑剂浓度等参数应当由近井摩阻是否降低来决定。如果段塞中支撑剂浓度太大，由于裂缝壁面通常并不光滑，同时前置液还没有泵注完成，裂缝还没有足

够的宽度，出现砂堵的可能性就增加。如果支撑剂浓度太小，又达不到解除近井筒效应的目的。研究和现场应用表明，支撑剂段塞中支撑剂的浓度一般宜选用 $50\sim220kg/m^3$。如果支撑剂段塞中的支撑剂尺寸太小，它有可能影响支撑裂缝的渗透率，同时还有可能在压裂液返排时排出裂缝，降低裂缝的渗透率，甚至堵塞缝口；支撑剂尺寸太大，则在裂缝中随压裂液运移时的沉降速度增大，可能出现过早脱砂，造成砂堵。为了提高支撑裂缝的渗透率，保证压裂效果，同时为了进入裂缝，降低近井筒效应，支撑剂段塞中支撑剂尺寸应谨慎而合理地选取。正常情况下，近井筒摩阻应当通过测试压裂来获得，但是由于经济原因，该值更多时候压裂前都未获取。根据其他油田现场实践，结合洛带气因的实际，表4.20中推荐了支撑剂段塞中支撑剂浓度、支撑剂尺寸和支撑剂段塞大小的参考值。

表 4.20　支撑剂段塞参数的选择

近井摩阻范围/MPa	段塞支撑剂尺寸/目	段塞支撑剂浓度/(kg/m^2)	段塞液量/m^3
<2.5	20～40	50～170	20～50
2.5～3.5	30～60	50～170	20～80
4～7	100 或 30～60	50～220	30～100
>7	100	50～220	30～120

目前在川西难动用储层斜井压裂设计中，对于斜度较大，施工难度比较大的井一般都采用了前置液中加多级段塞的工艺措施。几乎所有斜井均采取了在前置液阶段进行支撑剂段塞技术，段塞液体用量一般为 $5\sim15m^3$，段塞支撑剂浓度一般为 $3\%\sim5\%$。对于近井摩阻较大的斜井而言，段塞进地层后作用非常明显，而对于近井摩阻不是非常明显的储层，段塞进地层后泵注压力则变化不大。无论近井摩阻存在与否，建议均在前置液阶段进行支撑剂段塞技术。

段塞在定向斜井 MP42-1 井应用中最为明显，该井井斜度达 39°，第一次施工困难，后修改设计在前置液阶段增加三级支撑剂段塞，段塞支撑剂采用 20～40 目陶粒，段塞量为 $35m^3$，段塞浓度为 $50\sim90kg/m^3$，经分析段塞有效降低近井摩阻达 14MPa，确保了压裂施工的顺利完成（图4.25）。

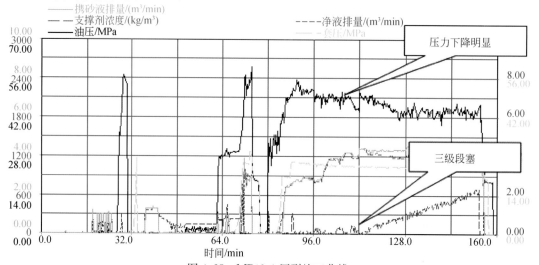

图 4.25　MP42-1 压裂施工曲线

3. 变排量压裂工艺技术

为减少定向井压裂时多裂缝的产生，压裂施工采用较小的排量起裂，减小近井带由于初始大排量起裂易产生多裂缝的影响。开泵时首先用小排量，减小射孔对摩阻的影响，减少多裂缝产生，然后采用逐渐提高排量的措施，提高主裂缝延伸的可能性，这也是减少多裂缝发生的有效途径。根据国外成功的施工经验，在施工开始阶段逐步提高的排量与迅速将排量提高两种方案进行比较，在快速提高排量时，由于井底迅速积聚起很高的工作压力，在地层岩石上聚集起高的工作压差，在此压差的作用下，会有多处破裂压力不同的裂缝一起张开，同时进液，造成多裂缝的产生。而采用逐步提高的排量进行施工时，先用较低的排量泵注，使地层中产生相对较低的工作压力作用在岩层上，岩石在低应力处形成裂缝并延伸，由于裂缝形成后水力压差变小，则破裂压力稍高的岩石没有被压开。经较慢的速度逐步提高排量，由于最初形成的裂缝不断进液延伸，对周围地层产生压缩作用，产生叠加在原始应力上的附加应力，提高了周围岩石的破裂压力，在逐步提高排量的过程中随着已形成裂缝的不断加宽，这种作用不断加强，对周围地层产生更强的挤压作用，最终的结果是形成了最少的裂缝并使其逐步变宽变长，而本应产生平行裂缝的地带则由于破裂压力的提高，难以形成新的裂缝。

以典型井 MP46-1 井进行分析，该井压裂段井斜达 42°，第一次压裂施工压力高，在限压 35MPa 下不能完成施工，第二次压裂施工换 60MPa 主阀后采用了四级变排量压裂，避免大排量下由于多裂缝的产生造成净压力升高，从而引起过高施工压力风险，裂缝起裂初期采用小排量 $0.8\sim1\text{m}^3/\text{min}$ 使裂缝延伸，前置液阶段采用小—中等排量 $3\text{m}^3/\text{min}$，携砂液阶段提高排量 $3.5\sim4\text{m}^3/\text{min}$，确保顺利完成施工，同时有效改造储层，图 4.26 是

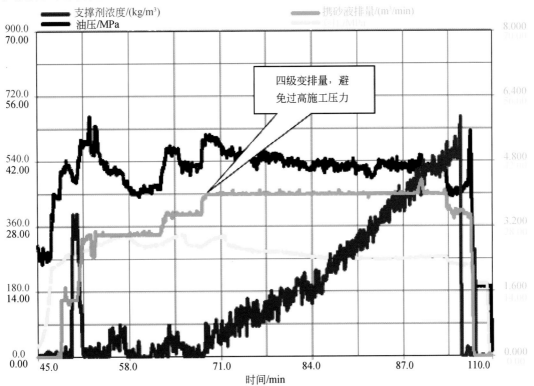

图 4.26 MP46-1 井第二次压裂变排量施工曲线

MP46-1井变排量施工曲线。

三、应用效果

针对难动用储量定向井压裂工艺技术研究,通过斜井井筒周围应力场分布分析和定向井压裂裂缝规律研究,找到了定向井压裂与直井压裂裂缝差异所在,优选出适合定向井压裂的射孔工艺技术和压裂工艺技术,研究形成了斜井压裂针对性工艺措施,如定向射孔、增加加砂规模、前置液中加段塞、变排量施工等技术,在新场、马井、新都气田现场试验,确保了定向井压裂施工成功,提高了定向井压裂增产效果。

仅2006年马井气田施工定向井10井次,新都地区施工定向井6井次,施工成功率为100%,定向井压裂后都获得良好的增产效果,并且MP43-2井、DS10-3井获得了比直井压裂好得多的增产效果。在定向压裂工艺技术实施以前,斜井压裂效果大都不如直井,2005年马井地区直井单井平均压后无阻流量为$12.075 \times 10^4 \, \text{m}^3/\text{d}$,斜井单井平均压后无阻流量为$5.8942 \times 10^4 \, \text{m}^3/\text{d}$,直井单井压后无阻流量是斜井的两倍多。定向压裂工艺技术实施以后,2006年施工井统计直井单井平均压后无阻流量为$7.078 \times 10^4 \, \text{m}^3/\text{d}$,斜井单井平均压后无阻流量为$5.0728 \times 10^4 \, \text{m}^3/\text{d}$,直井单井压后无阻流量是斜井的1.39倍,同井组斜井压后产量与直井产量的差距明显缩小。

2007年在新场沙二^{1}与沙二^{3}难动用储层中推广应用效果明显,斜井的针对性措施确保了难动用储量斜井加砂压裂的顺利实施。下面以新场气田X905井组为例,该井压裂效果参见表4.21。

1. 沙二^{1}层效果分析

X905井组沙二^1(Js_2^1)层在X905-1和X905-4两口井进行了压裂改造,两层加砂都为50m^3,其中X905-1井沙二^{1}层支撑剂采用$20 \sim 40$目陶粒,X905-4井沙二^{1}层采用$30 \sim 50$目小粒径陶粒,压后测试都获$2 \times 10^4 \, \text{m}^3/\text{d}$多输气产量,增产效果明显,采用小粒径陶粒的裂缝导流能力完全能够满足气体渗流的要求。X905井组沙二^{1}层位于Ⅲ$_a$类储量区,为新场气田难动用储量,X905-1和X905-4井两井沙二^{1}层加砂压裂改造后,增产效果好,沙二^{1}层难动用储量开采取得较好的效果。

2. 沙二^{2}层效果分析

X905井组沙二^2(Js_2^2)层位于Ⅰ类储量区,但压裂改造后效果差异较大,X905-3与X905-4两井沙二^{2}层增产效果较好,压后分别获$7.6925 \times 10^4 \, \text{m}^3/\text{d}$和$10.5404 \times 10^4 \, \text{m}^3/\text{d}$的输气产量。

3. 沙二^{4}层效果分析

该井组对X905-2,X905-3井沙二^{4}层(Js_2^4)进行了压裂改造,沙二^{4}层位于沙二^{4}储量Ⅰ类储量区,X905-2和X905-3井压后分别获$2.8784 \times 10^4 \, \text{m}^3/\text{d}$和$6.3 \times 10^4 \, \text{m}^3/\text{d}$的输气产量,增产效果较好(表4.21)。

表 4.21 X905 井组施工井层数据

井号	层位	产层段井深/m	产层厚度/m	井斜/(°)	规模/m³	油压/MPa	套压/MPa	输气产量/(10⁴m³/d)
X905-1	Js_2^1	2299.3~2314.3	15	0	50	15.35	17.5	4.98
X905-2	Js_2^2	2538.7~2576.0	37.3	48	22.5	8.43	3.96	0.87
	Js_2^4	2719.0~2733.5	14.5	46	15.9	/	/	2.88
X905-3	Js_2^2	2499.4~2521.0	21.6	40	47.6	18.24	23.8	7.69
	Js_2^4	2640.5~2653.0	12.5	40	35	/	/	6.30
X905-4	Js_2^1	2378.5~2399.5	21.0	28	50	26.33	11.8	2.45
	Js_2^2	2465.4~2494.8	29.4	28	45	/	/	10.54

第四节 水平井压裂技术

一、水平井压裂的必要性

致密砂岩储层的物性条件差,导致水平井也很难获得理想的自然产能,必须采用压裂增产措施。水平井压裂增产的作用主要表现在以下三个方面。

1. 解除伤害

尽管为了避免钻井液伤害,钻井过程中采用"低伤害"或"无伤害"的钻井液技术,如无固相钻井液体系、油基泥浆体系、水基的聚合物泥浆体系等,但伤害无法避免:水平段长时间暴露于钻井液中,钻井液滤液侵入储层,造成储层一定程度的伤害;另外,钻柱在井筒底面的碾磨产生的岩屑和泥浆固相进入地层而导致机械伤害,以及固井水泥或水泥滤液侵入地层导致固井伤害。

不管是何种伤害,它们对水平井的产能都有严重的影响。在各种情况下,当油气井表皮系数达到+5时,其产能几乎下降一半。根据经验,+5可能还是一个比较保守的表皮因子值。当表皮因子达到+20时,和无伤害时的油气井产能相比,其油气井产能下降了3/4。产能的这种4倍关系,使得水平井需要采取必要的增产措施。

2. 进一步增大泄流面积,提高气井产量

水平井经过压裂后,形成地层—裂缝—水平段间的优化匹配关系,进一步扩大泄流面积,提高气井产能。如图 4.27 所示,一个储层垂厚为30m,水平井长600m,进行三段各缝长为150m的分段压裂的水平井,其直井、水平井和水平井分段压裂后的泄流面积比值为1:20:377,说明经过改造后水平井的泄流面积将大幅度增加。

3. 克服气层渗透率的各向异性

大多数气藏都在一定程度上存在着渗透率各向异性,在砂岩气层中,由于其中常夹有页岩层,各向异性现象更普遍和常见。为评价各向异性的程度,常采用以下方程计算各向

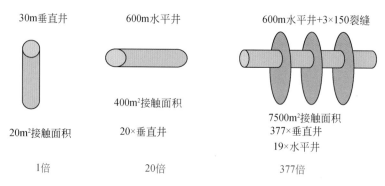

图 4.27　直井和水平井与水平井分段压裂泄油面积分布对比示意图

异性系数 β：

$$\beta = \sqrt{K_h / K_v} \tag{4.44}$$

式中，K_h 为水平渗透率；K_v 为垂向渗透率。

大多数油气层都表现出一定程度的各向异性，其 β 值常取 3。β 值为 1 时，表示完全各向同性；β 值为 0.25 时，表示垂向渗透率相当有利，最适合打水平井。

图 4.28 中表示了各向异性系数分别为 3、1、0.25 的情况下，没有压裂垂直井的采油指数与没有压裂的水平井的采油指数比随水平段长度的变化。图中取泄油半径 229m（745ft），井径 0.1m（0.326ft）。

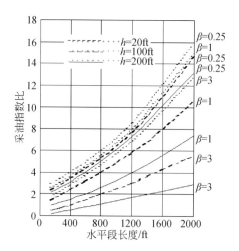

图 4.28　三种各向异性系数下的采油指数比比较
各向同性（$\beta=1$），一般的各向同性（$\beta=3$），垂向渗透率相当有利（$\beta=0.25$）

从图中可以看出：油气层各向异性系数越大，采气指数比越低，即相对于垂直井来说，没有压裂的水平井采气指数更低；气层厚度越大，水平井对渗透率各向异性越敏感。为了克服各向异性的影响，可以通过水平井压裂形成垂直的人工裂缝，改变垂向渗流为水平渗流，提高采气指数。

二、水平井压裂裂缝优化

1. 水平井压裂裂缝形态

水平井压裂后的裂缝形态取决于地应力的大小和方向。对于埋藏深度较浅的井，压后获得水平缝的可能较大，埋藏较深时形成的一般为垂直缝，这里重点讨论垂直缝的情形。由于井筒附近的应力集中，裂缝在井筒上面开启的方向很少和最终的延伸方向相同，但最终方向会垂直于最小主应力方向，或者沿着主天然裂缝。因此，很多情况下，水力裂缝可能不是在一个简单的平面上。水平井压裂后的裂缝形态主要分为 4 种。

（1）横向裂缝

横向裂缝 ［图 4.29（a）］是沿着垂直于井筒的方向起裂的裂缝，它一般产生在水平段平行于最小主应力方向的水平井。横向裂缝可以改善低渗透油层渗流状况，有利于增加油层泄油面积。多条横向裂缝能大大提高采油速度，并有利于提高采收率。其主要缺点是流体将聚集在裂缝中以向心流流入井底，这将导致裂缝中流动压降的增加。

（2）纵向裂缝

纵向裂缝 ［图 4.29（b）］是沿着水平井井筒起裂的，形成纵向裂缝时井筒方向应该与最大水平主应力的方向一致。纵向裂缝有时可以把油层泄油面积向油层的上下边界扩展，在某些情况下纵向裂缝还可以解除深度井筒伤害，改善油层的各向异性，降低井筒周围汇流的影响。

（3）转向裂缝

转向裂缝 ［图 4.29（c）］又叫"S"型裂缝，一般是裂缝从井筒起裂后在近井筒位置

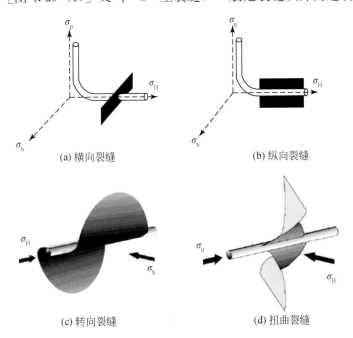

(a) 横向裂缝　　　　　　　　　　　　(b) 纵向裂缝

(c) 转向裂缝　　　　　　　　　　　　(d) 扭曲裂缝

图 4.29　水平井裂缝形态示意图

延伸一段距离，再转向另一个平面的方向延伸。如图所示，在图中所示的应力分布状态下，该裂缝在起裂时是沿着水平方向延伸，而在沿着水平方向延伸一段距离后，裂缝发生转向，转向垂直于最小主应力的方向延伸，所以导致了转向裂缝的形成。许多因素都可以引起裂缝转向，最主要的因素是在裂缝起裂时的近井筒应力分布状况以及射孔状况。裂缝转向会引起更大的施工泵压，严重情况下可能会引起砂桥和过早的近井筒出砂。

（4）扭曲裂缝

扭曲裂缝［图4.29（d）］与转向裂缝类似，但扭曲裂缝的上半缝和下半缝是向着两个不同的平面发生转动，而转向裂缝的上半缝和下半缝是向着两个平行的平面发生转动。同转向裂缝一样，扭曲型裂缝也会造成裂缝在近井筒附近的快速收敛。而且其收敛的程度比转向裂缝更大，所造成的产量和压裂施工上的负面影响也较大。

理论研究和实际应用表明，对于致密砂岩气藏，通常横向缝的生产效果好于纵向缝。与纵向裂缝系统相比，横向裂缝与储层的接触面积更大，从而获得最大的油气泄流面积。因此，一般要求水平井井筒方向与最小主应力方向一致（即垂直于最大主应力），那么无论在水平井段上哪个部位射孔，都会在沿着最小主应力的轴线上出现相间的垂直裂缝（即横向裂缝）。

2. 水平井压裂裂缝优化

研究表明，压裂水平井的裂缝参数及组合形式直接影响水平井压后的产能。国内外的专家针对有裂缝水平井的裂缝参数及产能公式进行了深入的研究。1995 年，Horne 研究了水平井中多条横向人工裂缝的瞬态压力特性，其流态见图 4.30。

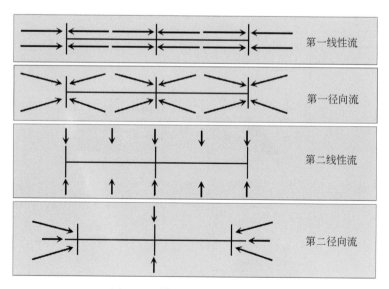

图 4.30　横向裂缝水平井的流态

由图 4.30 可知，可将水平井中多裂缝的流动形态分为 4 部分：①第一线性流，指地层向各条裂缝和裂缝向井筒的线性流动。②第一径向流，指若缝较短且间距较大，则在各裂缝周围产生的拟径向流。需要指出的是，若裂缝不是很短和间距不是很大，则不能产生这样的拟径向流。③第二线性流，指在流动后期，若边缘很远且缝很短很密，则产生流线相互平行，且垂直于水平井轴线的线性流动。④第二径向流，指对于整个油藏，如果生产时间很长，则流体以径向流的形式向水平井及裂缝区域的流动。以上所述的流态特点在压力及压力导数理论曲线上有所表现，特别是压力导数曲线的特征尤为明显。

　　图 4.31 为 2 条裂缝情况下水平井井筒长度为裂缝半长 10 倍时的压力及压力导数理论曲线。由图 4.31 可知，第一线性流的双对数压力线及导数线均为斜率为 1/2 的直线，第一径向流的导数线为 P_D 值为 1/4 的水平线，第二径向流的导数线为 P'_D 值为 1/2 的水平线，第二线性流在这里未表现出来。对于 4 条裂缝情况，其理论曲线与图 4.31 相似，只是第一径向流的导数线为 1/8 水平线，第二径向流导数线仍为 1/2 水平线。如果存在井筒储存效应，当井储较大时，前 3 个流动时期可能被淹没，只有第二径向流特征比较分明。

　　研究表明，在生产一定时间后，水平井中的多条裂缝之间将产生干扰，以至于影响各裂缝的产能。Elrafie 模拟研究的 8 条横向裂缝，沿井筒延伸方向等距分布，各裂缝的性能完全相同。裂缝编号为 1~8，其中第 1 和第 8 条缝位于最外侧，第 2 和第 7 条缝位于次外侧，第 4 和第 5 条缝位于最中心。各条裂缝的无因次产量的动态变化见图 4.32，图中标出了各裂缝的编号。

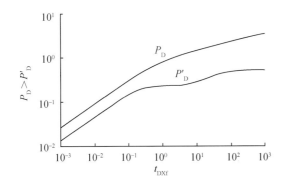
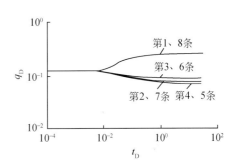

图 4.31　2 条裂缝的压力及压力导数理论曲线　　　　图 4.32　各裂缝的产量动态变化
P_D：无量纲压力；P'_D：无量纲压力导数；t_{DXf}：无量纲时间　　　　q_D：无量纲产量；t_D：无量纲时间

　　图 4.32 表明，在生产初期，各条裂缝的产量相同，但当生产时间较长时，每条缝的产量有所变化，越靠外侧的缝产量越高，图中的第 1 和第 8 条缝的产量比初期的产量高，其他缝的产量均比初期产量低，位于最中心的第 4 和第 5 条缝的产量最低。这表明，在生产一段时间后，裂缝之间的流动将产生干扰，愈靠近内部的缝所受到的干扰越大，产量则越低。进一步研究表明，两个外侧缝的间距对采油指数的影响比较大，因此，采用不等裂缝间距和不等缝长布缝，特别是加大外侧裂缝间距以及加大内侧裂缝的长度对提高压裂水平井的产能是有益的。

　　水平井实施压裂所产生的裂缝条数不仅影响水平井的产能，同时也影响经济效益。因此裂缝条数的优化是一个十分重要的问题。Soliman（1986）研究认为，如果沿裂缝方向的渗透率（K_x）与沿井筒方向的渗透率（K_y）相等或比较小，那么裂缝的最佳条数为 3~5 条，如果沿裂缝方向的渗透率比沿井筒方向的渗透率大，那么裂缝的最佳条数将有所增加。这说明在优化裂缝条数时要考虑方向渗透率的影响。图 4.33 比较了 $K_x/K_y=0.1$、1、

10 时裂缝条数对产量的影响，其中最上面的 3 条曲线表示生产时间为 2 年，下面的 3 条曲线表示生产时间为 0.5 年。由图 4.33 可知，K_x/K_y 小于或等于 1 时，裂缝的最佳条数为 3～5 条。郎兆新等（1994）在均质地层中的研究结果亦表明，最佳横向裂缝的条数为 3～5 条，与以上结果基本一致。以上的研究基于水平段长在 600m 左右，目前随着水平井水平段增加和对水平井压裂认识的深化，裂缝优化向段数更多的方向发展。

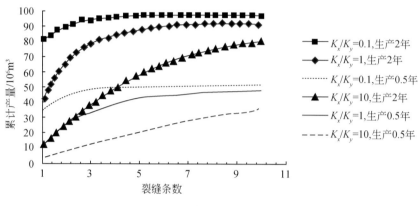

图 4.33　裂缝条数对产气量的影响

三、水平井分段压裂工艺

为提高水平井压裂效果，除笼统压裂外，一般都将水平井段分段压裂以形成多条裂缝，随着井下工具、施工设备及工艺的发展，国内外形成了多种分段压裂技术。相对而言，国外水平井压裂技术较成熟，国内尚处于起步阶段，进行了一些矿场试验。

1. 限流分段压裂技术

限流分段压裂技术原理是通过严格限制炮眼的数量和直径，并以尽可能大的注入排量进行施工，利用压裂液流经孔眼时产生的炮眼摩阻，大幅度提高井底压力，并迫使压裂液分流，使破裂压力接近的地层相继被压开，达到一次加砂能够同时处理几个层段的目的，技术核心是制定合理的射孔方案。同时，为提高施工成功率，防止万一不能一次压开全部裂缝时，采用炮眼球封堵转向压裂措施，也即投球分段压裂。

限流分段压裂技术是一种简单快捷的水平井分段压裂方法，主要适用于套管完井的水平井，对于衬管完井、裸眼完井或老井水平井则不适用。对于水平井限流法分段压裂，由于施工井段长，使得孔眼限流摩阻值的计算不能仅考虑压裂层段间的破裂压力差值，同时，由于携砂液引起的炮眼侵蚀直接影响压裂过程中流体的分布形态，对流量分配及裂缝形态影响很大。另外，水平井限流压裂过程中由于存在水平段的径向流区，增加了近井裂缝的复杂程度，产生一定的附加摩阻，高砂比压裂液在其中的流动风险很大（图 4.34）。

水平井限流压裂由于在水平井段没有管柱，一般不会发生砂卡，可进行高砂比和大排量施工，并且具有施工安全、施工效率高（一次可完成 4 条裂缝的加砂压裂）等特点，同时可节省工具费用。但是，该技术也具有以下缺点：

1) 由于横向岩性的非均质性复杂，地应力解释手段可靠性差，导致造缝部位针对性

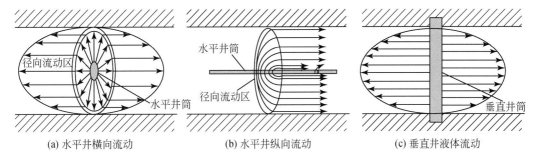

(a) 水平井横向流动　　　　　(b) 水平井纵向流动　　　　　(c) 垂直井液体流动

图 4.34　水平井限流压裂与垂直井压裂流动差别示意图

不强，裂缝（储层）覆盖率和水平段的改造不确定。

2）造缝段的缝长控制手段有限，加之射孔孔眼影响，每段的注入排量和体积受到限制，无法实现大规模压裂。

3）射孔孔眼少，打开程度不完善，产量较大时一定程度上影响后期生产，返排时由于流速快，更易出砂。

4）磨蚀后的孔眼不能产生足够的井底压力使难压层段裂缝开启，现场采用加砂后提高施工排量来保证施工，但缺乏定量化的理论指导。

5）缺乏有针对性的裂缝定量解释方法。

2. "填砂＋液体胶塞"分段压裂技术

"填砂＋液体胶塞"分段压裂技术原理是当下部低产气层改造施工经测试完毕后，可进行填砂，用砂子充填下部气层，并在填砂后期拌加胶片，使之在地下与砂子混合形成液体胶塞。上部地层压裂施工时，由于下部被砂子填实，胶片与砂子混合形成的胶塞具有足够的黏度和韧性，胶塞在高压下会更加致密坚实，从而可有效地分割上下两层，保证上部气层施工不受下部气层干扰。

该技术具有隔离封堵针对性好，胶塞定时破胶、易于清除的优点，但作业周期长，同时所有层段作业完后需要洗井清除砂子，冲胶塞施工过程中易造成伤害，因此低渗致密气藏不太适用。

该技术主要在长庆安塞油田三叠系延长组特低渗长 6 油层水平井中进行了应用，截至2005 年年底，共进行了 7 口井 16 层段的压裂施工，取得了显著的效果。

3. 机械桥塞分段压裂技术

长庆油田 2004 年引进机械桥塞分段压裂技术并应用过 2 口井 6 层段，施工成功率100%。其原理：当下部气层改造施工经测试完毕后，下桥塞封堵下部产层；接着施工第二层，完后再下桥塞封堵，依次上返；所有层段施工完毕后下专用工具逐次打捞桥塞，也可在施工完每一层后将桥塞钻磨掉。其分段隔离针对性好，但作业周期较长，存在砂埋或砂卡的风险，同时在水平井中需用连续油管或油管下桥塞，对于高压井，下桥塞过程中需要压井，易造成伤害。因此该技术不太适合高压井。

国外水平井采用桥塞封隔技术，最多达到 30 段的分段压裂水平，国内长庆油田 2004年引进后，川庆钻探公司在四川八角井地区采用桥塞封隔技术，成功完成了 14 段的水平井分段加砂压裂施工。

4. 双封隔器单卡分段压裂技术

双封隔器单卡分段压裂技术是利用导压喷砂封隔器的节流压差坐封压裂管柱，采取上提的方式，一趟管柱完成各层段的压裂，其管柱见图 4.35。它具有分段隔离针对性好、施工连续的优点，同时具有反洗冲砂解堵功能；但由于出砂口至胶筒存在冲砂死区等情况，水平井压裂施工中砂卡的可能性仍然存在，且一旦砂卡就难以处理；另外，对高压井，上提管柱过程中需要压井，易造成伤害。大牛地气田 DP35-1 井于 2006 年 12 月进行了双封隔器单卡＋限流分段压裂，加砂 57.2m³，试气绝对无阻流量为 $7.0192 \times 10^4 \mathrm{m^3/d}$，压裂效果较为理想。

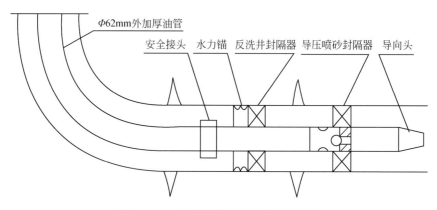

图 4.35　双封隔器单卡压裂管柱示意图

5. 机械式封隔器＋滑套分段压裂技术

机械式封隔器＋滑套分段压裂技术是利用投球方式打开/关闭多级注入工具，可以实现在不动管柱情况下一次进行多级压裂施工。该技术具有分段隔离针对性好，可根据需要开关滑套实现选层开采的优点，但没有验证封隔器封隔有效性的方法，也存在滑套打不开或投球不能有效封隔下部层段等风险。

目前该技术在国内尚处于起步阶段，部分气田已完成相关室内技术研究，并进行现场试验。国外一些公司拥有较成熟的技术，如斯伦贝谢（Schlumberger）的 StageFRAC 和 RapidFRAC 技术，StageFRAC 主要针对裸眼井的多层分层压裂技术，最多可以进行 13 级施工，RapidFRAC 可以应用于裸眼井和套管井，最多可进行 10 级施工。两种技术可以组合使用，使一次施工级数增加。

6. 遇油膨胀式封隔器＋滑套分段压裂技术

遇油膨胀式封隔器＋滑套分段压裂技术主要采用遇油膨胀封隔器和定点压裂滑套的工具组合来实施多层分层压裂。这一组合可用来进行直井、定向井和水平井的定点压裂。目前国内该技术尚不成熟，一些国外公司如哈里伯顿（Halliburton）、斯伦贝谢（Schlumberger）等拥有该项技术。

遇油膨胀封隔器又叫 SwellPacker，它不需要借助复杂的机械运动或压力来坐封，不需要卡瓦来锚定井壁。它是由一种特殊加工过的橡胶制成，在经过一定时间的柴油或其他有机油类的浸泡后会自行膨胀。由于它的膨胀系数很高，所产生的膨胀力可以使其牢牢地贴在井壁上并能够产生很好的密封作用。它所能承受的压差可以根据需要进行有针对性的设计，通过加长它的长度就能够提高密闭性能和承压能力。对于水平井裸眼段来说，它具有其他种类封隔器无法比拟的优越性。

定点压裂滑套又称 DeltaStim Sleeve。它可以通过投球打压的方式来开启滑套。如果一口井需要进行分段压裂，可以通过改变球和球座的大小来有选择性地打开滑套。对水平裸眼井分段压裂来说，底层滑套的球和球座最小，因此该球被投入管柱之后可以顺利通过其他球座而来到最底层的球座。当球入球座后产生憋压，压力就会将该层的滑套打开。在试图打开第二层时，投入稍大一点的球使其能够通过前几层的球座而坐入第二层的球座并憋压打开滑套。其他层的滑套打开可以照此依次进行。而且由于某种原因操作者需要关闭某一层的滑套时，可以使用相应大小的滑套打开工具用连续油管下入来操作该滑套，而不会误关其他层的滑套。

该技术具有分段隔离针对性好，可根据需要开关滑套实现选层开采的优点，尤其适用于裸眼井分段压裂施工。

7. 水力喷射分段压裂技术

水力喷射压裂技术（SurgiFrac）是上世纪 90 年代发展起来的一项压裂新技术，最早由 Halliburton 公司提出，主要是利用水力动态封隔的原理在不采用封隔器的情况下实现分段压裂。该技术结合了四大关键技术：水力喷射、水力压裂、喷射泵注、双通道流体注入，可以用于水平井分段压裂，也可用于垂直井分层压裂，既满足连续油管作业的需求，也满足普通油管作业需求。该技术运用高压水射流技术，先完成水力喷砂射孔，之后通过两套泵注系统分别向油管和环空中泵入流体共同完成压裂；若需要进行分段压裂，则依次对其他目的层重复进行水力喷砂射孔和压裂，整个工艺过程不需要机械封隔装置。该技术优点是精确布缝、作业快速、效果好，不须采用常规封隔器，且适用于多种完井方式。

常规的水力喷射分段压裂技术只采用一套喷枪，必须通过移动管柱才能实施分段压裂施工，对高压气井一般不太适合。中石化西南油气分公司与中国石油大学合作，开发了不动管柱滑套水力喷射分段压裂技术，该技术结合了常规水力喷射压裂技术与滑套多层压裂技术的优点，可以实现不动管柱连续实施多个层段的定点压裂作业。不动管柱滑套水力喷射分段压裂技术已在新场气田 XS311H 和 XS21-1H 水平井试验并获得成功，增产效果显著。

（1）水力喷砂射孔原理

水力喷砂射孔是水力喷射分段压裂工艺技术的第一步。水力喷砂射孔是将工作液加压，通过油管送至井下，液体经过喷射压裂工具的喷嘴，产生高速射流冲击切割套管及岩石，形成一定直径和深度的射孔孔眼，同时高速流体的冲击作用在水力射孔孔道顶端产生微裂缝也能在一定程度上降低地层起裂压力。为达到好的射孔效果，一般在工作液中加入石英砂、陶粒等磨料。

水力喷砂射孔的原理：当质量为 m 的磨料液流以 v 的速度运动时，磨料获得 mv 的动量，磨料与套管和地层岩石接触时，速度立即降为 0，磨料射流通过冲量做功。

水力喷砂射流动量公式如下：

$$P = mv \tag{4.45}$$

式中，m 为磨料液的质量，kg；v 为磨料液的速度，m/s。

而磨料液的质量 m 为

$$m = \gamma/gAv \tag{4.46}$$

式中，γ 为磨料液的重率，g/cm³；g 为重力加速度；A 为喷嘴截面积，mm²。

所以磨料射流的冲量值 P 为

$$P = \gamma/gAv^2 \tag{4.47}$$

只要其在垂直于喷射对象的方向上形成的冲击力大于套管和地层的强度，就可以在套管和地层上射穿孔眼。

（2）水力喷射压裂裂缝起裂、延伸机理

射孔阶段完成后，缓慢关闭环空，此时油管和套管分别泵入流体，油管中的流体经过喷射工具的射流继续进入射孔孔道中，会在孔眼内产生高于井底环空的局部高压，高出环空的压力称之为增压。当孔眼内压力超过地层破裂压力时，则射孔孔眼顶端处地层被压开。地层压开后，保持孔内压力不低于裂缝延伸压力；同时在喷射流核外的环空区域将形成相对负压区，经过喷嘴的喷射流体和环空流体及射开地层的孔道构成了射流泵，环空流体被高速射流不断卷吸进入射孔通道，使裂缝得以充分延伸和扩展。

水力喷射压裂形成孔内"增压"的基本理论根据是流体力学中的伯努利原理，伯努利方程如下：

$$\frac{1}{2}\rho v^2 + \rho gh + P = 常量 \tag{4.48}$$

式中，ρ 为流体密度，g/cm³；v 为流体速度，m/s；g 为重力加速度；P 为压力，MPa。

根据该方程，油管中任意两点（图 4.36）的上述三种能量总和为一常数，从而式（4.49）成立。显然，油管中某处速度越快，则相应压力就越低，反之亦然。射孔孔道内流速最低，因而压力最高，这就是水力喷射压裂形成孔内"增压"的根本原因。

图 4.36　喷嘴内外两点示意图

$$\frac{1}{2}\rho v_A^2 + P_A = \frac{1}{2}\rho v_B^2 + P_B \tag{4.49}$$

（3）水力封隔原理

水力喷射压裂过程在射孔孔眼内形成增压，同时由于高速射流的卷吸作用在环空形成负压区，致使环空压力低于地层裂缝的延伸压力，也低于地层其他位置的破裂压力。因此在水力喷射压裂过程中，已经压开的裂缝不会重新开启，也不会压开其他的裂缝，所以不需要机械隔离，流体只会进入当前的裂缝，这样就达到了水力喷射动态封隔的目的。

根据水力喷射压裂技术原理，该技术具有以下技术优势：①无需下入机械隔离工具即可针对地层任意位置进行定点压裂改造，造缝位置准确，同时避免了封隔器失效的问题，极大地减少了工具砂埋或砂卡的风险，施工完成后管柱可以顺利起出，井筒不规则也不影响管柱下入；②适合于各种井型、完井方式及作业管柱，也适用于套管完井后固井质量差的情况；③可在一定程度上降低破裂压力、对高破裂压力地层压裂施工有一定针对性，同时井底环空压力低、施工安全性好；④射孔-压裂联作、施工周期短，作业成本低；⑤采用双通道注入，可通过改变油管和环空介质的类型、流速等，优化压裂工艺。

（4）常规水力喷射分段压裂工艺

常规的水力喷射分段压裂工艺是采用移动管柱方式，只采用一套喷枪组合（图4.37），在对某一层段完成水力喷射压裂施工后要对下一层段进行压裂时，需要移动喷射管柱使喷枪正对需要压裂的层段。该工艺往往需要配套使用不压井装置，并且由于喷嘴寿命限制往往需要频繁起出管柱更换喷枪。

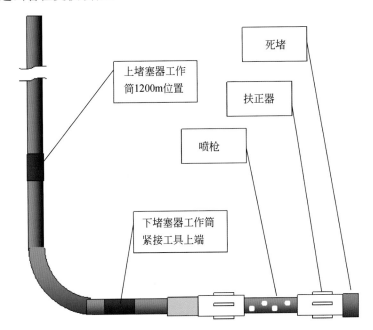

图 4.37　常规水力喷射管柱结构图

（5）不动管柱滑套水力喷射分段压裂工艺

不动管柱滑套水力喷射分段压裂工艺是在常规水力喷射分段压裂基础上引进多层压裂投球滑套技术而形成。该工艺结合了常规水力喷射压裂技术和滑套多层压裂的优点，既具有可在不采用封隔器的条件下进行分段压裂改造、管柱容易起出等优点，又克服了常规水力喷射压裂需带压装置、需动管柱、工期长、需取工具、压井伤害大、连续油管排量低等众多缺点，因而尤其适合高压气井。

不动管柱滑套水力喷射分段压裂工艺采用多套喷枪组合并配套滑套开关，在对某一层段完成水力喷射压裂施工要对下一层段进行压裂时不需要移动喷射管柱，而是通过投球等方式打开需要压裂层段的滑套即可对该层段进行压裂施工。不动管柱滑套水力喷射分段压裂管柱结构参见图4.38，其分段压裂具体工艺流程如下：

1）下入压裂管柱，用基液替满井筒。

2）投球封堵底部，对第1段喷砂射孔和压裂。

3）投低密度球，球到位后油管加压推动后一段喷枪的滑套芯下移，露出喷嘴，同时封堵下部油管，对后一层段喷砂射孔和压裂。

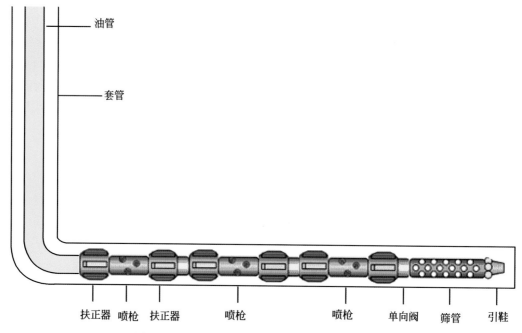

图 4.38　不动管柱滑套水力喷射分段压裂工具组合

扶正器　喷枪　扶正器　　喷枪　　　喷枪　单向阀　筛管　引鞋

4）重复 3），直至压裂完所有层段。

5）所有层段压裂完成后开井一起排液，排液时可以将球带出井筒，直接用压裂管柱进行后期生产。

四、水平井压裂工艺配套技术

（一）水平井压裂配套完井参数

对于致密砂岩气藏水平井，由于一般都需要进行压裂投产，因而完井参数应与压裂工艺相配套。对于（打孔）衬管完井，为降低压裂施工摩阻、利于支撑剂通过，应适当加大孔眼通径，较适合的衬管参数为孔眼直径 20mm、孔密 16 孔/m～20 孔/m，均匀交错布孔。对于射孔完井，为减小或防止多裂缝应采用小井段集中射孔；为防止水平井段顶部孔眼出砂和降低压裂施工压力，可选择 180°定相位射孔或向下 120°低边射孔；同时采用 20 孔/m 的较高射孔密度以降低施工摩阻和破裂压力，也为产量贡献提供保障。

（二）水平井压裂施工风险预防措施

1. 水平井压裂施工风险

水平井由于其井筒条件的特殊性，压裂施工的风险比一般直井压裂要大很多，主要体现在以下两个方面。

（1）多裂缝风险

对于致密砂岩气藏，为增加油气泄流面积、使产量最大化，往往要求压裂裂缝与井眼方位互相垂直，这样做可以避免多个裂缝形成后的相互交叠、从而导致裂缝有效覆盖面积变小使最终的产量受限，而实际上裂缝延伸方向通常与水平井筒方向成 45°～90°夹角。无论哪一种情形都可能产生多裂缝，从而导致施工砂堵等风险。

（2）长水平段支撑剂传输存在风险

对于长的水平井段，压裂液携带支撑剂在水平段运移过程中支撑剂会发生沉降，造成水平段脱砂，增加了施工风险。

2. 水平井压裂施工风险预防措施

（1）多裂缝的预防处理措施

1）缩短射孔段。研究表明射孔对裂缝起裂有较大的影响，当射孔段长度超过 4 倍井筒直径时，将产生多条裂缝；当射孔段长度小于 4 倍井筒直径时，则可能产生一条裂缝。因此，缩短射孔段长度，有利于避免产生多裂缝。

2）测试压裂。通过测试压裂以获得储层基本参数，指导主压裂的优化设计和施工。

3）提高施工排量、增加前置液量。通过提高施工排量、增加前置液量以增加形成主裂缝的机会和增加缝宽。

4）减小支撑剂粒径或砂比。根据不同地层条件，可选择 30～50 目甚至粒径更小的陶粒做支撑剂，或采用降低平均砂浓度、控制最高砂浓度的低砂比技术来降低施工风险。

5）采用段塞。在泵注程序中设计 1 个或多个段塞（支撑剂或粉陶）。

（2）长水平段支撑剂传输风险预防措施

通过压裂液性能优化，提高压裂冻胶液的黏度，增加冻胶液的携砂性能，减小压裂液携带支撑剂在水平段运移过程中的支撑剂沉降速度。

（三）水平井压裂返排防砂技术

1. 水平井压裂防砂技术

水平井压裂后的出砂问题是影响油气井寿命的一个大问题，也是不可避免的问题。除在射孔方位上考虑外，一种方法是使用树脂包覆的支撑剂技术以防止压后出砂；另一种方法是在压裂施工后期尾追纤维。

2. 水平井压裂返排技术

对于水平井，由于压裂液在地层中滞留时间一般较长，另外由于投球不能及时排出等原因，排液困难较直井要大得多。水平井压裂返排技术主要有：①优化压裂液助排性能，实现彻底破胶、降低破胶液表面张力；②压裂施工中伴注液氮，提高压裂液返排能量；③采用大油嘴快速放喷排液，强制闭合人工裂缝；④采用低密度球并配套捕球技术，压后将投球及时取出，疏通排液及采气通道。

（四）水力喷射配套工艺

1. 水力喷射压裂井下工具

水力喷射井下工具尤其是长寿命高效喷嘴是确保水力喷射压裂工艺实现的关键技术环节。由于井下工作环境复杂，工具内部压力高，高流速的携砂流体对喷嘴会造成强烈磨蚀，喷射到套管和地层岩石的返流也会对水力喷射压裂工具造成损伤。因此，针对水力喷射压裂的施工特点，综合考虑多方面的因素之后，在理论和实验基础上进行了喷嘴流道结构设计、喷枪本体强化材料选择、喷嘴材料选择、井下管串组合优化。根据有关研究，水力喷射压裂用喷嘴主要采用陶瓷作材料、采用圆锥带圆柱出口段喷嘴结构。各种材料喷嘴的体积冲蚀磨损率实验数据见表 4.22。

表 4.22   各种材料喷嘴的体积冲蚀磨损率

喷嘴材料种类	冲蚀磨损率/(10^{-3}mm^3/g)
陶瓷	3.35
YG8 硬质合金	3.63
YT15 硬质合金	3.90
铸铁（HT15233）	48.12
45 淬火钢	59.97
聚氨脂塑料	135.3

2. 压裂液控制技术

水力喷射压裂一般采用油管内注冻胶、环空内注基液的双通道联合泵注方式，现场施工时压裂液体系如何满足油、套同注的工艺是保证水力喷射压裂作业成功实施的关键，必须确保压裂液在井底二次交联后仍能满足造缝和携砂要求。

3. 环空压力控制技术

对于高压气藏，停泵压力一般较高，这将导致施工时环空压力控制存在着安全操作风险和能否实现有效射孔、动态封隔的问题。因此环空压力控制技术也是保证水力喷射分段压裂工艺成功实施的关键之一。

在水力喷砂射孔及送球开滑套过程中，环空处于开启状态，为避免环空中的流体进入已压裂裂缝或已压裂裂缝中的流体大量进入环空，从而避免伤害已形成的支撑裂缝的导流能力，同时尽可能降低井底环空压力，提高喷砂射孔效果，需要控制环空压力。具体做法是控制地面放喷管线油嘴大小来达到控制喷砂射孔时的井底环空压力略低于已压裂层段压后关井井底压力。

在高挤喷射压裂过程中，需要控制井底环空压力低于已压裂层段裂缝延伸压力，从而达到已经压开的裂缝不会重新开启、实现水力动态封隔的目的。具体做法是通过调整环空排量来调整环空压力而达到控制要求。

五、应 用 效 果

2010～2011 年，新场气田沙溪庙组气藏沙二^{1}和沙二^{3}气层进行了 20 井次水平井套内封隔器分段压裂（表 4.23），其中 10 井次常规管内封隔器分段压裂，10 井次管内封隔器多级多段分段压裂，累计分段 153 段，平均单井分段 7.65 段。累计加砂 3339.3m^3，最大加砂规模 238m^3，单井平均加砂 145.97m^3，平均加砂规模是直井单层的 4.16 倍。

表 4.23　新场气田沙溪庙组气藏水平井压裂效果

序号	井号	改造工艺	完井方式	规模/m³	输气情况			
					油压/MPa	套压/MPa	天然气产量/(10⁴m³/d)	水产量/(10⁴m³/d)
1	XS21-3H	3 段	套管	120	22.69	23.52	2.6934	0.19
2	XS21-2H	4 段	套管	145	28.43	29.43	2.8519	0.3
3	XS21-5H	4 段	套管	100	29.03	29.31	5.1274	0.9
4	XS21-7H	4 段	套管	120	19.15	20.2	3.6009	2.2
5	XS21-8H	3 段	套管	100	24.73	25.03	2.5	0.6
6	XS23-2H	4 段	套管	120	31.54	30.55	3.2482	0.7
7	XS21-6H	5 段	套管	140	28.1	26.43	4.4601	0.36
8	XS21-4H	4 级 10 段	套管	180.5	22.0	22.99	5.3497	0.15
9	XS21-11H	5 级 13 段	套管	210.1	13.83	17.13	4.2591	12.5
10	XS21-17H	5 段	套管	193	23.82	25.45	5.2089	3.9
11	XS21-10H	5 段	套管	136	18.97	21.17	2.7000	9.61
12	XS21-14H	5 段	套管	150	17.09	20.34	2.8047	13.5
13	XS21-9H	5 级 8 段	套管	183	18.89	22.18	4.2875	8.5
14	XS21-12H	6 级 15 段	套管	228.6	/	/	/	/
15	XS21-13H	6 级 11 段	套管	170	20.67	24.2	2.3049	13
16	XS21-15H	5 级 8 段	套管	201	18.97	19.56	4.0417	5
17	XS21-16H	6 级 10 段	套管	228	21.51	23.03	4.9636	9.4
18	XS21-18H	8 级 15 段	套管	238	8.5	12	2.6408	31.1
19	XS21-21H	7 级 12 段	套管	194.1	28.91	26.8	6.1352	1.1
20	XS23-4H	5 级 9 段	套管	182	22.33	23.04	5.0044	0.5

1. XS311H 井水力喷射三段分段压裂

XS311H 井是新场气田沙溪庙组气藏沙三¹气层的一口水平井，水平段长 385m，垂深 2476.3m。当初采用液体欠平衡钻井希望能够自然建产，水平段采用 Φ139.7mm × 7.72mm 的衬管完井测试仅获天然气产量 $0.3 \times 10^4 m^3/d$，须进行分段改造。根据该井完井方式，优选采用了不动管柱滑套水力喷射分段压裂工艺。水平段井眼和最大水平主应力方向夹角约 40°～50°，将形成斜交缝。分段数为三段，喷嘴位置为储层物性较好的井段，三级喷枪均采用 Φ6mm×6mm 喷嘴组合。

2008年9月29日进行了 XS311H 水平井的现场施工。三段分别完成 40m³、30m³ 和 30m³ 陶粒的压裂规模，入地液量 997.7m³。施工各段油管排量 3.0～3.3m³/min，最高砂浓度 700kg/m³，泵压 65～76MPa，环空排量 0.9～1.5m³/min，施工曲线见图 4.39。

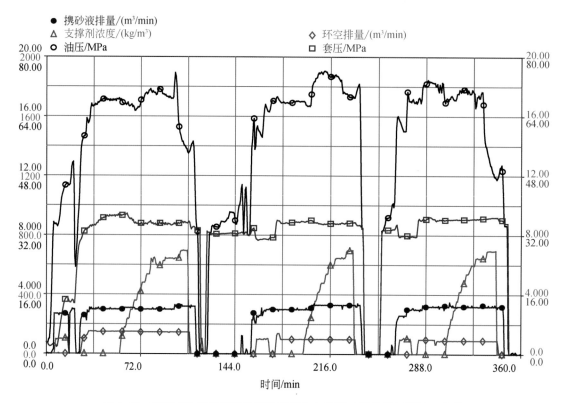

图 4.39　XS311H 水平井不动管柱滑套水力喷射三段分段压裂施工曲线

通过对水平段实施分三段射流压裂后，获得天然气测试产量 16.1×10⁴m³/d，增产倍比超过 50，是邻井直井单层压裂效果的 1.63 倍。

2. XS21-2H 不动管柱滑套式封隔器四段分段压裂

XS21-2H 井是新场气田沙溪庙组气藏沙二¹气层的一口水平井，水平段长 600m，垂深 2150m，该井采用 Φ139.7mm 套管完井，设计进行四段不动管柱滑套封隔器分段压裂。水平段井眼方向和水平最小主应力方向基本一致，形成的将是横切缝。

根据产能模拟，结合该井的固井质量及工具性能，设计四段规模分别为 35m³、35m³、35m³、40m³。设计采用较高施工排量（4.5～5.0m³/min）、前置比 34% 左右、两级段塞、低砂比（平均砂比 21.6% 左右、最高砂比 31.8%）降低施工风险。

2010 年 4 月 24 日对该井进行了四段共计 145m³ 的加砂压裂施工（图 4.40），射孔后天然气产量为 0.2×10⁴m³/d，压后天然气产量为 6.3372×10⁴m³/d，相比邻井同层位直井单层压裂井（平均绝对无阻流量为 2×10⁴m³/d）的增产倍比为 3.15。

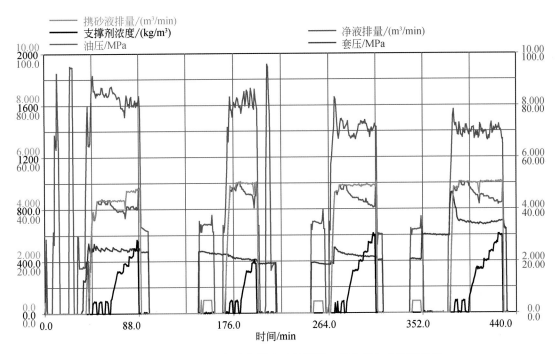

图 4.40　XS21-2H 水平井滑套式封隔器四段分段加砂压裂曲线

第五节　高效返排配套工艺

　　川西中浅层致密砂岩储层由于低孔低渗、黏土矿物含量高的特点，当外来流体侵入时，储层极易受到水敏和水锁等伤害，最终导致气井产能受到影响。压裂是一个解除储层伤害的重要手段，但压裂过程也不可避免地引入外来流体，会对储层造成一定的伤害，影响压裂效果。因此有效降低压裂过程的伤害，提高改造效果，是低渗致密气藏开发极其重要的环节。国内外研究成果表明，压裂过程中返排造成的伤害是影响压裂效果的重要因素之一，因此配套完善的高效返排措施是提高致密气藏压裂改造效果的重要保障。

一、高效返排措施

（一）液氮增能助排工艺

1. 作用原理

　　当液氮随同前置液、携砂液一起泵入井筒内，高压氮气被携砂液和顶替液沿裂缝推入地层中较远的地方。在压后放喷时，由于井底压力下降，受压缩的氮气迅速膨胀，推着压裂液进入井筒，达到气液两相混合，从而降低了井筒液柱压力，使压裂液连同氮气一起喷出井口，达到助排的目的。由于井筒中气液两相混合流体相对密度较低，施工井口压力比常规压裂略高。

氮气在压裂过程中具体起到了以下两种作用。

（1）助排降压作用

1）压缩氮气卸压后膨胀助推能量有利于压裂液返排。

2）氮气与压裂液混合流体密度低，降低了垂直管流中液柱对地层的回压，有利于压裂液自喷返排。

（2）降滤失作用

1）氮气优先占据微裂隙和高渗层，阻止了后续压裂液沿高渗地带滤失。

2）分散于压裂液中的气泡、泡沫，能有效地封堵住地层孔隙，叠加的气阻效应使压裂液滤失降低。

3）以气体做降滤失剂，在返排时能顺利返出，避免了用粉陶降滤失对地层和裂缝造成的渗透率伤害。

4）气液两相流动时，使得液相渗透率降低，降低了压裂液的滤失量。

2. 液氮加注工艺优化

（1）液氮用量优化

液氮量越大返排能力越强，对于规模较大的压裂而言，以混气方式实现完全自喷返排，液氮用量非常可观。受经济因素的制约，不能片面追求液氮消耗量，应在施工效果与经济效益间寻求一个结合点。因此，在压裂优化设计中，对注入液氮量的优化提出了要求，其优化方法如下：

氮气的干度是指在一定的压力、温度下，氮气所占体积与液体和气体总体积的比值，即

$$S = V_g/(V_g + V_l) \qquad (4.50)$$

式中，S 为氮气干度，%；V_g 为氮气体积，m^3；V_l 为压裂液体积，m^3。

压裂液自喷返排的最小干度：

$$S_{min} = \frac{\rho_l - (P_e - \Delta P) \times 10^3/(gh)}{\rho_l - \rho_{gm}} \qquad (4.51)$$

ρ_l 为压裂液密度，g/cm^3；h 为井深，m；ρ_{gm} 为在 P、T 条件下氮气的密度，g/cm^3；P_e 为地层压力，MPa；h 为液柱高度，m；ΔP 为启动压力、摩阻及气体滑脱损失，MPa。

自喷返排时，氮气最小体积用量：

$$V_{g\,min} = \frac{V_l \times S_{min}}{1 - S_{min}} \qquad (4.52)$$

氮气最小质量用量：

$$M_{g\,min} = V_{g\,min} \cdot \rho_{gm} \times 10^{-3} \qquad (4.53)$$

液氮体积用量：

$$V_{N_2} = (M_{g\,min}/\rho_{N_2}) \times 10^3 \qquad (4.54)$$

ρ_{N_2} 为液氮密度，其值为 $0.80823 g/cm^3$。

以上公式是在假设氮气全部排出，忽略气体的滑脱效应、返排时的摩阻及生产压差和液氮的自身损耗情况下推导出的，实际液氮用量公式为

$$V = KV_{N_2} \quad (K = 1.5 \sim 3) \qquad (4.55)$$

（2）混气过程优化

压裂过程中，前置液、携砂液依次泵入地层，从进入地层的顺序看，前置液及先期泵注的携砂液在裂缝中的暴露时间长，滤失量大，距离井筒远，在设计混注氮气时，应将这一部分压裂液的混气量增大，提高氮气的降滤失、助排作用；而缝口附近处不宜将氮气量提高，防止沉砂不连续或干扰砂子的沉降，使缝口得不到有效支撑，影响压裂效果。建议混注氮气量按照泵注压裂液的次序线性递减或台阶性递减，至缝口处降至零，既保证返排时氮气的连续性，又要保证填砂的有效性。

针对地层压力降低、压裂液返排速度及返排率降低的问题，现场试验结果表明：液氮比例达到 7％时，利用液氮伴注可以在 4h 内使压裂液返排率提高 40％以上。所以通过优化研究推荐液氮用量为 7％～9％。例如，针对洛带蓬莱镇和遂宁组低压和常压气藏，龙遂32D 井在 1652～1661m 加砂压裂时，采用了 2 台液氮泵车（液氮混注比例 7％左右）全程伴助液氮，压后 4h 内，压裂液返排率达到了 85％左右，达到了快速返排、准确评价储层含气性的目的。

（3）返排程序优化

氮气注入地层后会逐渐扩散，若不及时返排，则其能量会逐渐消失；同时由于压裂液在完成携砂至人工裂缝预定位置后，在地层中滞留的时间越长，则破胶液在地层中滤失就越严重，这样势必会造成返排液对地层更大的污染伤害。因此，为充分发挥液氮助排效果，压裂施工结束后就应立即开井排液并采用较大的油嘴控制放喷、强制裂缝闭合，以实现快速排液。

一般在排液初期以采用 5～8mm 油嘴控制为宜，在 0.5h 后采用 10mm 油嘴，2h 后则采用 12～16mm 油嘴，甚至可根据产能情况采取敞井放喷。目前，通过此技术在新场气田CX485、CX493D 等井的现场应用，既有效地防止了缝口处支撑剂的回流，又达到了快速放喷、尽可能降低储层伤害的目的。

（二）纤维加砂工艺

由于低渗致密气藏高效返排措施要求压裂施工结束，人工裂缝闭合后，立即对压裂破胶液进行快速返排，以达到降低压裂破胶液由于长时间滤失而造成的对储层的污染伤害。对于压裂人工裂缝，由于快速返排容易造成支撑剂的回流，一方面影响到人工裂缝的导流能力的降低；另一方面容易导致测试中油嘴的频繁刺坏，甚至造成安全事故。因此，为配合液氮增能快速高效返排工艺的有效实施，采用纤维加砂工艺来解决有效防止支撑剂回流的问题。

1. 作用原理

通过把人造纤维混在携砂液中尾随注入，在井筒附近的裂缝中形成复合性支撑剂，支撑剂是基体，纤维是增强相，从而将支撑剂稳固在原始位置，而流体可以自由通过，达到预防支撑剂回流的目的。其中，裂缝中的纤维通过多种机理来稳固砂拱。每根纤维与若干支撑剂颗粒相互接触，通过接触压力和摩擦力相互作用。这种纤维稳定支撑剂技术是通过纤维与支撑剂间的相互作用形成空间网状结构而提供支撑剂与裂缝之间额外的黏结力，从而将支撑剂稳定在原始位置，而流体可以自由通过。

　　压裂施工结束时，裂缝中的支撑剂因承受压力，颗粒间以接触的形式相互作用而达到力学平衡。压裂液开始返排后，由于流体流动的冲刷，这种平衡受到破坏，支撑剂颗粒就发生塑性剪切形变，形成一系列的拱形结构，即砂拱（图 4.41）。在压后排液过程中，砂拱的剪切变形引起纤维的变形，诱发的纤维轴向力分解为切向、法向两部分，切向分量直接抵抗砂拱剪切变形，法向分量增加侧向压力，进而增大支撑剂间的摩擦力，间接抵抗砂拱剪切变形，从而提高砂拱的稳定性和临界返排速度，有利于控制支撑剂的返排。

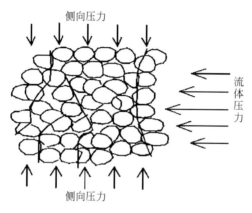

图 4.41　砂拱示意图

　　由此可见，支撑剂中的纤维成分能够增强支撑剂砂拱移动变形的阻力；另外，一条纤维可以同时与 10～20 个砂粒作用使它们缠绕在一起，从而增加了支撑剂耐冲刷的能力。这两种作用将大大提高支撑剂充填层稳定性，使一盘散砂变成了一个整体。其优点是没有复杂的化学反应而是通过物理作用稳定裂缝中的支撑剂，受地层流体、地层温度、闭合压力和关井时间的影响较小，与压裂液的配伍性良好，不会造成地层伤害。这种支撑剂回流控制技术能减少支撑剂的回流控制费用并能增大油气井的产量。

　　如图 4.42 所示，在支撑裂缝中取出一个砂拱单位进行受力分析。作为外力，纤维承受着支撑剂颗粒的接触压力和摩擦力；作为内力，它主要承受轴向拉应力，通过受力分析和数学推导可

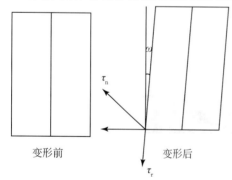

图 4.42　纤维增强作用示意图

得出：

$$\tau = \mu\sigma_1 \tag{4.56}$$
$$\sigma_n = \kappa\alpha^{3/2} \tag{4.57}$$
$$\sigma_1 = 2\mu\kappa L\alpha^{3/2} \tag{4.58}$$

式中，τ 为纤维表面摩擦力；σ_n 为纤维与砂粒间的接触压力；μ 为摩擦系数；σ_1 为纤维拉应力；κ 为 Hertz 系数；α 为接触压痕深度；L 为纤维长度。

压后排液时，支撑剂颗粒形成砂拱，微面元产生剪切变形。从图 4.42 可知，纤维对剪切变形的抵抗力可分为切向力 τ_τ 和因纤维对砂团施加压力而产生的颗粒间的附加摩擦力 τ_n，它们均对砂拱变形产生阻力作用。用因纤维而产生的额外砂拱变形阻力 Δs_τ 来表征砂拱强度的增加值，由数学推导可得：

$$\Delta s_\tau = f_w L \mu \ (\kappa \alpha^{3/2}) \ (\sin\omega + \cos\omega \tan\varphi)/D \tag{4.59}$$

式中，D 为纤维直径；φ 为颗粒间的内部摩擦角；Δs_τ 为变形阻力；f_w 为纤维体积含量；τ_n 为切向力；τ_τ 为附加摩擦力；ω 为剪切角。

从式（4.59）可见，纤维体积含量越高，纤维越长，支撑剂越细，纤维与支撑剂颗粒间的摩擦系数越大，则纤维对支撑剂的增强效果就越好。

2. 支撑剂网络加砂的作用原理

随着目前技术的发展，纤维的作用不仅仅在于防止支撑剂回流方面，同时还体现在纤维在加砂压裂中的携砂作用、改变支撑剂的沉降速度、改善支撑剂铺砂剖面获得更好的裂缝形态、降低裂缝伤害等方面的作用，即纤维网络加砂压裂技术，该技术对闭合压力不高、闭合时间相对较长的储层尤其适用。

将纤维加入到流体-微粒悬浮液中能改变微粒沉降的性质。没有纤维时，微粒沉降过程一般遵循斯托克斯定律。即支撑剂颗粒在流体中的沉降速度正比于颗粒粒径和密度，反比于流体黏度。加入纤维后，支撑剂颗粒的沉降就不再遵循斯托克斯定律。若在加砂压裂过程中全程掺入纤维，则纤维在压裂液中与支撑剂颗粒相互作用形成网状结构（图 4.43），阻止微粒下沉，从而大大改变支撑剂的沉降速度，并通过一种机械的方法来携带、运输和分布支撑剂。压裂过程中全程加入纤维，利用纤维对支撑剂的携带、运输和分布作用，降低了压裂液黏度对颗粒沉降速度的决定作用，从而可以降低压裂液中聚合物的浓度，进而降低压裂液的伤害。同时支撑剂沉降性质的改变、压裂液聚合物浓度的优化，有利于形成更好的裂缝铺置剖面，使裂缝高度得到相应的控制、获得更加有效的裂缝支撑长度。另外国外研究表明纤维可以抑制管线内形成湍流漩涡（即边界层效应），从而降低管柱施工摩阻。

图 4.43　纤维的网络结构携带支撑剂

目前，国外斯伦贝谢公司对该技术和 FiberFRAC 纤维产品的室内开发研究进行过介绍，但还没有全程纤维网络加砂压裂技术现场实施的报道。而国内纤维技术仅用在防止支撑剂回流上，利用纤维全程携砂进行压裂的技术还没有相关的研究和介绍。

3. 纤维加砂工艺的技术优势

纤维加砂技术优点主要表现在以下几个方面：

1）纤维防支撑剂回流技术没有复杂的化学反应而是通过物理作用来稳定裂缝中的支撑剂，受地层流体、地层温度、闭合压力和关井时间的影响较小，与压裂液的配伍性良好，可在压后直接开井返排，有利于提高返排效率和降低地层伤害。

2）由于网络防支撑剂回流技术是依靠纤维在压裂液中形成的网状结构来运输、悬托并均匀分布支撑剂，因此可以达到降低支撑剂在人工裂缝内运移时的沉降，更有利于形成均匀饱满的沉砂剖面（图 4.44、图 4.45）。

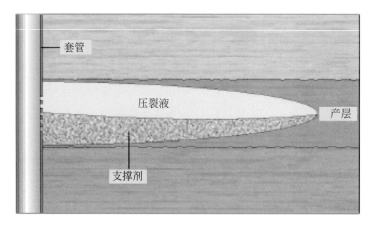

图 4.44　不加纤维人工裂缝沉积剖面示意图

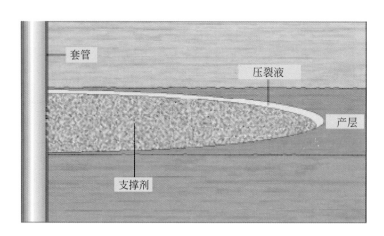

图 4.45　全程纤维人工裂缝沉积剖面示意图

从图 4.44 和图 4.45 中可以看出，在压裂过程中，随着支撑剂和纤维的一起泵入，纤维在人工裂缝内形成了网络，每根纤维与若干支撑剂颗粒相互接触，通过接触压力和摩擦力相互作用；纤维与支撑剂间的相互作用形成空间网状结构而增强支撑剂的内聚力，从而将支撑剂稳定在原始位置，而流体可以自由通过，达到预防支撑剂回流的目的。支撑剂中的纤维成分能够增强支撑剂砂拱移动变形的阻力；纤维可以同时与多个砂粒作用使它们缠绕在一起，从而增加了支撑剂耐冲刷的能力。这两种作用将大大提高支撑剂充填层稳定性，大大降低了填砂裂缝内支撑剂的沉降速度。

3) 由于网络纤维防支撑剂回流工艺是利用纤维对支撑剂的携带和运输，因此不需要增加压裂液的黏度来提高携砂能力，可以降低压裂液中聚合物的浓度，进而降低压裂液的伤害。另外国外研究表明纤维可以抑制管线内形成湍流漩涡（即边界层效应），从而降低管柱施工摩阻。

4. 纤维支撑剂室内评价实验

（1）纤维与压裂液的配伍性评价实验

配伍性评价实验主要包括：纤维对压裂液成胶和破胶性能的影响、纤维在压裂液中的分散性、纤维与支撑剂的混合性，实验结果见表 4.24～表 4.30。

表 4.24　纤维对压裂液成胶和破胶性能的影响

纤维名称		WLD-S	玻璃纤维	GX-2	BX-2
60℃沙溪庙压裂液配方	成胶	无	无	无	无
	破胶	有	有	有	有
40℃蓬莱镇压裂液配方	成胶	无	/	/	/
	破胶	有	/	/	/

表 4.25　不同纤维在不同介质中的分散性能

纤维名称	WLD-S	玻璃纤维	BX-2	GX-2
颜色	白色	亮白色	白色	白色
在清水中的分散性	无法分散	吸水性差、分散快且均匀，当纤维浓度≥1.2%时分散性变差，有少量缠结成团现象	无法分散，且上浮	纤维呈絮状分散且分散均匀，当纤维浓度≥1.2%时分散性变差，有缠结成团现象
在压裂液基液中的分散性	分散均匀，但纤维浓度≥0.9%时，纤维在静止状态下有上浮呈絮团状	分散均匀，静止状态有下沉现象	分散好，但纤维浓度≥0.9%时，纤维在静止状态下有上浮呈絮团状	分散均匀，但纤维浓度≥1.5%时，纤维在静止状态下有上浮呈絮团状
在压裂液冻胶中的分散性	分散好，纤维浓度≥1.2%时冻胶脆性增大	分散均匀，纤维浓度≥0.9%时冻胶脆性增大	分散均匀	分散均匀，纤维浓度≥1.2%时冻胶脆性增大

表 4.26　不同纤维与支撑剂的混合性能评价

纤维名称	WLD-S	玻璃纤维	BX-2	GX-2
颜色	白色	亮白色	白色	白色
纤维与干陶粒的混合性	不混合	混合性一般	不混合	不混合
在压裂液中二者的混合性	混合性好	混合性好	混合性好	混合性好

表 4.27　WLD-S 纤维＋砂在压裂液中的沉降及分散性

项目	观察时间	不同纤维加量（‰）的沉降速率/%				实验现象
		7	9	12	15	
常温冻胶	60min	/	/	/	/	分散均匀
60℃水浴	60min	70.00	63.83	62.5	60.42	破胶彻底，纤维和支撑剂混合均匀，小部分纤维有上浮分离现象

表 4.28　玻璃纤维＋砂在压裂液中的沉降

项目	观察时间	不同纤维加量（‰）的沉降速率/%						实验现象
		0	5	7	9	12	15	
常温冻胶	60min	31.42	5.63	5.14	3.64	3.06	1.37	混合均匀
60℃水浴	60min	77.01	62.82	56.57	52.78	47.40	44.21	破胶彻底，纤维和支撑剂混合均匀，少量纤维有分离现象

表 4.29　BX-2＋砂在压裂液中的沉降

项目	观察时间	不同纤维加量（‰）的沉降速率/%						实验现象
		0	5	7	9	12	15	
常温冻胶	60min	/	2.17	2.17	1.74	1.74	1.32	混合均匀
60℃水浴	60min	79.74	76.09	70.93	66.67	63.44	53.33	破胶彻底，纤维和支撑剂混合均匀，极少量纤维有分离现象

表 4.30　GX-2＋砂在压裂液中的沉降

项目	观察时间	不同纤维加量（‰）的沉降速率/%						实验现象
		0	5	7	9	12	15	
常温冻胶	60min	11.06	5.38	5.38	4.26	4.35	3.44	混合均匀
60℃水浴	60min	74.86	71.43	64.57	61.14	64.14	60	破胶彻底，纤维和支撑剂混合均匀，极少量纤维有分离现象

（2）纤维与支撑剂混合后的导流能力及渗透率对比分析

对不加纤维的支撑剂（陶粒）和加入纤维的支撑剂的导流能力和渗透率进行了评价。实验结果见图 4.46～图 4.53 和表 4.31。从图、表中可见，玻璃纤维对导流能力影响比较大，而优选的高效纤维的加入对支撑剂的导流能力的影响甚小，即高效纤维不会对支撑剂的导流能力造成损害。

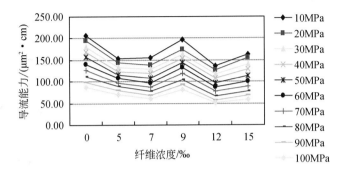

图 4.46　WLD-S 纤维浓度-导流能力评价结果

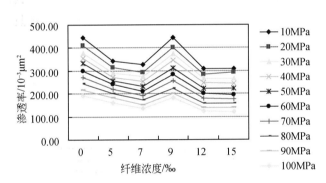

图 4.47　WLD-S 纤维浓度-渗透率评价结果

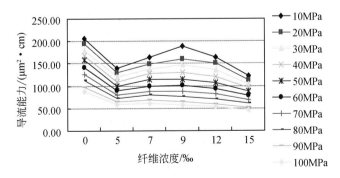

图 4.48　玻璃纤维纤维浓度-导流能力评价结果

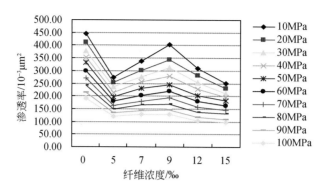

图 4.49　玻璃纤维纤维浓度-渗透率评价结果

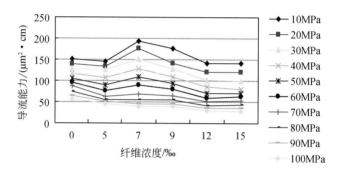

图 4.50　BX-2 纤维浓度-导流能力评价结果

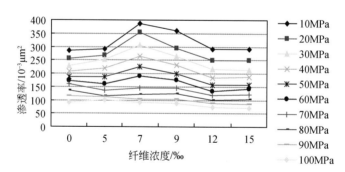

图 4.51　BX-2 纤维浓度-渗透率评价结果

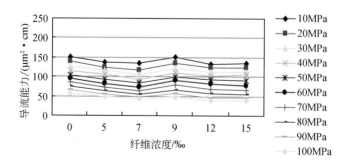

图 4.52　GX-2 纤维浓度-导流能力评价结果

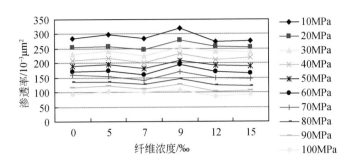

图 4.53　GX-2 纤维浓度-渗透率评价结果

表 4.31　纤维对支撑剂导流能力和渗透率的影响评价表

闭合压力/MPa		10	20	30	40	50	60
导流能力/$(\mu m^2 \cdot cm)$	0.7%GX-2	139.13	122.08	104.61	88.6	76.1	70.53
	0	130.37	118.25	106.15	96.59	84.48	71.8
导流能力的变化率/%		6.7	3.2	−1.5	−8.2	−9.9	−1.7
渗透率/μm^2	0.7%GX-2	327.36	283.97	245.85	210.25	182.54	170.86
	0	330.05	304.14	269.14	250.1	220.57	189.5
渗透率变化率/%		−0.8	−6.6	−8.6	−16	−17.2	−9.8

注：（1）支撑剂是 30～50 目的圣戈班陶粒；（2）铺砂浓度 8kg/m²。

5. 纤维加砂工艺优化

（1）评井选层原则

压裂井支撑剂回流是由多种原因造成的，但其中的一个主要内因是地层自身的特性。大量出砂井统计研究表明，地层岩性比较疏松且压前产量较高的井、闭合压力低及闭合时间长的储层更容易产生支撑剂回流的现象。岩性较疏松、闭合压力低的地层对支撑剂的夹持作用较弱，在相同流速的流体冲击下，其支撑剂更容易脱落回吐；同样，当压前射孔测试产量较高时，储层流体能量就更充足（往往预示着压后产量更高），压后返排时地层流体的流速就会更快，流体对支撑剂向外的拖曳力就更大，在其他地层条件相同的情况下，射孔测试产量较大的井更容易出砂。

因此对于纤维支撑剂压裂工艺而言，选井时重点选择压后需要快速返排、但容易出砂的地层。

（2）工艺优化

纤维网络加砂工艺技术和纤维支撑剂防砂剌工艺技术与常规加砂压裂施工工艺相近，但压裂设计时应注意以下 4 点。

1）为了使纤维能够与携砂液均匀混合，要求使用延迟胶联压裂液，延迟交联时间一般为 2min 左右。

2）采用全程纤维网络加砂工艺时，纤维的加入可以降低压裂液黏度对沉降速度的决定作用，从而在压裂液优化设计中有更大的回旋余地。为减小压裂液对储层的伤害，可降低胍胶浓度，优化压裂液的携砂性能。同时为了减小液体返排过程中出砂的可能性，压裂液的破胶液黏度≤5mPa·s。

3）纤维既可以在加砂压裂的全过程中使用，也可以仅在加砂压裂的后期尾追加入。为防止支撑剂回流和节约成本，对于闭合压力低但闭合时间快的储层，一般推荐纤维尾追加入，在尾追量较低时，随着纤维尾追量的增加，防砂效果变好，从经济角度考虑，做压裂设计时可按照 PT 软件形成的支撑裂缝缝高和缝宽的数据，计算出缝口至裂缝约 $40\sim60m$ 段支撑剂的体积作为尾追量，由此尾追纤维可在井筒附近的缝口形成长达 $40\sim60m$ 的纤维/支撑剂复合充填层，从而增强支撑剂砂拱移动变形的阻力和支撑剂耐冲刷的能力，能充分起到防止支撑剂回流的作用。目前各区块现场施工采用的尾追纤维浓度为 0.7%。

对于闭合压力低且闭合时间长的储层，为改善裂缝中支撑剂的铺置剖面，提高有效支撑裂缝半长，改善支撑裂缝导流能力，降低储层伤害，可进行全程纤维网络加砂。从纤维与压裂液配伍性看，全程纤维网络加砂的纤维加量不宜过大，推荐纤维浓度为加砂规模的 $0.7\%\sim0.9\%$ 加量以下。

4）顶替阶段应适当地冻胶过量顶替。

（3）纤维加入方式优化

根据现场经验和纤维防砂剂工艺技术的特点，制定了三种纤维加入方式。

1）人工加入法。尾追纤维阶段在支撑剂从砂罐出砂口进入砂斗时，利用人工加入的方法，按比例将纤维均匀加入砂斗中，通过搅龙进一步将纤维与支撑剂混合进入混砂车，完成纤维的加入。人工加入法不需添加其他加入装置，具有现场可操作性，一般采用尾追纤维工艺的施工井普遍采用的是人工加入法，使用人工加入的方法成功地完成了纤维的加入，整个压裂施工过程顺利。但人工加入时存在纤维加入不均匀和加量无法准确计量的缺点。

2）机械计量分散输送法。尾追纤维阶段在支撑剂从砂罐出砂口进入砂斗时，采用机械计量装置可在计量情况下将纤维均匀分散地加入砂斗，通过搅龙进一步将纤维与支撑剂混合进入混砂车，完成纤维的加入。纤维分散输送机通过转速控制能满足每分钟 $5.6\sim73.1kg$ 的纤维输送，此类装置体积小，现场施工时便于放置（实物图参见图 4.54）。纤维输送机已经在 CX491-1、X910-1、MJ102 井成功应用，达到了准确计量、均匀分散纤维的目的。

3）干混罐混合后加入法。预先使用干混罐按比例将纤维与尾追纤维阶段需加入的支撑剂混合均匀，放入一独立的小型砂罐。现场施工中，进入尾追纤维加砂阶段时，利用快速倒罐技术，停止主砂罐的加砂，将小砂罐中均匀混合纤维的支撑剂输送到混砂车，完成尾追纤维加砂阶段的加砂任务；全程网络加砂的纤维混砂方法与 2）相同。此方法能满足纤维计量和均匀分散混合的要求，且使用成本低、操作简单，比前两种方法更具优势。

由于不具备干混罐设备，目前纤维混砂采用的是人工混砂，混合后放入独立砂罐。此方法能满足纤维计量的要求但无法达到均匀分散。

（4）配套测试工艺要求

纤维防砂剂工艺技术对压后测试管线有一点特殊要求，即控制放喷速度的井口油嘴要用双油嘴（即要有 2 条以上的放喷管线）。因为压后快速排液时，由于压裂液中部分纤维

图 4.54　纤维输送机实物图

的堆积，可能导致井口的油嘴堵塞。井口采用双油嘴阀门，快速返排时若其中一个油嘴堵塞，可以立即用另一个油嘴排液，同时方便更换堵塞的油嘴。

二、应 用 效 果

针对地层压力低、压裂液返排速度及返排率降低的问题，为增加压裂液返排压差和避免支撑剂回流同时加大压裂液的返排速度，形成了"液氮＋纤维"高效返排工艺技术。该技术在 CX483 井取得突破后，目前在川西低渗致密气藏得到了广泛的推广应用。

（一）L87D-1 井液氮增能加砂压裂

1. 优化设计方案

本井采用恒定内相设计方法对液氮增能参数进行了优化设计。

根据液氮车设备能力，结合本井井口（KQ35MPa/65-70 主闸）承压及油管（Φ73mm×5.5mmJ55）抗内压 50MPa，考虑加砂规模较大，设计净液排量 3.0m³/min，前置液阶段设计液氮排量 300sm³/min（sm³：标 m³），尽可能提高伴注液氮比例，提高前置液的返排率，携砂阶段保证内相恒定，液氮排量依次递减，从前置液阶段液氮排量至携砂液后段设计了三段递减，其中前置液一段，携砂液两段，恒定内相设计施工参数见表 4.32。

表 4.32　L87D-1 井加砂压裂工艺设计参数

射孔井段/m	1654～1657
压裂井口	KQ35MPa/65-70 主闸
注入方式	油管注入
注入压裂液总量/m³	112.5
高挤前置液/m³	25
携砂液/m³	76
顶替液/m³	5.5
支撑剂：20～40 目强盛低密陶粒/m³	19
平均砂液比/%	25.0
施工排量/(m³/min)	3.0～3.5

2. 现场施工

2009 年 4 月 30 进行加砂压裂改造（施工曲线见图 4.55）。采用 Φ73mm 油管注入，油管底界位置：1649m；施工入地液量：124.06m³（低替由设计 6m³ 变为 17.56m³），加入 20～40 目强盛低密度陶粒 19m³，施工压力 46～53MPa，施工排量：3.0m³/min，平均砂液比：22.9%，破裂压力：33.3MPa。全程伴注液氮 15m³，液氮伴注排量 300sm³/min。

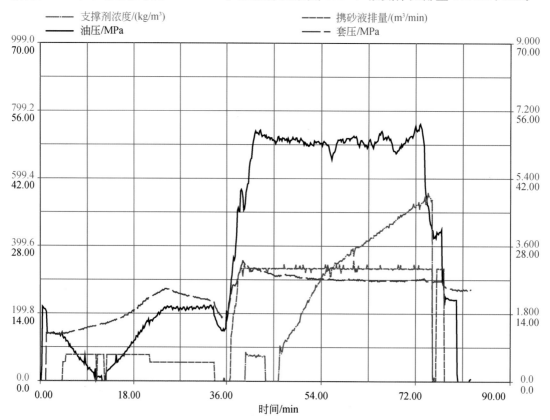

图 4.55　L87D-1 井（1652.8～1664.1m）井段压裂施工曲线

设计三段台阶式递减伴注液氮，实际施工时采用恒定携砂液排量及液氮伴注排量，实际液氮施工参数见表4.33。

表 4.33　L87D-1 井实际液氮施工参数表

压裂液排量/(m³/min)	支撑剂排量/(m³/min)	液氮用量/m³/伴注比例/%	液氮排量/(sm³/min)	井底氮气排量/(m³/min)	井底泡沫液排量/(m³/min)	泡沫质量/%
3.0	/	15.0/15.9	300	1.1661	3.1661	28
	0.34		300		3.1661	36.1

3. 效果分析

压后三层合排，压后 7h 排液 70m³，返排率达到 56.4%，排液 2h 即点火，该井最终返排率为 60%（累计返排 72.5m³，入地液量 124m³）。通过液氮增能压裂后，在稳定油压 13MPa、套压 13.5MPa 条件下，天然气产量为 $4.2196×10^4 m^3/d$，天然气绝对无阻流量为 $12.8515×10^4 m^3/d$。

（二）DS101 井"液氮"+"纤维"加砂压裂工艺

新都气田遂宁组储层具有强水敏特点，压裂改造时极易引起储层水敏、水锁伤害；气藏地压系数低，大多数压裂井存在返排困难的问题，压裂井的返排率大多不足 50%。为达到快速高效返排、尽可能减少对地层的伤害、促进压裂缝的有效支撑，设计采用全程"液氮伴注＋全程纤维"工艺完成了 60m³ 陶粒支撑剂加砂压裂施工（图 4.56）。

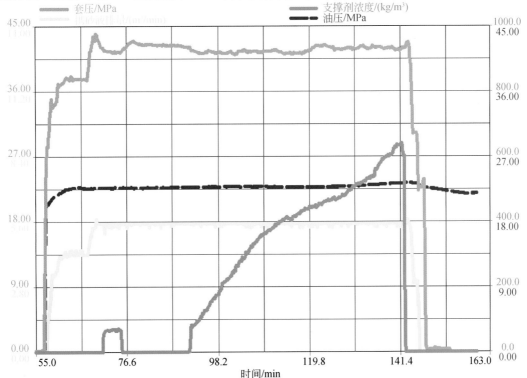

图 4.56　DS101 井"液氮伴注＋全程纤维"压裂施工曲线

DS101 井遂宁组 1913～1926m 目的层施工中伴注液氮量为 18m³，液氮泵注排量为 185～198sm³/min。在加砂压裂施工结束后，立即采用大油嘴加强排液，强制裂缝闭合，按设计要求 0.5h 内采用 Φ5mm 油嘴控制，0.5h 至 1h 采用 Φ8mm 油嘴控制，1h 后采用 10mm 油嘴控制。压后返排效果较好，开井 16h 累计排液 352m³（入地压裂液约 430m³），返排率达到 79.8%，全程纤维网络加砂取得较好效果，未出现支撑剂回流现象。射孔后天然气产量为 0.34×10⁴m³/d，压后天然气绝对无阻流量为 9.37×10⁴m³/d。

（三）整体应用效果

目前，以"液氮增能＋全程纤维"为特色的高效返排复合工艺，在洛带气田蓬莱镇组气藏中获普遍推广应用，增产效果显著（表 4.34），与实施常规压裂工艺的单井相比，实施高效返排复合工艺的井平均单井产量增加 3000m³/d。

表 4.34　洛带气田"液氮伴注＋全程纤维"高效返排复合工艺实施井效果统计

井号	层位	砂量 /m³	液氮 /m³	纤维 /kg	瓜胶浓度 /%	返排率 /%	压后天然气绝对无阻流量/(10⁴m³/d)	邻井平均天然气绝对无阻流量/(10⁴m³/d)
LS50D	Jp₃⁴	12	7.5	/	0.25	64.7	0.5611	/
	Jp₄²	10	7.5	/				
LS50D-1	Jp₄³	18	13	108	0.25	70.6	4.3177	0.222
LS32D	Jp₄³	10	11	75	0.25	74.8	0.217	0.2
LS18D-1	Jp₂⁴	10	11	70	0.25	54.6	0.086	0.5372
L36	Jp1	18	14	125	0.25	63.9	0.6975	0.3466
LS10	Jp₃²	18	13	90	0.25	61.5	2.747	0.65
LS22D-2	Jp₃²	10	10	80	0.2	63.4	微量	/

第五章 深层、超深层须家河组储层改造工艺

川西深层、超深层致密气藏储层改造难点主要为地层破裂压力高、施工压力高，裂缝不发育储层的施工压力甚至超过目前国内压裂施工配套能力和水平，裂缝发育储层往往易砂堵导致压裂施工失败。针对性地形成了高应力储层改造工艺、孔隙性储层超高压大型压裂工艺和裂缝型储层网络裂缝酸化工艺等特色增产技术，推动了深层、超深层须家河组气藏的勘探开发。

第一节 高破裂压力储层改造工艺

压裂实践表明，一些致密砂岩储层破裂压裂力异常高，压开难度大，施工压力高，典型的如川西致密碎屑岩须家河组气藏和赤水地区碎屑岩低渗气藏等，给压裂改造带来极大的困难，须寻找降低破裂压力和施工压力的方法，保障施工的顺利进行。

致密砂岩储层高破裂压力形成的原因比较复杂，下面将以川西须家河组储层为例，通过岩石力学性质、区域地应力、工程因素和其他因素等综合分析，探讨形成破裂压力异常的原因，为降低储层破裂压力提供思路和方法。

一、地应力剖面分析及破裂压力预测

（一）须家河组储层破裂压力区域分布规律

须家河构造的南北部表现出不同的构造应力特征（图 5.1），表 5.1、表 5.2、表 5.3 为须家河不同构造位置的施工破裂压力统计情况表，不同构造须家河组表现出不同的破裂压力特征。

新场构造北部的丰谷构造、高庙子构造、合兴场构造表现出异常高破裂压力特征。新场构造及新场构造以南的孝泉构造、马井构造、金马构造、洛带构造表现出相对低破裂压力情况，具备了储层改造的基础，是须家河储层改造的重点区域。

大邑构造须家河主要进行须二段的测试，施工井有 DY1、DY2、DY3、DY101 井，但施工井表现出截然不同的破裂压力特征。DY1 井 5060~5128m 裂缝异常发育，在井口限压 82MPa 下未能压开储层，储层破裂压力梯度＞2.6MPa/100m，采用重新射孔和酸化处理后储层吸酸压力梯度仅为 1.6MPa/100m，表现出较低的压力。DY2 井 5395~5415m、5500~5550m 主要为孔隙性储层，经过 2 次测试压裂施工和 2 次酸化施工均未能压开地层，破裂压力异常高。

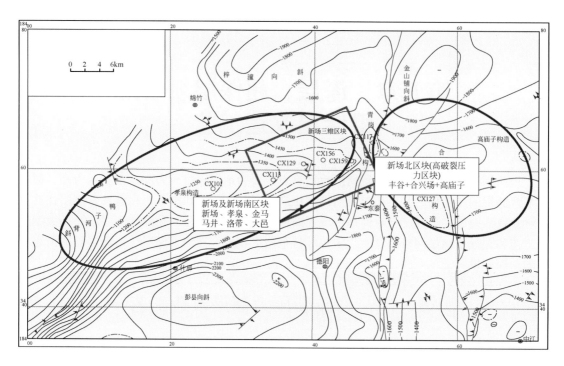

图 5.1　须家河不同破裂压力划分图

表 5.1　新场构造北区块施工井情况

井号	层段/层位	压裂酸化方式	破裂压力梯度/(MPa/100m)
CH148	3498.2～3527m/Tx4	加砂压裂	2.9
CF563	3738～3747m/Tx4	加砂压裂	3.3
CG561	3886～3905m/Tx4	酸化	3.05
CF563	4672～4744m/Tx2	酸化	井底压力 131MPa 未压开储层
CG561	4921～4943m/Tx2	加重酸化	3.24（破裂迹象不明显）
CL562	4998～5026m/Tx2	测试压裂	井底压力 142MPa 未压开储层

表 5.2　新场构造及新场南构造区块施工井情况

井号	层段/层位	压裂酸化方式	破裂压力梯度/(MPa/100m)
X855	3583～3595m/Tx4	酸化	2.4
X882	3380.2～3402.2m/Tx4	加砂压裂	2.1
CX568	3613.5～3623m/Tx4	加砂压裂	2.75
CX568	3541～3559m/Tx4	加砂压裂	2.86
CX568	3402～3430m/Tx4	加砂压裂	2.33

续表

井号	层段/层位	压裂酸化方式	破裂压力梯度/(MPa/100m)
L651	3499~3517m/Tx4	测试压裂	2.1
L150	4716~5106m/Tx2	测试压裂	<2.0
MS1	5465~5495m/Tx2	测试压裂	1.8
MS1	5275~5294m/Tx2	测试压裂	2.42
JS1	4946~4963m/Tx2	测试压裂	2.18

表 5.3　大邑须家河储层破裂压力分布

井号	井段	层位	破裂压力梯度/(MPa/100m)
DY1	5060~5128m	Tx2	>2.6（>82MPa 未开）（重新射孔后，吸酸梯度为1.6）
DY2	5395~5415m	Tx2	>2.64（>85MPa 未开）（酸处理后，吸酸梯度为2.50）
	5500~5550m		
DY3	5015~5095m	Tx2	2.2±

（二）须家河组储层地应力剖面分析及破裂压力预测

岩石力学参数对于预测压裂施工压力、得到分层地应力剖面、确定水力压裂裂缝的形态有重要意义。根据三轴力学实验，结合测井资料，计算获得储层各个层段的压力剖面，为破裂压力、施工压力的预测和水力压裂的优化设计提供了依据。

1. 岩石力学参数的测定

利用高温、高压三轴力学实验设备，模拟地层温度、压力情况，测试了岩石力学参数。从表5.4须家河岩心三轴力学实验结果可以看出，岩石的杨氏模量为 $1.662×10^4$ ~ $5.346×10^4$ MPa，泊松比为 0.18 ~ 0.534，部分岩样具有明显的塑性特征（图5.2）。

表 5.4　三轴岩石力学参数测试结果

井号	井深/m	杨氏模量/MPa	泊松比	抗压强度/MPa	实验条件
DY1	5109	19064	0.270	301.50	围压：88MPa 孔压：56MPa
		23857	0.211	359.50	
CG561	4937.34	53460	0.369	464.09	围压：36MPa 孔压：0MPa
	4941.19	37160	0.520	362.07	
CX560	4804.10	47470	0.180	337.50	围压：111MPa 孔压：81MPa
	3513.97~3518.58	16620	0.235	/	围压：0MPa 孔压：0MPa
		18151	0.202	/	围压：50MPa 孔压：0MPa
		20521	0.219	/	围压：90MPa 孔压：0MPa

井号	井深/m	杨氏模量/MPa	泊松比	抗压强度/MPa	实验条件
CF563	4444.97	30470	0.534	206.36	围压：41MPa 孔压：0MPa
	4484.68	29850	0.323	249.69	
	4449.78	41550	0.260	275.90	围压：101MPa 孔压：77MPa
	4448.72	37370	0.180	263.40	

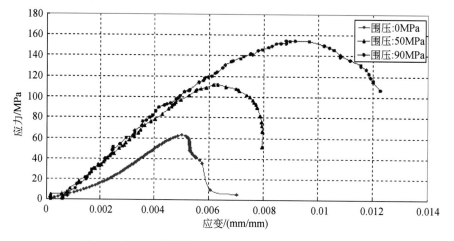

图 5.2　CX560 井须家河（T_3x^4）强度实验应力应变曲线

2. 利用测井资料求取岩石力学参数

岩石的杨氏模量、剪切模量、体积模量、泊松比等参数是反映岩石承受力条件下的力学特征。这些参数可以通过室内三轴力学实验得到，但是实验费用昂贵，且不能得到各种岩石力学参数的连续剖面。利用测井数据计算岩石力学参数可以方便地获取压裂井各种岩石力学参数的连续剖面。

利用测井资料解释岩石力学参数的方法得到了 CX560、CG561、CF563、CX565 井纵向上连续的动态岩石力学参数（图 5.3～图 5.6）。

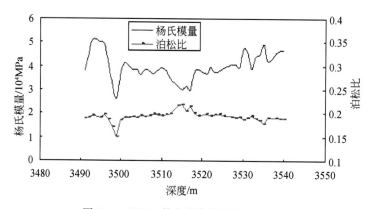

图 5.3　CX560 井力学参数测井解释成果

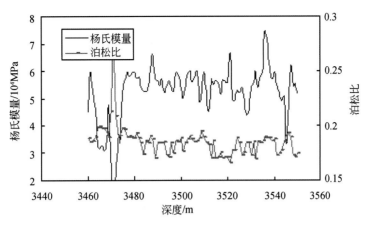

图 5.4 CX561 井力学参数测井解释成果

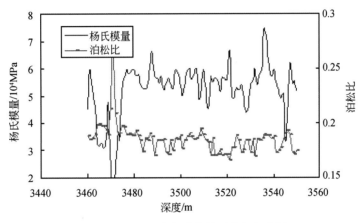

图 5.5 CF563 井力学参数测井解释成果

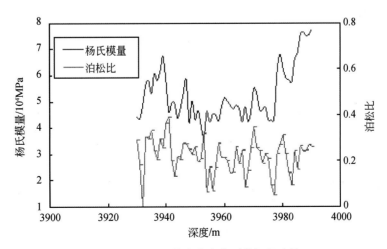

图 5.6 CX565 井力学参数测井解释成果

3. 岩石力学参数动静态关系

利用室内三轴力学实验测得的静态岩石力学参数与同深度的测井计算的岩石力学参数进行关联分析，可以得到动静参数之间的关系模型。选取 CX560、CG561 和 CF563 三口井川西须家河组的岩心力学参数实验分析结果，与同深度的测井动态岩石力学相对比，建立了岩石力学参数的动静态关系（表 5.5），为预测储层分层压力提供依据。

表 5.5　岩石力学参数的实验测试结果与对应深度的测井解释结果

井号	层段/m	动态杨氏模量/10^4MPa	静态杨氏模量/10^4MPa	动态泊松比	静态泊松比
CX560		3.104	1.66	0.219	0.235
CX560	3513.97~3518.58	3.146	1.81	0.204	0.202
CX560		3.352	2.05	0.222	0.219
CG561	4937.34	6.78	5.346	0.266	0.369
CG561	4941.19	7.02	3.716	0.342	0.52
CF563	4444.97	6.215	3.047	0.308	0.534
CF563	4484.68	7.238	2.985	0.167	0.323
CF563	4449.73~4449.84	7.037	4.155	0.18	0.26
CF563	4448.24~4449.14	6.123	3.737	0.182	0.18

（1）岩石动静态泊松比的关系

岩石力学参数实验分析结果与测井计算的动态泊松比经岩心归位后（图 5.7），建立如下相关关系：

$$\mu_s = 1.3495\mu_d - 0.0715 \tag{5.1}$$

（2）岩石动静态杨氏模量的关系

川西气田须家河组岩心杨氏模量实验分析结果与测井计算的动态杨氏模量经岩心归位后（图 5.8），建立如下相关关系：

$$E_s = 0.5479E_d + 0.1224 \tag{5.2}$$

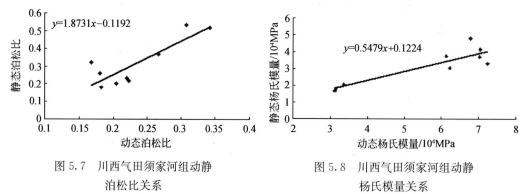

图 5.7　川西气田须家河组动静　　　　　图 5.8　川西气田须家河组动静
泊松比关系　　　　　　　　　　　　　杨氏模量关系

根据测井解释得到的岩石动态参数，利用动静态参数的相关关系，就得到适于工程应用的岩石静态参数。

4. 分层地应力计算

利用三向地应力数学模型，结合压裂施工过程中确定的构造应力系数，得到 CX560、CF563、CX565井须四段地层纵向上连续的岩石力学参数的应力剖面，具体结果见图5.9～图5.11。

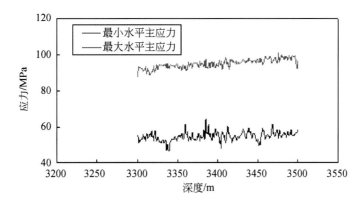

图5.9　CX560井（3491.0～3450.0m）水平主应力曲线

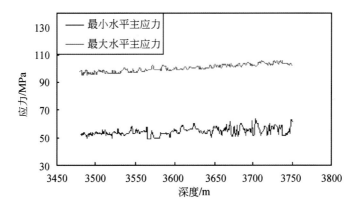

图5.10　CF563井（3460.0～3550.0m）水平主应力曲线

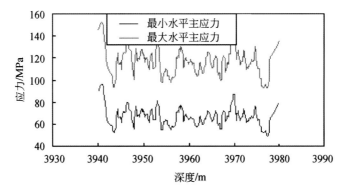

图5.11　CX565井（3930.0～3990.0m）水平主应力曲线

对须二段北部的储层，由于没有前期压裂成功的施工曲线，因此没有建立相应的地应力模型，对 CG561 井，直接利用测井的方法计算出其须二段的地应力，如图 5.12 所示。

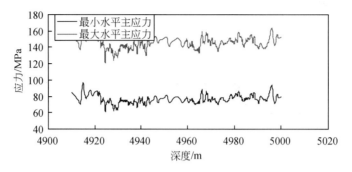

图 5.12　CG561 井（4998.0～5026.0m）水平主应力曲线

5. 川西须家河储层破裂压力预测

根据破裂压力预测模型，计算了须家河组的破裂压力值。根据表 5.6 的计算和统计，须家河储层中部深度范围为 3550～4932m，破裂压力梯度为 0.0275～0.0330MPa/m。与该区实际施工井层取得的破裂压力相比，计算结果与实际结果的吻合度较高。预测计算表明丰谷-高庙子构造地应力、破裂压力梯度明显高于新场构造，达 3.0MPa/100m 以上，属异常高破裂压力。

表 5.6　须家河地层破裂压力统计结果

井号	测试中深/m	Biot 系数	泊松比	孔隙压力/MPa	抗拉强度/MPa	上覆压力/MPa	破裂压力/MPa	破压梯度/(MPa/100m) 预测	破压梯度/(MPa/100m) 实测	备注
CH148	3513	0.847	0.219	35.832	4.74	80.79	98.4	2.8	2.9	加砂压裂
CF563	3743	0.826	0.209	38.179	6.98	86.09	117.9	3.15	3.3	加砂压裂
CG561	4932	0.737	0.288	50.306	3.58	113.44	164.2	3.33	3.24	加重酸化
CG561	3895	0.784	0.209	39.729	4.24	89.59	122.7	3.15	3.05	酸化
CX568	3618	0.789	0.273	36.904	5.86	83.21	105.6	2.92	2.75	加砂压裂
CX568	3550	0.711	0.295	36.210	3.09	81.65	101.2	2.85	3.03	清水压裂

二、异常高破裂压力成因及对策

本书综合研究了须家河储层的地应力剖面、岩石力学性质、区域地应力、工程因素和其他因素，分析其形成破裂压力、闭合压力异常的原因，为降低储层破裂压力提供思路和方法。

（一）高破裂压力地质因素

1. 构造挤压作用

川西拗陷地处龙门山挤压活动作用的构造背景下，推覆作用使地层存在较高的附加构造应力（图 5.13）。过鸭子河的构造剖面显示，前缘推覆断裂（关口断裂）弯曲上翘在 T_3x^2 层附近，因此该区西部地应力作用强，向东逐渐降低。

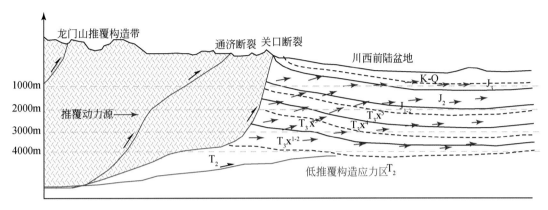

图 5.13　川西龙门山构造应力传递模式图

如果压裂层段处于地层中下部，此处的地应力性质为挤压，此时对压裂施工起阻碍作用，势必引起地层破裂压力高异常（图 5.14）。

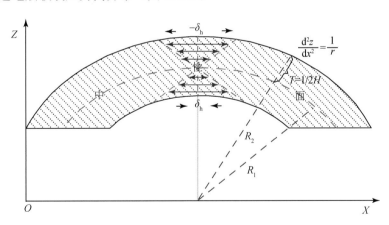

图 5.14　岩层弯曲变形派生应力分布示意图

2. 构造应力集中

川西须家河组二段前期压裂施工井有 CG561、CL562 和 CF563。从新场构造带须二^{5}顶面构造图（图 5.15）来看，CG561 井位于高庙子构造轴部北端，处于一近南北向压性逆断层和一东西向断层的交汇区，所产生应力集中使得破裂压力增大；CL562 井位于新场构造的东倾末端罗江构造高点附近，受多期构造运动影响，深层和中深层断裂发育，该处存在两条近南北但斜交的断裂，也会导致应力集中。

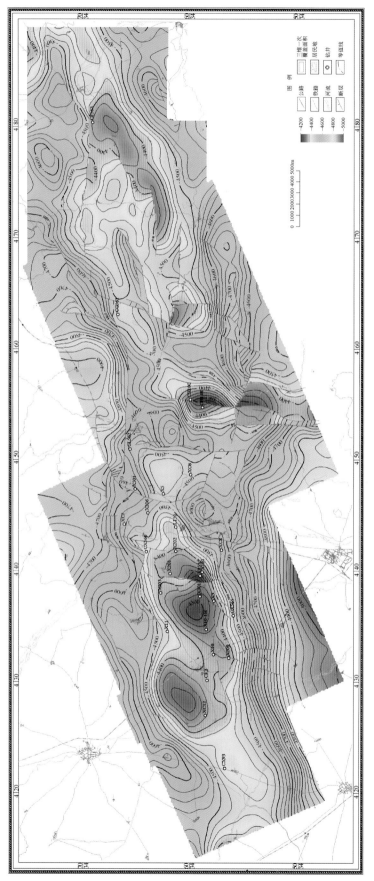

图5.15 新场构造带须二³顶面构造图

3. 储层致密程度

通过对川西蓬莱镇组、沙溪庙组、须家河组 72 口井的地层破裂压力进行统计，绘制了川西地层的破裂压力分布图表（图 5.16）。

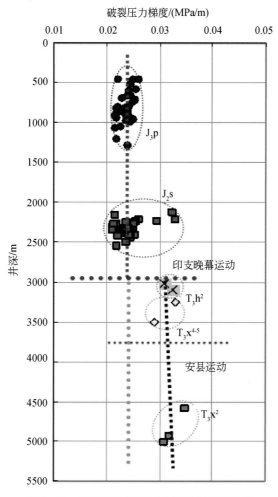

图 5.16　不同层位破裂压力梯度与井深关系

从图看出，须家河组地层的破裂压力梯度明显高于侏罗系地层，须家河组的破裂压力梯度平均值为 0.0314MPa/m，为相对高值。按照侏罗系地层破裂压力梯度趋势线，须家河组地层破裂压力梯度一般不会超过 0.03MPa/m，但位于印支期构造晚幕不整合面下的须家河组地层储层致密且进入须家河组后地层变成超压，两者的综合作用使得破裂压力梯度线不同于上部侏罗系地层，明显偏大，出现"高破裂压力异常"。

4. 岩石力学影响

（1）岩石劈裂实验

岩石劈裂实验结果（表 5.7）表明，须四段地层粉砂岩和中砂岩抗拉强度较大，平均为 5.84MPa，细砂岩为 3.28MPa，泥岩较小，为 1.43MPa；须二段地层细砂岩和中砂岩的抗拉强度分别为 6.30MPa 和 5.44MPa。总体来说，须家河组砂岩储层的抗拉强度较大。

表 5.7　岩石物理力学性质实验汇总表

编号	层位	岩性	密度测试	岩石劈裂实验	岩石单轴压缩及变形实验		岩石三轴压缩及变形实验		岩石纵波波速实验	
			密度 ρ /(g/cm³)	抗拉强度 σ_t /MPa	单轴抗压强度 σ_c/MPa	杨氏模量 E/GPa	泊松比 μ	内聚力 C/MPa	内摩擦角 φ/(°)	纵波波速 V_p /(m/s)	动态弹性模量 E_d /GPa
L8	T_3x^5	泥岩	2.631	/	111.52	15.08	0.106	9.54	34.80	3182	26.55
L9	T_3x^4	泥岩	1.569	1.43	20.09	/	/	/	/	2305	8.30
L10	T_3x^4	粉砂岩	2.671	5.81	85.42	44.67	0.164	10.71	47.52	4943	65.29
L11	T_3x^4	砂岩	2.507	3.28	106.73	24.08	0.146	23.62	31.48	3267	27.87
L12	T_3x^4	中砂岩	2.551	5.87	82.92	19.46	0.175	19.09	39.99	3719	35.25
L13	T_3x^2	泥岩	2.648	/	37.15	20.77	0.121	11.10	21.67	3468	31.45
L14	T_3x^2	泥质粉砂岩	2.692	/	80.88	31.88	0.101	15.77	43.20	3719	37.33
L15	T_3x^2	细砂岩	2.669	6.30	145.41	38.49	0.193	14.03	37.63	3870	39.98
L16	T_3x^2	中砂岩	2.663	5.44	130.28	16.01	0.120	21.97	43.07	3487	32.62

（2）岩石单轴压缩及变形实验

岩石单轴压缩及变形实验结果见表 5.8，须四段细砂岩的抗压强度较大，平均达106.73MPa，中砂岩和粉砂岩相对小些，平均为 84MPa；泥岩的泊松比平均为 0.106，砂岩泊松比平均为 0.162；须四段地层岩性不同，其静杨氏模量差异较大，为 10.71～44.67GPa。高的杨氏模量反映岩石非常致密，由于埋深深和温度高，其塑性也十分强，预示储层的破裂压力可能会非常高。

表 5.8　岩石单轴实验成果表

井号	层位	原编号	岩性	直径 D/mm	高度 H/mm	单轴抗压强度 σ_c/MPa	杨氏模量 E/GPa	泊松比 μ	备注
CF563	T_3x^4	13	细砂岩	25.30	50.60	54.78	14.20	0.171	微裂隙
CX560	T_3x^4	86	细砂岩	25.40	50.30	62.24	10.83	0.087	微裂隙
CX94	T_3x^4	144	细砂岩	25.30	51.00	161.02	36.81	0.188	/
CX94	T_3x^4	143	细砂岩	25.30	50.60	148.88	34.49	0.140	/
X853	T_3x^4	211	中砂岩	25.30	50.30	58.11	7.31	0.175	微裂隙
X853	T_3x^4	212	中砂岩	25.30	50.50	53.05	7.47	0.159	微裂隙
CG561	T_3x^4	221	中砂岩	25.30	50.40	86.87	34.19	0.208	/
X855	T_3x^4	229	中砂岩	25.40	50.40	133.66	28.86	0.156	/

（3）岩石三轴压缩及变形实验

75～117MPa 围压和 62～85MPa 孔压条件下，对岩石进行三轴应力实验，测量结果见表 5.9。储层岩石静杨氏模量为 24.39～47.47GPa；泊松比为 0.18～0.26；实验数据表明，在增加围压及孔压条件下，杨氏模量、泊松比均增大，储集岩的弹性形变将随之增大。须家河组储层埋藏最深达 5300m、地压最高达 90MPa、地温最高 142℃，在此地层条件下储层岩石具有强塑性。

表 5.9　须家河气藏岩石三轴应力实验结果

井号	岩心号	层位	取心深度/m	压力		实验结果				
				围压/MPa	孔压/MPa	杨氏模量/MPa	泊松比	体积压缩系数/MPa^{-1}	基质压缩系数/MPa^{-1}	孔隙弹性系数
CX560	4 38/64	Tx2	4804.05～4804.24	111	81	47470	0.18	1.78×10^{-4}	5.16×10^{-5}	0.71
CL562	1 32/54	Tx4	3607.53～3607.74	75	62	24390	0.23	3.72×10^{-4}	5.95×10^{-5}	0.84
	5 20/22	Tx2	4941.95～4942.18	117	85	44010	0.23	1.04×10^{-4}	2.81×10^{-5}	0.73
CF563	9 46/69	Tx2	4449.73～4449.84	101	77	41550	0.26	1.29×10^{-4}	3.23×10^{-5}	0.75
	9 33/69	Tx2	4448.24～4449.14	101	77	37370	0.18	1.67×10^{-4}	3.67×10^{-5}	0.78

综上所述，导致深层须家河组的破裂压力梯度变高的主要地质因素为构造挤压作用、构造应力集中、储层异常致密及岩石力学性质影响。另外，构造变形、断裂带、天然裂缝的存在，岩石的不均一性等都对破裂压力有一定的影响。

（二）高破裂压力工程因素

1. 泥浆污染

（1）污染深度室内实验

钻井和完井过程中，泥浆液柱的压力超过地层压力导致泥浆侵入而造成地层伤害。室内实验（图 5.17）表明，随着岩心驱替压力梯度增加，泥浆侵入深度逐渐增加，当压力梯度由 1.80MPa/cm 增加到 3.22MPa/cm，泥浆侵入深度由 4.48cm 增加到 8.55cm；DY-1 号岩心由于初始渗透率较高，在较低的驱替压力下，其泥浆侵入深度仍较高，达到 10.93cm。

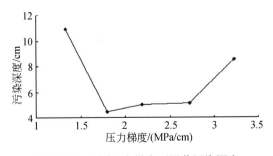

图 5.17　不同压力梯度下泥浆污染深度

泥浆污染后的岩心的岩石力学参数测量数据（表 5.10）表明，污染后岩心力学参数会发生变化，3 号与 3′岩心杨氏模量对照结果表明，污染后岩心杨氏模量由 21365MPa 上升至 22464MPa，升高 5.14%，泊松比有所降低，污染后由 0.256 下降至 0.247，塑性减弱；4 号与 4′岩心杨氏模量对照结果表明，污染后岩心杨氏模量同样表现为升高，由 24663MPa 上升至 24987MPa，升高 1.31%，泊松比有所增加，污染后由 0.204 增加到 0.211。显然，岩石经泥浆处理后塑性有所增加，从而可能使压裂时岩石的破裂压力增大。

表 5.10 泥浆污染对 DY1 井岩心力学参数影响实验结果

测试编号	井号	井深/m	杨氏模量/MPa	污染后杨氏模量/MPa	泊松比	污染后泊松比	实验条件
3（3'）	DY1	5108.9	21365	22464	0.256	0.247	围压：88MPa
4（4'）		5109.1	24663	24987	0.204	0.211	孔压：56MPa

（2）现场破裂压力统计数据

从须家河组地层破裂压力的统计结果来看，压裂井实测的破裂压力比计算的结果偏大，而酸压井的破裂压力比预测的破裂压力要低，这说明泥浆伤害、酸处理对破裂压力有较大的影响。

表 5.11 是地层受到泥浆污染后的破裂压力预测结果。由计算结果可以知道，泥浆污染的存在会导致破裂压力增加，增加幅度最高达到 11%。

表 5.11 须家河组地层污染后破裂压力预测结果

井号	测试中深/m	Biot系数	泊松比	污染后泊松比	地层孔隙压力/MPa	抗拉强度/MPa	上覆岩层压力/MPa	破裂压力/MPa	破裂压力增加幅度/%
CH148	3513	0.8473	0.2189	0.2289	35.8316	4.74	80.796	107.72	9.48
CF563	3743	0.8263	0.2085	0.2207	38.1786	6.98	86.089	127.59	8.22
CG561	4932	0.7365	0.2875	0.3057	50.3064	3.58	113.436	180.02	9.64
CG561	3895	0.7836	0.2085	0.2382	39.7290	4.24	89.585	132.00	7.58
CX568	3618	0.7890	0.2734	0.3141	36.9036	5.86	83.214	114.71	8.62
CX568	3550	0.7112	0.2945	0.3254	36.2100	3.09	81.650	112.36	11.02

2. 井眼附近诱导应力

钻井可以造成井眼附近应力集中（图 5.18），使得井眼附近应力场发生畸变。

设在完全弹性条件下，井眼平行某个主应力（一般为垂直方向）钻进时，设水平最大

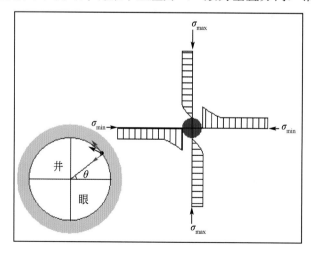

图 5.18 圆形井眼周围应力分析

有效应力为 σ_{max}，水平最小有效应力为 σ_{min}，井眼液柱压力为 P_w，地层压力为 P_b。

周向应力：

$$\sigma_\theta = \frac{1}{2}(\sigma_{max}+\sigma_{min})\left(1+\frac{r_a^2}{r_i^2}\right) - \frac{1}{2}(\sigma_{max}-\sigma_{min})\left(1+3\frac{r_a^4}{r_i^4}\right)\cos2\theta \tag{5.3}$$

法向应力：

$$\sigma_r = \frac{1}{2}(\sigma_{max}+\sigma_{min})\left(1-\frac{r_a^2}{r_i^2}\right) + \frac{1}{2}(\sigma_{max}-\sigma_{min})\left(1-4\frac{r_a^2}{r_i^2}+3\frac{r_a^4}{r_i^4}\right)\cos2\theta \tag{5.4}$$

切向应力：

$$\tau_{r\theta} = -\frac{1}{2}(\sigma_{max}-\sigma_{min})\left(1+2\frac{r_a^2}{r_i^2}-3\frac{r_a^4}{r_i^4}\right)\sin2\theta \tag{5.5}$$

对于井壁，井眼半径 $r_a \rightarrow r_i$，有

$$\sigma_r = 0$$
$$\sigma_\theta = (\sigma_{max}+\sigma_{min})-2(\sigma_{max}-\sigma_{min})\cos2\theta$$
$$\tau_{r\theta} = 0 \tag{5.6}$$

井眼与最小主应力垂直方向，$\theta = \frac{\pi}{2}$：

$$\sigma_\theta = 3\sigma_{max}-\sigma_{min} \tag{5.7}$$

井眼与最小主应力平行方向，$\theta = 0$：

$$\sigma_\theta = 3\sigma_{min}-\sigma_{max} \tag{5.8}$$

考虑到井眼液柱压力 P_w 上式变为

$$\begin{cases} \sigma_{\theta max} = 3\sigma_{max}-\sigma_{min}-P_w \\ \sigma_{\theta min} = 3\sigma_{min}-\sigma_{max}-P_w \end{cases} \tag{5.9}$$

再考虑流体渗入（包括压裂时，地层破裂前）的影响：

$$\begin{cases} \sigma_{\theta max} = 3\sigma_{max}-\sigma_{min}-P_w+(P_w-P_b)\alpha\dfrac{1-2\mu}{1-\mu} \\ \sigma_{\theta min} = 3\sigma_{min}-\sigma_{max}-P_w+(P_w-P_b)\alpha\dfrac{1-2\mu}{1-\mu} \end{cases} \tag{5.10}$$

式中，$\alpha = 1-C_g/C_y$；μ 为泊松比。当 r_i 增大时，σ_θ、σ_r 迅速减小。

根据上式对川西地区部分井因钻井造成的井眼应力畸变进行了估算，结果表明，由于井眼的存在，水平最大主应力一般增大 $8\sim15MPa$，而最小主应力一般增大 $4\sim8MPa$。上述应力畸变，不仅可能使无裂缝地层压裂时破裂压力增加，而且由于井眼附近应力的改变，可能使破裂应力状态发生改变，而距井眼附近一定距离后的地应力状态与之不同，造成压裂缝在井壁的产状和延伸时的产状不同，形成"弯曲"裂缝，增大施工阻力。

3. 井斜及射孔影响

井斜造成井筒的受力形式发生较大变化，导致井眼附近应力的变化。在这样的情况下，垂向应力部分要叠加在井筒上（图 5.19）。

设井斜角为 α，最小主应力方向与井斜方向垂直，则

$$\sigma_r = \sigma_v\cos(90°-\alpha)+\sigma_{min}\sin\omega \cdot \sin(90°-\alpha) \tag{5.11}$$

式中，σ_r 为垂直井筒的最小主应力；$\beta = 90°-\alpha$。十分明显，井斜造成的井眼附近应力变

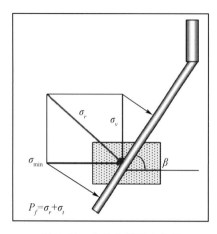

图 5.19　斜井井筒受力分析

化，导致破裂压力的变化。

射孔对破裂压力的影响主要表现在射孔密度和射孔方位上。已有的实验成果表明，套管井的射孔密度及方式对破裂压力影响较大。一般情况下同密度的射孔条件下，螺旋状射孔比线状射孔方式破裂压力大 6～8MPa（图 5.20）。同一射孔方式下，随着射孔密度的增加，破裂压力降低。川西侏罗系地层中，射孔密度一般都为 16 孔/m 左右，造成的"阻力"应该是一致的。

根据对最大水平主应力与线状射孔的孔眼排列方向的夹角与破裂压力的实验结果分析（图 5.21），无论套管井还是裸眼井，破裂压裂均随孔眼与最大水平主应力的夹角增大而增大，而且裸眼井增大的

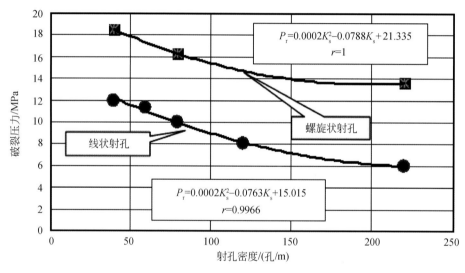

图 5.20　围压条件下射孔密度与破裂压力实验关系

速率比套管井大。在夹角为 65°以下时，裸眼井破裂压力比套管井小；夹角在 65°以上时，裸眼井变得与套管井接近或大于套管井。在不同的偏应力条件下，套管井的破裂压力有差别，随着偏应力的增加，破裂压力降低，偏应力为零（等围压）时破裂压力最大。

（三）高破裂压力储层改造针对性措施

前面分析了储层高破裂压力异常的一些可能原因，储层压不开主要为其中一种或几种综合影响所致。引起破裂压力异常的构造挤压作用、构造应力集中以及储层致密等因素是不可人为更改的，但可以采取相应的措施降低由工程因素引起的破裂压力异常。针对储层已污染或破裂压力异常高的地层，降低地层破裂压力的措施主要有"燃爆诱导压裂技术"与"酸化预处理技术"。

1. 燃爆诱导压裂技术

燃爆诱导压裂技术是专门针对异常高破裂压力、改造难度大的储层而发展的新技术。

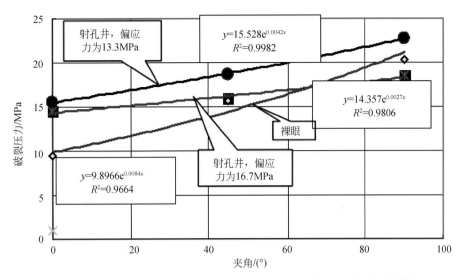

图 5.21　孔眼方向与最大主应力方向夹角和破裂压力之间关系实验结果

该技术充分利用燃爆过程的机械作用、化学作用和热力作用，通过井底高能炸药燃爆在近井带建立若干条径向随机裂缝，然后通过压裂砂充填支撑径向随机裂缝网络，随后主压裂形成受应力控制的对称水力压裂裂缝（图 5.22）。高能燃爆与水力压裂有机地结合可达到降低破裂压力，提高增产增注效果，定位定向压裂的目的。

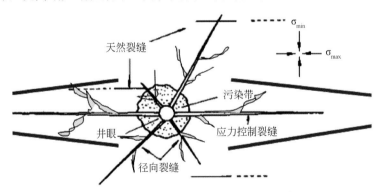

图 5.22　燃爆诱导-水力压裂裂缝网络示意图

燃爆诱导水力压裂作用机理如下。

1）机械作用。通过在近井带随机裂缝网中填充支撑剂，从而有效增加近井带渗透能力。

2）化学作用。高能燃爆过程中，产生大量的酸性气体如 CO、CO_2、N_2、HCl 等，有效解除近井带地层堵塞。

3）热力作用。高能燃爆过程中，大量的高温气体有效解除近井带石蜡、胶质、沥青质等有机物堵塞。

从燃爆诱导水力压裂致裂机理来看，该技术对于解决由于污染引起的高破裂压力储层有着自身的优势。图 5.23 为 CG561 井试破的施工曲线，在井口 92MPa 时，只有 $0.4m^3/$min 的排量，停泵压力达 90MPa。图 5.24 为 CG561 井燃爆+酸化的施工曲线，燃爆预处理后，在 92MPa 下，施工排量达到 $1.1m^3/$min，停泵压力为 75MPa，有效解除了污染。

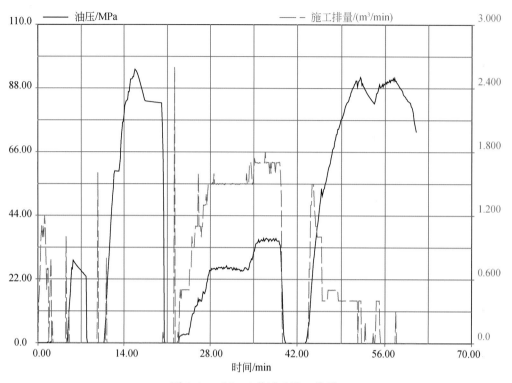

图 5.23　CG561 井试破施工曲线

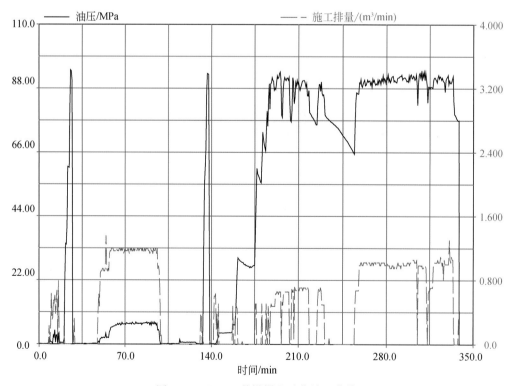

图 5.24　CG561 井燃爆＋酸化施工曲线

2. 酸化预处理工艺

酸化预处理是通过酸液处理地层后，一方面微观上改变岩石的物理性质，解除储层的污染，增大岩石的孔隙度、渗透率、岩石比表面，提高储层岩石的吸液能力，降低储层的破裂压力；另一方面通过酸液对岩石的溶蚀作用，破坏岩石的胶结结构，在宏观上改变岩石的杨氏模量、泊松比、抗张强度等力学参数，降低储层的破裂压力。

ZJ12 井由于钻井过程中采用了低渗透屏幕暂堵泥浆，造成了高的破裂压力，下面是 ZJ12 井的施工过程和分析：

1）第一次，进行试破，在 53MPa 限压内试挤 3 次，最终情况表明地层并未压开。

2）第二次，更换了 105MPa 的井口主闸门，带封隔器试破，高挤泵车压力显示 60MPa 时地层"破裂"，在 0.8m³/min 的排量下注入约 5m³ 液体，泵压持续上涨，最高上涨到 63.9MPa。分析认为地层未压开。

3）第三次，进行测试压裂施工，最高泵压达到施工限压 95MPa，本次测试压裂施工共计入地液量 28.4m³，施工曲线见图 5.25。本次测试压裂只做了升排量施工，总体看来，在各个排量阶段下，泵压一直处于上升趋势，没有明显破裂迹象，停泵后压降非常大，近井眼摩阻较高达 15MPa 左右，G 函数分析表明存在微裂缝张开，闭合应力梯度较高，达到 2.69MPa/100m（图 5.26）。根据分析结果总体上认为是近井地带污染严重造成施工压力高。

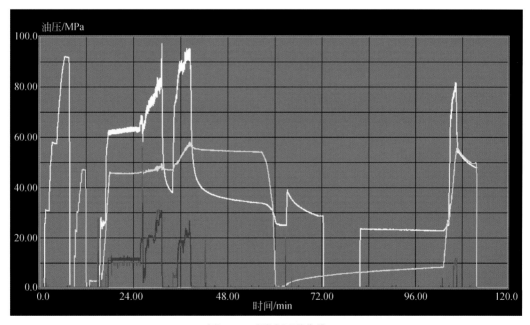

图 5.25　测试压裂曲线

4）第四次，进行酸预处理施工，按设计顺利完成施工，施工泵压 55～68MPa，施工排量 1.8～2.3m³/min，入井总液量 40.14m³，施工曲线如图 5.27 所示，酸化解堵效果明显，确保了后期施工的顺利进行。

在 ZJ12 井实施酸化预处理技术有效降低储层破裂压力的基础上，针对须家河组储层特点，本书通过研究形成了须家河组储层的酸化预处理技术。

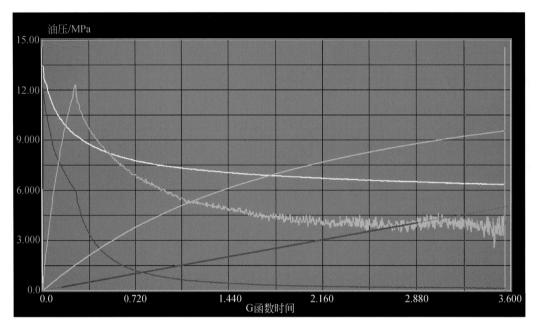

图 5.26　第 2 次高挤 G 函数

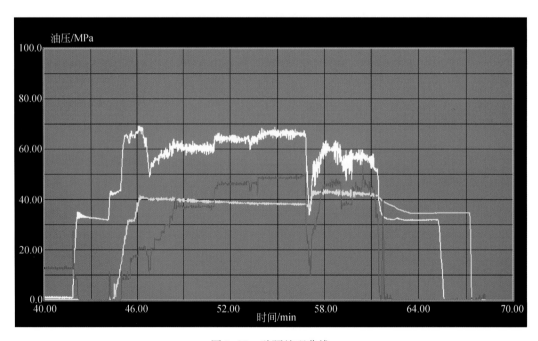

图 5.27　酸预处理曲线

3. 其他措施

（1）优化射孔技术

加砂压裂时裂缝在射孔孔眼起裂，如果射孔孔眼在最大主应力方向，根据水力压裂力学理论，起裂裂缝易产生平整宽裂缝，起裂压力最低，而且减少多裂缝，为减小近井效应对破裂压力的影响，需对射孔技术进行优化。

优化射孔段：推荐射孔时集中射孔段，减少射孔数，集中压裂时能量于一点，增大压开的概率。

定向射孔技术：如果压裂时裂缝方向与地层最大主应力方向不一致，在近井地带产生较大的弯曲摩阻，破裂压力增加，射孔时进行射孔优化设计，确定地层最大主应力方向，采用定向射孔技术。

采用真三轴水力压裂模拟实验进行定向射孔工艺对破裂压力的影响评价，在其他参数不变的情况下，开展不同射孔方式对压裂效果的影响实验：在井斜角30°，井眼方位角0°的情况下，分别对定向射孔及螺旋射孔进行实验。实验方案见表5.12，实验结果参见表5.13、图5.28、图5.29。

表 5.12　真三轴水力压裂模拟实验方案表

岩样号	井斜角/(°)	井眼方位角/(°)	射孔方式	三向应力/MPa		
				σ_z	σ_H	σ_h
1			垂直井轴定向射孔			
2	30	0	平行于地面定向射孔	13.0	11.0	9.0
3			螺旋射孔			

表 5.13　真三轴水力压裂模拟实验结果表

岩样号	破裂压力/MPa	实验现象
1	16.70	沿最大水平主应力方向（射孔方向）裂开一条垂直缝，裂缝壁面光滑
2	17.41	沿最大水平主应力方向（射孔方向）裂开一条垂直缝，裂缝壁面光滑
3	20.75	沿最大水平主应力方向裂开一段距离后向水平方向转裂，最小水平主应力方向的炮孔不起作用，裂缝壁面粗糙

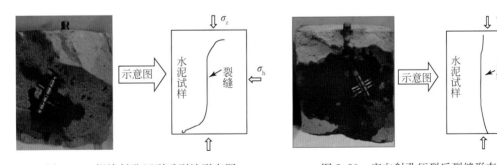

图 5.28　螺旋射孔压裂后裂缝形态图　　　　图 5.29　定向射孔压裂后裂缝形态图

通过实验，采用定向射孔的两组岩样破裂压力为16.7MPa和17.41MPa，而采用螺旋射孔的岩样破裂压力为20.75MPa，远大于定向射孔后岩样的破裂压力值。通过对岩样裂缝的观察，采用定向射孔的岩样，裂缝面光滑、平整，而采用螺旋射孔的岩样裂缝发生转向，且裂缝面粗糙。因此，通过室内实验可知，平行于水平最大主应力方向射孔有助于降低地层破裂压力，改善裂缝形态，减小近井筒效应。

前期地应力方向测量运用了差应变分析法、波速各向异性、成像测井井壁崩落等多种方法，确定出的须家河各区块地应力方向如表 5.14 所示，条件成熟时可在须家河组开展定向射孔先导性实验。

表 5.14 须家河组各区块地应力方向

应力方向	新场构造	丰谷构造	合兴场	罗江构造
最大水平主应力	100°	92°	60°～80°	60°～80°

优化孔密和孔径：同一射孔方式下，随着射孔密度的增加，破裂压力降低，因此需要对射孔孔密和孔径进行优化，尽可能增加射孔密度与射孔穿透深度。

（2）增加液体密度

用高密度压裂液或酸液，提高压裂施工时井筒的液柱压力，实践证明高密度压裂液密度可达 $1.51g/cm^3$，对于 3000～5000m 井，可降低井口压力 15.0～25.0MPa。这对于有效降低压裂作业施工压力，减小压裂泵车的负荷，为川西深层须家河组异常高压致密砂岩气藏的勘探开发创造条件具有重要作用。

2004 年在 CG561 井中利用 $1.4g/cm^3$ 加重酸液进行了现场应用，有效地增加了井底压力 20MPa 左右，增加了压开储层的概率（虽然该井仍然没有明显的压开迹象）。该技术由于液体加重后返排难度较大，需配套完善相应的压后返排措施。

（3）采用高压泵车

针对破裂压力梯度高、施工压力高、泵注排量难以提高、施工风险大的特点，对压裂设备（更换高压泵头）及井口等提高了限压要求和设备能力。

2005 年在塔里木野云气田 YY2 井采用工作压力 138MPa 的高压泵头及相应配套井口，提高了施工限压，在泵注排量为 1.7～2.7m³，井口泵压为 90.9～123.4MPa 的条件下成功加砂 28.5m³（51.3t）。该井压裂工艺的成功，标志我国压裂工艺技术的发展跃上了一个新台阶，对于川西拗陷深层须家河组异常高破裂压力压裂工艺具有重要的参考价值。

三、高应力储层复合改造工艺

（一）燃爆诱导压裂技术

高能气体压裂技术是一种独特的油气井增产新工艺。其基本原理是利用脉冲加载并控制压力的上升速度，使迅速释放的高温高压气体在井筒附近压开多方位的径向裂缝，使储层中的天然裂缝与井筒连通，从而达到增产的目的。

高能气体压裂能克服水力压裂与酸化压裂产生的弊端，同时产生的高温高压气体能清除钻井、完井、固井等过程所引起的近井带污染，对地层污染小，不会对地层产生其他作用（如影响水敏性、酸敏性等）。

1. 燃爆诱导压裂作用原理

燃爆诱导水力压裂技术是利用高能燃爆产生的高强度能量，对近井岩石进行破碎，克服储层的高应力，预先在近井带建立若干条径向随机裂缝，同时利用压裂砂充填支撑径向随机裂缝网络，从而降低近井破裂压力和为接下来形成受应力控制的对称水力压裂主裂缝做准备的技术。燃爆诱导水力压裂的致裂作用机理如下。

（1）应力波致裂机理

在爆轰荷载破岩机理研究中，认为高波阻抗的岩石破坏主要是应力波作用的结果。把岩石中存在的微缺陷看成均匀分布的扁平状裂隙，这些裂隙的稳定性可用能量平衡判断：当受法向拉应力作用时，如果释放的应变能超过建立新表面所需的能量，则裂缝扩展。当法向应力为压应力时，裂缝闭合但两裂缝面的摩擦也需要消耗能量。爆炸作用下岩石破坏范围及破坏程度取决于应力波作用激活的裂缝数量和裂缝的扩展速度。

（2）爆燃气体膨胀压力致裂机理

爆炸致裂过程中，爆燃气体产物迅速膨胀产生的应力波使钻孔壁产生裂缝，而裂缝的延伸则是随后穿入裂缝中的气体驱动造成。对比应力波的作用特点，裂缝内气体劈裂作用时间相对较长，因此也就可能形成相对较长的裂缝。裂缝扩展轨迹取决于裂缝扩展过程中所通过区域的主应力场，裂缝将沿垂直于主应力的方向扩展，当裂缝扩展时，一般来说，它本身改变主应力场的大小和方向，因而裂缝扩展和岩体应力分布也是一个耦合过程。这就使得爆炸气体产生的裂缝并不沿着同一个方向延伸。

燃爆诱导水力压裂的增产机理主要有以下三个方面。

1）机械作用。通过在近井带随机裂缝网中填充支撑剂，从而有效提高近井带渗透能力。高能气体压裂产生的多条径向裂缝穿过井筒附近的污染带，形成了新的油气流动通道。一般井筒周围的污染带半径不大，多在 1m 以内。所以不论药量多少，一般高能气体压裂形成的多条裂缝均能远远超出污染带的范围而与油层深处沟通，从而得到解堵效果。

2）化学作用。高能燃爆过程中，产生了大量的酸性气体如 CO、CO_2、N_2、HCl 等，有效解除近井带地层堵塞。

3）热力作用。高能燃爆过程中，大量的高温气体有效解除近井带石蜡、胶质、沥青质等有机物堵塞。

2. 多级燃爆诱导压裂技术特点

多级燃爆诱导压裂技术是在单脉冲燃爆诱导压裂技术的基础上发展而来的。图 5.30 与图 5.31 分别为单脉冲高能气体压裂与多脉冲爆燃气体压裂的压力-时间（P-T）对比曲线。从图中可明显看出：单脉冲高能气体压裂仅有一个峰值，而多级脉冲加载压

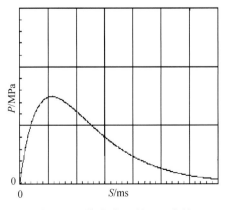

图 5.30　单脉冲压裂 P-T 曲线

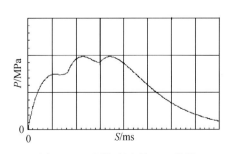

图 5.31　多脉冲压裂 P-T 曲线

裂复合技术形成多个脉冲加载，产生两个以上峰值压力，而且延长压力作用时间，时间延长2～4倍。这就使得高能气体对地层有一个振荡和连续作用的过程，从而产生比单脉冲较多的裂缝。

多级燃爆诱导压裂技术通过控制装置控制多种组合药按设计工艺要求有规律地燃烧，延长了压力作用时间，并形成一种随时间振荡起伏的对地层作用压力。因而多脉冲加载压裂吸收了振动对油流孔道的解堵、疏通、导流作用，降低油水界面张力、毛管力束缚作用的优点，有效增加了压裂裂缝的长度。图5.32是单脉冲与多脉冲高能气体压裂效果示意图。

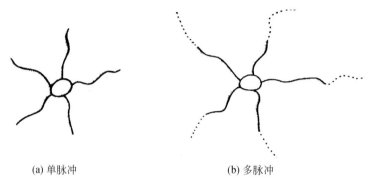

(a) 单脉冲　　　　　　　　　　　　(b) 多脉冲

图5.32　单脉冲及多脉冲燃爆诱导压裂效果示意图

多脉冲燃爆诱导压裂技术比单脉冲燃爆诱导压裂技术明显延长压力作用时间，从图5.33可以看出：单脉冲燃爆诱导压裂技术所产生压力曲线Ⅰ压力达到最大值时持续时间较长，而后下降较快，这种压力曲线不利于压出较长的裂缝。

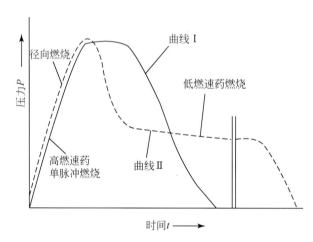

图5.33　单脉冲与多脉冲压裂曲线

多脉冲压裂技术曲线Ⅱ达到最大值时持续时间较短，而后下降较慢，持续时间明显很长。为充分利用推进剂延伸裂缝，对装药结构做了改进，把药分为两段，第一段快速燃烧产生高压气体，有利于产生多裂缝，第二段则慢速燃烧，有利于延伸裂缝，整个过程压力-时间曲线如图5.33曲线Ⅱ，压裂效果明显提高。

3. 燃爆诱导压裂关键技术研究

多级燃爆诱导压裂技术通过控制装置控制多种组合药按设计工艺要求有规律地燃烧，延长压力作用时间，并形成一种随时间振荡起伏的对地层作用压力。该技术的关键是如何在保证井筒安全的情况下，控制爆炸压力对井筒的作用时间，尽可能地在地层中形成较长的裂缝。

（1）药型选择及设计计算

压裂药型是指用于火炮的药粒或火箭发动机的药柱的初始燃烧表面形状。按燃烧过程中燃烧表面积的变化情况，将药型分为恒面燃烧、增面燃烧和减面燃烧三种情况。恒面燃烧是指火药燃烧表面在整个燃烧时间内保持近似不变，如管状火药的燃烧、端面燃烧药柱的燃烧。增面燃烧是指火药燃烧表面积随燃烧时间不断增加。减面燃烧是指燃烧表面积随时间不断减小，如球状药、片状药、带状药的燃烧。多级燃爆诱导压裂技术采用的主要是增面燃烧，以保持压力快速增加的趋势，有利于地层快速起裂和产生更长的裂缝。

药型的选择与匹配及装药结构设计是否合适，是涉及在套管不损坏的条件下，油气层能否被压开、压开的缝的长短、能否增产或增产多少的问题。套管极限载荷可根据我国和俄罗斯高能气体压裂技术的经验公式计算，即 $P_m - P_f = 90\text{MPa}$。式中，P_m 为实测的燃爆峰值压力，P_f 为地层压力，如地层压力系数为 0.011MPa/m，井深为 6000m，$P_f = 66\text{MPa}$，则套管的极限耐压 $P_m = 90\text{MPa} + 66\text{MPa} = 156\text{MPa}$。显然，套管耐压强度与井深及地层压力系数有关。

根据以上经验公式，可以确定所选井的套管耐压强度。根据岩石变形不可逆理论，由弹性力学平面问题可导出裂缝不闭合的条件：

$$\frac{P - P_f}{q_\infty} \geqslant \frac{E_2/E_1}{E_2/E_1 - 1} \tag{5.12}$$

式中，P 为高能气体压裂时井筒压力；P_f 为地层压力；q_∞ 为地层侧向应力；E_1、E_2 为岩石加载、卸载时的杨氏模量。由于我国岩石 E_2 数据难以查到，因此根据国内外的经验公式：$P/P_0 \geqslant 2 \sim 2.5$，$P_0$ 为静液柱压力，即井筒压力是压档水柱压力的 $2 \sim 2.5$ 倍。

估算井筒压力和装药量的最简单的经验公式是

$$P_{max} = P_0 + \frac{mf\varphi}{v_0 - \dfrac{m(1-\varphi)}{\rho} - \alpha m\varphi} \tag{5.13}$$

式中，P_0 为压档液柱压力，MPa；m 为装填药量，kg；f 为推进剂药柱的火药力，N；ρ 为推进剂药柱的密度，kg/L；φ 为达到峰压时火药燃烧的百分数，根据经验一般为 $50\% \sim 60\%$；α 为推进剂药柱的余容，L；V_0 为无壳弹在套管中燃烧形成的空腔，L。经验表明形成空腔的高度为清水压档 35m；油水混合物 40m；泥浆压档 20m。

井筒最大压力可以根据药量和火药起始燃烧总表面积估算出来。那么在最大压力一定的情况下怎么组装压裂弹（即怎样选择和匹配推进剂药柱更合理、更有利于增产），火药在井筒完全燃烧要产生大量的气体，其量为 $V_b m = V_1$，那么 $P_1 V_1 = PV$，式中 P_1 为大气压力，V_1 为 $m$kg 药柱在标准状态下产生的体积，P 为井筒最大压力（该压力符合使地层裂缝不闭合的压力），那么 V 为地层裂缝体积。假设裂缝高度为射孔段的 $70\% \sim 80\%$，缝宽 $2.0 \sim 2.5$mm，按三条长缝考虑，即可算出缝长。在不考虑天然裂缝存在的条件下，裂缝条数对油井增产比的影响不大，而主要与裂缝长度有关，增产比：

$$J/J_0 = \frac{\ln\dfrac{r_e}{r_w}}{\dfrac{\ln r_e}{0.5 L_f}} \tag{5.14}$$

式中，J_0 为压前产能指数；J 为压后产能指数；r_e 为供油半径，单位为 m，生产井可取井距的 $1/2$，探井可取压前测试时的影响半径；r_w 为井底半径（指钻头尺寸），m；L_f 为压裂缝长，m。该公式表明增产量大小与裂缝长度有关。

根据公式 $P_1 V_1 = PV$，要想增大裂缝体积 V，就必须增大火药产气体量 V_1，根据公式 $V_b m = V_1$，V_b 为火药比容，单位 L/kg；m 为装药量，在火药比容一定的情况下，就必须增加装药量 m。由于井筒最大压力的限制（不能超过套管的破坏极限压力）就必须加大火药燃烧厚度和用低燃烧速度的火药。燃烧厚度的大小受套管内径的影响，如 124.4mm 套管的无壳弹外径为 100mm，再大下井就困难。而降低燃烧速度，如果燃烧速度太慢，又会增加热散失的量，不仅浪费能量，而且难达到地层裂缝不闭合的破裂压力。解决这一问题的关键是采用多组合复合装药机构，即把燃速快的推进剂药柱和燃速慢的推进剂药柱组配装填，燃速快的推进剂迅速燃烧，使施工层段迅速达到井筒最大压力，燃烧慢的火药由于燃速慢而延续燃烧时间，增大产气量，并延长裂缝长度，又使井筒压力不至于过高。不同燃速的推进剂燃烧速度如表 5.15 所示。

表 5.15　不同推进剂药柱燃烧速度

序号	药名	压力/MPa	$u/(\text{mm/s})$	燃速随压力变化表达式
1	复合药-1	10	5	/
2	双芳镁	10	8.1	/
3	双芳-3	10	8.5	$u = u_1 P^r = 1.278 P^{0.45}$
4	复合药-3	10	16	$u = u_1 P^r = 2.508 P^{0.415}$
5	改性含铝粉双基药	10	25	/

以表 5.15 中双芳-3 和复合药-3 为例：双芳-3 火药的燃速 $u = 1.278 P^{0.45}$，复合药-3 燃速 $u = 2.508 P^{0.415}$，若都是外径 $\Phi_{外} = 100$mm，内径 $\Phi_{内} = 25$mm，长 500mm 的推进剂药柱，在同样深的施工层，同样的压挡液柱和同样的井筒最大压力下，根据公式

$$U_p = \frac{u_1}{P_{max} - P_0} \int_{P_0}^{P_{max}} P^r \, dP \tag{5.15}$$

式中，P_0 为压挡水柱压力；P_{max} 为井筒最大压力；U_p 为平均燃速，得出压挡液柱和最大压力之间的平均燃速。根据该段平均燃速和火药燃烧厚度求出两种火药的燃烧时间。在压挡液压力 46.4MPa，井筒最大压力 $P_{max} = 120$MPa 的情况下，复合药-3 的药柱燃烧持续时间是 463.3ms，而双芳-3 推进剂药柱的燃烧持续时间是 718.1ms，双芳-3 推进剂药柱的燃烧持续时间是复合药-3 燃烧持续时间的 1.55 倍。显然，此两种药组合使用比单独使用一种药压裂效果好，因为如果单独用高燃速火药，在最大压力范围内装药量小，而如果单独用低燃速火药，热散失大。如果高中低燃速火药匹配，或者再组配一种仅从端面燃烧的推进剂药柱，当高燃速火药达到最大压力后，低燃速火药燃烧补充，最后用仅从端面燃烧的推进剂药柱来延续压力时间，那么会装更多的药量，压力持续时间会维持得更长，压开的

裂缝会更长，油（液）的增产比就越大。

油气井施工层根据区块地质和深度情况温度不一，因此，推进剂药柱的复合优化组配原则要从油气层的井温和火药推进剂压裂用药的耐温许可使用范围来考虑确定。一般油气井施工层温度为50～120℃，可选用双基推进剂药（表5.16），还有些油气井施工层温度为120～150℃，可选用复合推进剂药（表5.17）。对井温小于120℃的井，可以采用双基药和复合药之间的组配。对川西须家河组气藏，只能选用不同燃速的复合药组配，而不能和双基药组配。

表5.16 双基推进剂压裂用药配方和性能

序号	药名	组分	定容爆热水液态/(J/g)	定容爆温/K	比容/(L/kg)	火药力/(J/g)	可使用的温度/℃
1	双芳-3	硝化棉56% 硝化甘油26.5% 二硝基甲苯9% 其他8.5%	3186.79	2580	1025.61	982.03	120
2	双镁-1	硝化棉57% 硝化甘油26% 二硝基甲苯12% 其他5%	3702.84	2201.4	767.5	778.50	120
3	双芳-3	硝化棉33.8% 硝化甘油26.4% 吉纳5.4% 黑索金19.6% 铝粉9.3%	5865.97	3415.6	1068	999.23	120

表5.17 复合药推进剂压裂用药配方和性能

序号	药名	组分	定容爆热水液态/(J/g)	定容爆温/K	比容/(L/kg)	火药力/(J/g)	可使用的温度/℃
1	复合药配方-1	NH_4ClO_4 72.0% AL8% 端羟基聚丁二烯11% 其他9%	5522.88～5732.08	3300	660～680	9.1×10^5	150
2	复合药配方-2	NH_4ClO_4 65.0% AL10% 甘油丙醚硝酸酯16% 其他9%	6276～6568.88	3000	490～630	9.6×10^5	150
3	复合药配方-3	NH_4ClO_4 67.0% AL15% 端羟基聚丁二烯14% 其他4%	5648.4～5983.12	3100	660～740	9.2×10^5	150
4	复合药配方-4	NH_4ClO_4 50.0% AL20% 端羟基聚丁二烯17% 其他13%	18828	2900	650～860	9.6×10^5	150

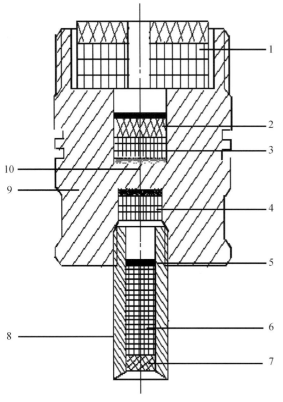

图 5.34　全隔断式延时点火器示意图

1. 辅助点火药；2. 点火组合药Ⅱ；3. 起爆组合药；4. 点火组合药Ⅲ；5. 点火组合药Ⅳ；6. 延时点火药；7. 点火组合药Ⅴ；8. 喷火管；9. 本体；10. 本体隔断

（2）延时控制点火技术

多级燃爆诱导压裂应在满足油气井使用条件的要求下，尽量提高其装药量，充分发挥其能量利用率，有效控制和延长压力作用时间，以进一步提高压裂地层的效果。可以通过全隔断式延时控制点火装置，控制延长压力作用时间。

全隔断式延时控制点火技术装置主要由辅助点火药、点火组合药、起爆组合药、延时点火药、喷火管、本体等组成，如图 5.34 所示。其目的是解决多脉冲高能气体压裂技术能量延时控制问题，延长对地层脉冲加载压裂的作用时间，进而达到延伸地层裂缝的目标。针对不同种类、不同燃速的药型，或同一药型不同的装药结构进行合理组配，以实现更合理更有效的延时控制引燃技术，保证多脉冲多级控制的实现，进一步提高对地层的压裂效果。

其作用主要由 4 个过程构成：燃烧转爆轰过程、爆轰传递过程、爆轰转燃烧过程、多组合延时喷火过程。由延时点火药控制，延迟点火时间，燃烧火药点由喷火管喷出，并保证其有足够长的喷火距离和点火压力，完成延时点火引燃下一级辅助点火药的过程。通过以上四个过程完成全隔断式延时点火，达到延时点火控制和引燃推进剂点火药的目的。

该技术的主要特点：①全隔断引燃，保证中心传火不串燃点火、不熄火；②确保延时控制，延迟作用时间；③延迟时间可控制，根据需要可调整；④可多组合使用；⑤性能安全、点火可靠。主要技术指标：①延迟时间 500～1000ms、1～5s；②延迟时间可调整控制；③耐温 200℃、耐压 50MPa。

（3）多级燃爆技术装置结构设计

针对川西深层低渗气藏的地质属性，多级燃速燃爆可控诱导压裂装置的设计思想就是合理控制多种复合压裂用药的燃烧速度、逐级释放、连续脉冲加载岩层、压开地层，并快速使川西深层地层产生较长的径向多裂缝体系，达到更为有效地改善地层渗透导流能力，提高气井产量的目的。

多级脉冲装药结构技术装置主要由导爆装置、控制点火系统、多级复合药型、延时点火控制装置等组成，如图 5.35 所示。射孔弹被导爆索引爆后，爆炸生成物沿与药柱表面垂直的方向飞散，在装药轴线处汇合成一股高速、高温、高密度的金属流，这股金属流冲破枪身、套管射入油气层，金属流的温度很高，可瞬间把相邻的火药点燃。为确保射孔弹引爆的能量与压裂火药引爆的能量不相互叠加，以免枪内压力迅速升高超过枪身及套管能承受的压力，导致枪身胀大卡在套管上提不出来，就必须在火药表面涂覆一层阻燃剂，以延迟火药的瞬间点火。控制点火系统通过特殊设计的延时装置——全隔断式延时点火器控制多级点火药逐级引燃，进而控制多级复合药型的逐级燃烧，使能量有序释放，并保证逐级产生的高温高压气体连续作用地层，满足形成多级脉冲压力的设计要求。该多级燃速可控诱导压裂装置第一级装药结构采用高燃速药，首先保证能有效压开地层，在地层产生3～5裂缝；其次经合理控制延迟时间，引燃第二级较低燃速压裂药，以进一步延深裂缝；最后通过延迟装置引燃第三级压裂药，以此多级脉冲对地层反复加载压裂，促使地层形成较长的裂缝，满足现场施工的需要。

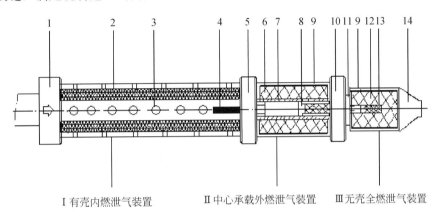

图 5.35　多级脉冲气体加载压裂装置示意图

1. 导爆引燃装置；2. 一级压裂药；3. 射孔孔眼；4. 辅助点火药；5. 引燃连接体；6. 外包压裂药；
7. 承载传火管；8. 辅助点火器；9. 防护隔热层；10. 转换引燃装置；11. 传火连接管；12. 无壳压裂药；13. 辅助点火药；14. 引鞋尾堵

（4）井筒内多级燃速可控装置爆燃压力计算

对多级燃速火药爆燃压力的计算可以评估井筒的安全，并为确定装置内各级火药装药量的大小提供参考。由于多级燃速可控爆燃装置组合匹配不同种类、不同燃速的药型，不同的装药结构和控制引燃方式，其各级系统之间既有相对的独立性，又保持整体的连续性。多级燃速可控爆燃装置的这种特点使其能快速连续地促使地层裂缝延伸与拓展，对地层压裂作用的时间比一般的高能气体压裂装置提高3～5倍，有效提高了能量的利用率，由于压力分级连续控制释放，虽然总装药加大，但不会对套管造成伤害，大大提高对地层的作用效果。第一级高压脉冲波，其压力一般大于地层破裂压力的1.5～2.5倍，沿射孔通道进入地层，快速起裂压开层，形成3～8条裂缝，后续脉冲波连续补充能量，对地层再实施2～3次高压冲击波加载压裂，继续促使裂缝快速延伸，以进一步延伸地层裂缝，从而在地层形成较长的多裂缝体系。第一级井筒内峰值压力一般采取下式计算：

$$P = \frac{f\rho\phi V}{s} + P_0 \tag{5.16}$$

式中，P 为井筒内压力，MPa；f 为火药力系数；ρ 为装药密度，kg/m；P_0 为静液压，

MPa；V 为射孔枪枪身内容积，m^3；s 为射孔枪枪身泄压孔面积，m^2；ϕ 为达到峰值压力时火药燃烧的百分数，一般为 50%～60%，本书取 60%。

计算过程中假设压裂药燃烧产生的气体充满整个枪身，因此，压裂药燃气的体积可计为枪身内容积，为使问题简化，在计算枪身内自由容积时，不考虑弹架等配件对枪身内体积的影响：

$$V = \pi \left(\frac{d}{2} \right)^2 h \tag{5.17}$$

式中，d 为枪身直径，m；h 为枪身的长度，m。

对于第二级、第三级压裂火药，因都在井筒内燃烧，故其峰值压力为

$$P_{\max} = P_0 + \frac{m_i f_i \phi_i}{v_{0i} - \dfrac{m_i (1 - \phi_i)}{\rho_i} - \alpha_i m_i \phi_i} \tag{5.18}$$

式中，m_i 为 i 级装置，$i \geqslant 2$；f_i 为 i 级火药力，J/g；ϕ_i 为 i 级达到峰值压力时火药燃烧的百分数，取 50%～60%；α_i 为 i 级火药余容；P_0 为压档水柱压力（每级认为不变）；v_0 为燃烧时形成的空腔体积，一般清水压档套管空腔为 $30m^3$。

（5）压裂装置火药爆燃压力持压时间的确定

第一级压裂药燃烧产生的高压气体通过射孔孔眼作用于地层，在射孔孔眼内迅速聚集，形成高压，从射孔孔眼射出的压裂药燃烧气体的质量流速：

$$m = P_{\mathrm{gun}} s \sqrt{\frac{kg}{RT_0} \left(\frac{2}{k+1} \right)^{\frac{k+1}{k-1}}} \tag{5.19}$$

式中，k 为燃气比热比；P_{gun} 为枪身内压力，MPa；s 为射孔孔眼面积，m^2；RT_0 为枪身内火药定压火药力，J/g；g 为重力加速度，m/s^2。

根号内的数值基本取决于枪身内装填压裂药的性质，在压裂药一定的情况下，基本是一个定量。通过射孔孔眼的质量流速主要取决于 P_{gun} 和 s，即枪身内压力和射孔孔眼的面积，压力越大，射孔孔眼的面积越大，质量流速越大。当枪身内压裂药完全燃烧，生成的气体压力 $P_{\max} \geqslant P_0$ 时，爆燃气体向外流动；当 $P_{\max} < P_0$ 时，爆燃气体不再继续向外流动，压裂作用停止。

根据式（5.19）可以推导出在 $P_{\max} \sim P_0$ 压力范围内平均压力下的质量流速：

$$\overline{m} = \frac{\displaystyle \int_{P_0}^{P_{\max}} \left[P_{\max} s \sqrt{\dfrac{kg}{RT_0} \left(\dfrac{2}{k+1} \right)^{\frac{k+1}{k-1}}} \right] \mathrm{d}P}{P_{\max} - P_0} \tag{5.20}$$

所以

$$\overline{m} = \frac{1}{2} (P_0 + P_{\max}) s \sqrt{\frac{kg}{RT_0} \left(\frac{2}{k+1} \right)^{\frac{k+1}{k-1}}} \tag{5.21}$$

依据质量守恒定律，爆燃气体喷射出的总质量：

$$q = \int_0^t \overline{m} \mathrm{d}t = w \tag{5.22}$$

所以

$$t = \frac{2w}{(P_0 + P_{\max})s\sqrt{\dfrac{kg}{RT_0}\left(\dfrac{2}{k+1}\right)^{\frac{k+1}{k-1}}}} \tag{5.23}$$

式中，w 为枪身内总装药量，kg。

当射孔孔眼内压力达到地层的破裂压力时，地层破裂，射孔孔眼内的火药燃烧气体迅速泄入地层，射孔孔眼内压力下降，保证枪身内的气流继续向射孔孔眼内流动。

对于第二级、第三级火药，根据燃速压力变化公式 $u = u_1 P^r$，可导出在平均压力下的燃速公式：

$$u_{p(i)} = \frac{u_{1(i)}}{P_{\max(i)} - P_0}\int_{P_0}^{P_{\max}} P_i^{r_i}\, \mathrm{d}P_i \tag{5.24}$$

式中，$u_{p(i)}$ 为 i 级平均压力下的燃速；$u_{1(i)}$ 为 i 级火药燃速系数；P_0 为液柱压力；P_i 为平均压力。

每级压裂持续时间：

$$t = \frac{H}{2u_p} \quad (H\ \text{为药肉厚}) \tag{5.25}$$

从而计算出 i 级燃烧持续时间：

$$t_i = P\frac{H_i[P_{\max(i)} - P_0]}{2u_i\displaystyle\int_{P_0}^{P_{\max(i)}} P_i^{r_i}\, \mathrm{d}P_i} \tag{5.26}$$

所以，压力总作用时间：

$$T = \sum_{n}^{i-1} t_i + \sum_{m}^{j-1} t_j \tag{5.27}$$

式中，t_j 为 j 级延时点火时间。

由以上分析可知，多级燃速可控诱导爆燃压裂作用地层总时间明显延长，产生径向裂缝也就越长。一般的高能气体压裂装置由于受燃烧速率量级的控制，火药在很短时间内就燃烧完毕，产生的气体会因来不及泄出导致井内压力过高，从而引起套管破坏。如果为了保护套管而把装药量降到很低的水平，压力过程持续时间则很短，HEGF 的有效性就会大大降低。多级燃速可控诱导爆燃压裂装置从控制火药的燃烧方式入手，有效地解决了增产效果和套管保护这一对矛盾。目前，有壳弹的压力持续时间为 100～300ms，无壳弹的压力持续时间则为 200～500ms，液体药压力持续时间为 5～50s。多级燃速可控诱导爆燃压裂技术压力持续时间为 1～5s，甚至更长。

4. 燃爆诱导压裂技术优化设计

井下地层裂缝延伸长度是影响川西深层气井燃爆诱导压裂效果的主要因素，因此作者以获得最大裂缝长度为优化目标，进行燃爆诱导压裂的优化设计。影响地层压裂裂缝长度的主要参数有储层埋深、岩层性质、射孔穿深、爆燃气体压力上升速度、装药类型及装药量等，以上影响燃爆诱导压裂效果的因素中，储层埋深与岩层性质是无法改变的，因此设计对爆燃气体压力上升速度、装药类型及装药量进行优化。

（1）爆燃气体升压率对地层压裂效果的影响

爆燃气体持压时间有限，裂缝起裂时间很大程度上决定了有效致裂作用时间，在储条件一定的情况下,爆燃气体升压速率是影响裂缝起裂的关键因素。在第一级推进剂装药量一定的情况下,以三种爆燃气体压力历程曲线 1～3(图 5.36)为井下地层压裂模拟初始条件,得到的裂缝扩展结果见表 5.18。

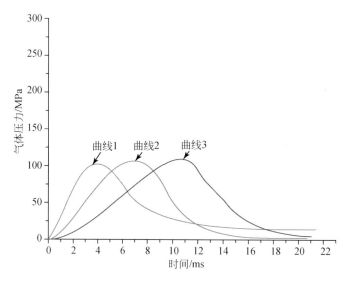

图 5.36　三种爆燃气体压力历程曲线

表 5.18　爆燃气体升压率与相应裂缝起裂时间关系

曲线	1	2	3
升压时间/(MPa/s)	2.45×10^4	4.32×10^4	6.75×10^4
起裂时间/ms	1.42	2.54	3.20

从表 5.18 看出,升压最快的曲线 1 爆燃气体压力作用下,裂缝起裂最早,而升压最慢的曲线 3 裂缝起裂最晚;当爆燃气体升压率增大 3 倍,起裂时间可以缩短一半,缩短起裂前的时间可以有效地延长致裂作用时间,从而得到更长的地层裂缝。

在推进剂装药量一定的情况下,最终裂缝扩展长度不总随爆燃气体升压率增大而增加。最终裂缝扩展长度涉及推进剂的燃烧速度和爆燃气体持压时间。推进剂燃烧越快,爆燃气体升压越快,推进剂燃烧时间也就越短,从而导致井下爆燃气体持压时间缩短。因此,要得到最长的有效致裂作用时间,需要优化起裂时间和持压时间的关系。

(2)装药量对地层压裂效果的影响

多级燃速可控燃爆诱导压裂技术最大的优点是可以对地层进行反复压裂,为加强压裂效果,可以尽量多地使用推进剂。但要虑及炸枪和套管的危险,因此装药量不能随意增加。本书为了考察增加装药量对压裂效果的影响,对第一级压裂火药进行三种装药量(具有相同的升压速率)形成的爆燃气体压力驱动裂缝扩展的数值仿真模拟。三种装药量下的枪内气体压力历程见图 5.37,图中气体压力历程曲线是由枪内向外喷射气体质量流速、持压时间以及装药量之间的关系确定。可以看出,不同的装药量下,爆燃气体升压时间和峰值不同,装药量越大,升压时间越长,峰值也就越大。同时,图 5.38 给出了不同装药量下的地层压裂情况。

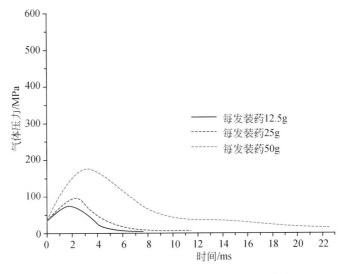

图 5.37　不同装药量下枪内气体压力历程曲线

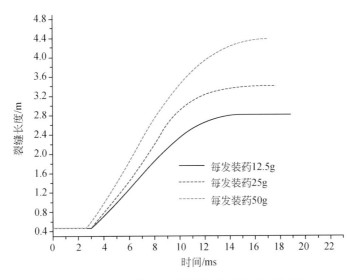

图 5.38　不同装药量下裂缝扩展长度随时间的变化

从图中看出，三种装药量下，由于爆燃气体升压速率相同，几乎在同一时刻起裂，且起裂后一段时间内裂缝扩展长度差别很小。由于装药量越大向地层喷射气体越多，随着压裂进行，装药量大的与装药量小的情况下的裂缝扩展速度逐渐区别开来。不同装药量下裂缝扩展长度见表 5.19。

表 5.19　不同装药量下最终裂缝扩展长度

每发装药量/g	峰值压力/MPa	裂缝扩展长度/m
12.5	80	2.80
25	95	3.30
50	175	4.62

从表中数据看出，当装药量增加到 2 倍时，裂缝扩展长度增加约 20%。但爆燃气体压力峰值随装药量增加而大幅度增大，尤其是装药从 25g 增加到 50g 时，峰值压力增大将近一倍。爆燃气体峰值压力过大，直接威胁到枪身和井筒安全，因此虽然增加装药量可以使最终裂缝扩展长度有所增长，但也给井筒安全带来隐患。

从以上分析来看，增大爆燃气体升压速率和装药量均可以增大最终裂缝扩展长度，但增大爆燃气体升压速率和装药量均使爆燃气体峰值压力增大，给井下安全带来隐患。要提高地层压裂效果，需要将爆燃气体升压率和装药量结合到最好，即增大升压率而略降低装药量，或增大装药量略降低升压率，这样不仅不会有炸枪的危险，还能使压裂效果最佳。

（3）不同组合对地层压裂效果的影响

从前面分析已经知道，对于川西深层气藏高埋深情况，地层应力较高是限制裂缝扩展的关键因素；低弹模地层在裂缝内爆燃气体压力作用下，裂缝张开位移增加，但不利于地层破裂。又由于单纯增加装药量或增大升压率都会引起爆燃气体压力峰值过大，造成井下炸枪或井壁损坏。因此为了将井下压力峰值控制在安全范围内，且达到提高地层压裂效果的目的，一般做法是延长持压时间，而不是增加峰值压力。下面对爆燃气体升压率和装药量的不同组合对压裂效果的影响进行分析。第一级压裂火药气体压力历程曲线采用三种组合方案，见表 5.20。

表 5.20　三种推进剂装药量和升压率的组合方案

方案	推进剂装药/(g/发)	燃爆气体升压率/(MPa/s)	压力峰值/MPa
一	25	6.5×10^4	130
二	37.5	3.25×10^4	130
三	50	2.4×10^4	130

三种压力历程曲线见图 5.39。由于方案一装药量最少，升压率又最高，第一级爆燃气体持压时间最短，不到 10ms，而方案三装药量最大，升压率又低，第一级爆燃气体持压

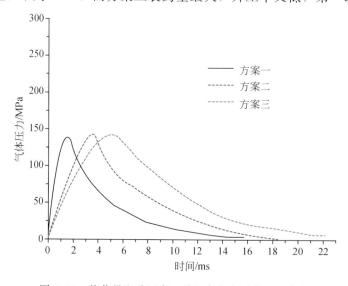

图 5.39　装药量和升压率三种组合方案压力历程曲线

时间最长，20ms 左右。

从图 5.40 看出，埋深较高的地层，在三种方案爆燃气体驱动下，几乎同时起裂，起裂后三者的裂缝扩展速度几乎相等。这是由于三者的爆燃气体升压率都在一个量级上，对起裂影响不明显。到压裂后期，10ms 以后，三者的裂缝扩展速度区别开来；由于方案一爆燃气体持压时间最短，裂缝止裂最早，所以裂缝扩展长度最短；而方案三持压时间最长，止裂最晚，裂缝扩展长度最长。三种方案下最终裂缝扩展长度见表 5.21。

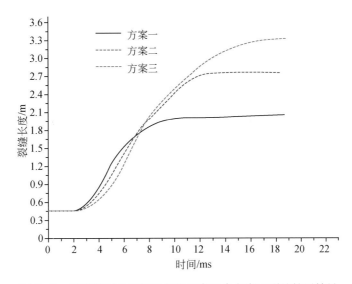

图 5.40　高埋深三种装药量和升压率组合方案下裂缝扩展结果

表 5.21　三种方案爆燃气体压力驱动下裂缝扩展长度

方案	裂缝长度/m
一	2.0
二	2.8
三	3.2

表 5.21 反映出三种装药量和升压率组合下，都可以有效克服高埋深对地层压裂的限制。方案三由于持压时间较长效果更显著。从以上分析结果可知，升压率在 10^4 MPa/s 数量级范围内变动时，对地层起裂影响不明显，压裂效果主要取决于爆燃气体持压时间。因此在川西深层高埋深情况下，可以采用增加装药量而略降低升压率的方法，改善压裂效果。方案二与方案三的裂缝扩展长度接近，而方案一的压裂效果与其他两个方案相比则差异比较大，说明在高埋深岩层压裂中，增加装药量对提高压裂效果较明显，但装药量增加到原来的 1.5 倍后，再增加装药量对提高压裂效果的作用不是很明显。

（二）酸处理工艺

酸化预处理是通过酸液处理地层后，一方面微观上改变岩石的物理性质，解除储层的污染，增大岩石的孔隙度、渗透率、岩石比表面，提高储层岩石的吸液能力，降低储层的破裂压力；另一方面通过酸液对岩石的溶蚀作用，破坏岩石的胶结结构，在宏观上改变岩石的杨氏模量、泊松比、抗张强度等力学参数，降低储层的破裂压力。

1. 酸处理机理分析

结构连结使岩石具有结构性，岩石矿物颗粒间直接由接触面上所发生的作用力连结或者由外来胶结物所产生的连结是岩石具有一定强度的本质。岩石矿物颗粒间的作用力主要包括岩石矿物颗粒间的结构作用力及岩石矿物的胶结作用。岩石矿物颗粒间的结构作用力是指在岩石矿物颗粒沉积物成岩过程中，经过一系列物理、物理-化学和化学作用影响下形成的作用力。这些作用促使在颗粒接触带上产生不同性质和能量的相互作用。在不同的成岩阶段，对结构连结有重要影响的有磁性力、偶极（库仑）力、毛细管力、分子力、离子-静电力和化学（价键）力。岩石的胶结作用是指从孔隙溶液中沉淀出矿物质（胶结物），将松散的沉积物固结起来的过程。岩石的胶结是靠矿物与胶结物界面上的化学力来实现的。尽管岩石可能具有不同的胶结机理，但都导致相同的结果：矿物颗粒的连结强度明显提高而形成同相接触。酸化处理就是酸液通过与砂岩的单晶矿物反应，破坏单晶矿物的晶体结构，进而改变岩石的力学性质。

本书在研究过程中模拟压裂井的实际情况，从钻井泥浆污染后岩心、酸处理后的岩心改变岩石性质的宏观现象角度出发，揭示酸处理降低岩石作用力的机理。实验采用岩心流动实验测试仪（图 5.41）和三轴力学实验测试设备。

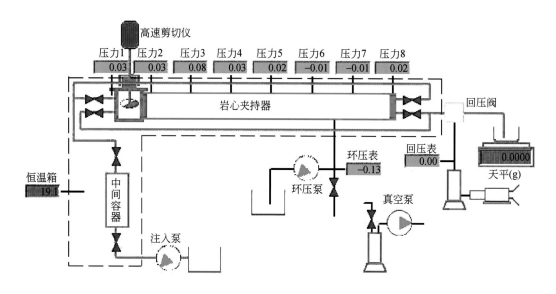

图 5.41　岩心流动实验测试仪

采用 5%HCl、5%HCl+1%HF、5%HCl+1%HBF$_4$ 的酸液体系来模拟酸处理改变岩石力学性质的实验，分别模拟酸对岩样泥质胶结物和骨架碳酸钙腐蚀后对岩石力学参数的影响，如表 5.22 所示。

表 5.22 酸处理对岩石力学参数的影响

力学参数 酸液类型	抗压强度 /MPa	杨氏模量 /MPa	泊松比	内摩擦角 /(°)	内聚力 /MPa	抗张强度 /MPa
未经酸处理	46.9	7058.0	0.421	24	4.5	3.0
5%HCl	40.0	5585.2	0.413	20	3.4	2.2
5%HCl+1%HF	38.6	4609.5	0.394	18	2.7	1.8
5%HCl+1%HBF$_4$	35.3	3988.3	0.355	10	1.8	1.3

表 5.23 是岩样经过泥浆污染、酸处理后岩石的力学参数实验结果。当岩石经过酸液处理后，岩石的矿物组成部分受到破坏改变，岩石孔隙度增大，含水量相应增大，岩石的原有结构受扰动破坏，导致内聚力 C 大大降低，内摩擦角亦相应减小。实验结果表明，酸处理后岩石的泊松比降低。

表 5.23 泥浆污染后再酸处理对岩石力学参数的影响

力学参数 处理类型	抗压强度 /MPa	杨氏模量 /MPa	泊松比	内摩擦角 /(°)	内聚力 /MPa	抗张强度 /MPa
未经泥浆、酸处理	46.9	7058.0	0.421	24	4.5	3.0
泥浆浸泡 5d	44.3	6271.7	0.447	22	3.8	2.8
泥浆浸泡 5d 后过 5%HCl +1%HF	34.6	3709.5	0.334	12	1.7	1.6

图 5.42 模拟的是地层温度、压力条件下轴向变形与轴向差应力之间的关系。岩样轴向变形呈现出典型的脆性变形特征，基本上无初始压实阶段，以弹性变形为主，岩石破坏前的变形量极小，不超过 0.8%。图 5.43 是岩样浸泡 10d 后岩石的轴向应变与轴向差应力之间的关系。可以看出，岩石在变形过程中，明显存在一个压实阶段（B 点）。浸泡时间越长，压实段的长度越大，反映出岩石经泥浆浸泡后变软的特点。从岩石破坏时的轴向应变量来看，轴向应变达到了 0.85%，体现出明显的塑性特征。从泊松比的测试结果来看，泥浆浸泡后泊松比增大，导致局部最小水平主应力增加，增大了储层改造时的破裂压力。

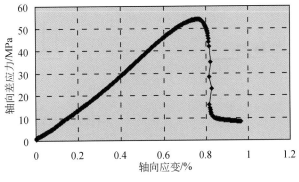

图 5.42 标准岩样应力应变曲线

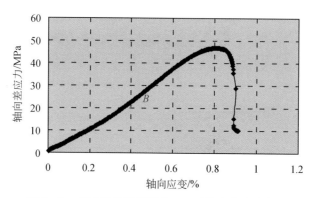

图 5.43　标准岩样泥浆浸泡 10d 后的应力应变曲线

　　图 5.44、图 5.45 是岩样经酸处理后的应力-应变曲线。可以看出，经过处理后岩石强度降低。酸液溶解了岩石中的部分矿物质，使得岩石孔隙度增加，在压缩初期阶段，存在明显的压实阶段（C、D）。在岩石的破坏阶段，轴向变形量均超过了 1.0%。

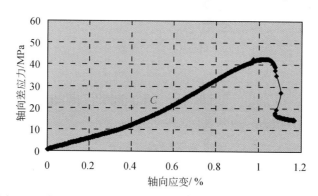

图 5.44　标准岩样泥浆浸泡 5%HCl＋1%HF 后的应力应变曲线

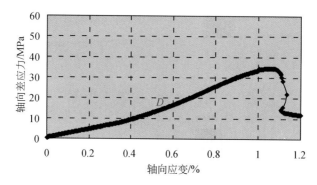

图 5.45　标准岩样泥浆浸泡 5d 后再过 5%HCl＋1%HF 的应力应变曲线

　　通过以上的实验研究，分析酸处理降低岩石强度机理主要有以下几个方面。

　　1）酸处理改变了岩石的物质成分，导致岩石性质的改变。酸处理后岩石的粗颗粒含量降低，细颗粒含量增加，岩石的矿物颗粒总体上减少。究其原因是岩石中颗粒较大的组分二氧化硅、方解石、氧化镁等颗粒在酸的作用下被溶解为更细的颗粒，使岩石的分散程度大大提高，比表面积增大。因而岩石的含水性随之增大，岩石的抗压强度、抗剪强度降低。

2）酸处理改变了岩石的孔隙结构，导致岩石性质的改变。

酸与岩石反应后，通过溶解岩石内部的二氧化硅、长石、钙质、泥质等可溶矿物，改变岩石本身的各种矿物成分含量，并产生一些粒间孔（图 5.46）和晶体溶孔（图 5.47），在增加岩石孔隙（图 5.48）的同时，一定程度上也改善了岩石孔隙本身的连通性，降低了岩石的强度。

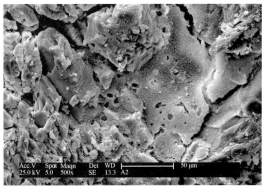

图 5.46　岩样在土酸作用下可以清晰地看到颗粒溶孔并且有少量石英溶孔

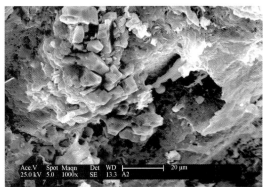

图 5.47　岩样在 HBF₄ 作用下有长石溶孔

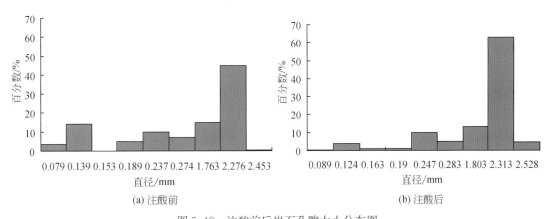

图 5.48　注酸前后岩石孔隙大小分布图

3）在酸的作用下，岩石产生离子交换、岩石颗粒的双电层结构发生改变，致使岩石力学性质发生变化。在酸性环境中，由于溶液中的 H^+ 含量大大增加，随着岩石中黏土矿物、碳酸钙、氧化铁等胶结物的溶解，溶液中的 Ca^{2+}、Fe^{3+} 等浓度大大增加，促使在岩石颗粒表面发生阳离子交换。溶液中交换能力强的 Ca^{2+}、Fe^{3+} 置换出黏土矿物（尤其是蒙脱石、伊利石）中的 K^+、Na^+、Ca^{2+}、Mg^{2+} 等离子，使得溶液中这些离子的含量大幅度增加。从离子交换的角度来看，离子交换会使岩石颗粒表面的扩散层变薄，但是由于岩石颗粒表面的双电层的电动电位有较大幅度的提高，岩石颗粒的扩散层又会变厚。从总体上来看，岩石颗粒表面的扩散层厚度仍有所增加。扩散层的增加、岩石矿物颗粒间的静电作用力和化学键作用力降低，加上酸对岩石胶结物的溶解作用，可以大大降低岩石的力学性质。

2. 酸液配方选择

以 DY2 井须二段 4910～5215m 为例，针对该目的层 120～130℃、岩石酸溶蚀实验结果（表 5.24、表 5.25），结合前期须家河组储层酸预处理成果，优选酸液配方（表 5.26）。

表 5.24　DY2 井须二段（4910～5215m）盐酸溶蚀率实验数据

样品	层位	深度/m	盐酸浓度/%	溶蚀前重量/g	溶蚀后重量/g	溶蚀率/%
岩屑	T_3x^2	4910～5215	12	5.0083	4.3438	13.27
			15	5.0540	4.3700	13.53
			18	5.0485	4.4057	12.73
			20	5.0070	4.3673	12.78

注：1. 检测温度：90℃，反应时间：120min；2. 根据实验结果优选 15% 浓度的 HCl。

表 5.25　DY2 井须二段（4910～5215m）土酸溶蚀率实验数据

样品	层位	深度/m	土酸配方	溶蚀前重量/g	溶蚀后重量/g	溶蚀率/%
岩屑	T_3x^2	4910～5215	15%HCl＋0.5%HF	5.0719	3.9751	21.63
			15%HCl＋1.0%HF	5.0370	3.7177	26.19
			15%HCl＋1.5%HF	5.0570	3.5675	29.45
			15%HCl＋2.0%HF	5.0191	3.5267	29.73

注：检测温度：90℃；反应时间：120min。

表 5.26　酸液主要性能指标

项目	组成	条件	指标
腐蚀速度	20%HCl＋3.5%WD-11＋1.0%WDZ-2＋1.5%WD-8＋1.0%WD-12＋1.0%BM-B10＋2.0%BA1-9	130℃、10MPa、4h、WSP110 钢片	42.84g/(m²·h)
表面张力	1.0%WD-12＋1.0%BM-B10	35℃	24.38mN/m
铁离子稳定能力	1.5%WD-8	常温常压	380mg/ml
配伍性能	20%HCl＋3.5%WD-11＋1.0%WDZ-2＋1.5%WD-8＋1.0%WD-12＋1.0%BM-B10＋2.0%BA1-9	褐色均匀的液体，无沉淀、分层现象	

根据以上实验结果，该井酸化采用两段酸液体系：前置酸采用（18％HCl）低摩阻的缓速降阻酸，主体酸采用（15％HCl＋1.5％HF）降阻土酸。

3. 酸化规模优化

在酸化压裂软件优化设计基础上，通过对比分析国内外直井砂岩基质酸化的统计数据，基质酸化规模一般采用 $0.9 \sim 1.6 m^3/m$ 为好，测试层段射孔长度为142m，设计基质酸化规模为 $80 m^3$。同时为后期压开储层、解除裂缝深部堵塞，设计酸压规模为 $40 m^3$，合计酸化总规模为 $120 m^3$。

4. 降低破裂压力效果分析

2008年7月20日，按设计顺利完成 $120 m^3$ 酸化施工。高挤初期无明显破裂迹象。解堵酸化阶段施工压力 $69 \sim 73 MPa$，排量 $1.5 m^3/min$ 左右；酸压阶段施工压力约 $90 MPa$，排量约 $2.1 m^3/min$。整个施工过程中，在排量基本稳定的情况下，施工泵压始终呈逐渐上涨趋势。停泵压力 $58.1 MPa$，停泵压力梯度 $2.15 MPa/100m$。停泵后压降缓慢（$0.3 MPa/5min$）。施工曲线如图5.49所示。

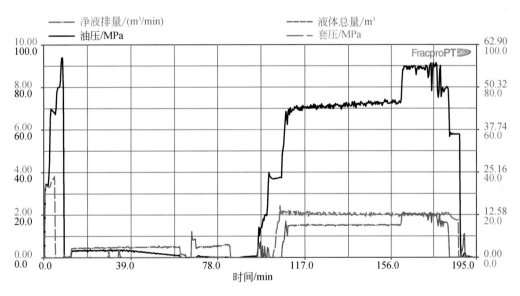

图 5.49　DY2 井（4910～5012m）酸化施工曲线

2008年8月7日，DY2井该层段进行了 $25 m^3$ 规模的加砂压裂施工，顺利完成了加砂任务，施工曲线如图5.50所示。压裂施工过程中，在地面压力 $81.5 MPa$ 下，施工排量达到 $3 m^3/min$，顺利压开地层，降低施工压力约 $15 MPa$。

（三）高应力储层复合改造工艺

川西深层须家河须二段储层具有异常高破裂压力的特点，多数储层在目前的工程、装备条件下不能被有效地压开。如 CL562 井须二段经过试破、喷砂射孔、重复射孔等措施后，在井口 $92 MPa$ 压力下仍未能压开储层；CG561 须二段储层 $4921 \sim 4943.9m$ 层段进行了射孔、试破和密度为 $1.4 g/cm^3$ 的加重酸酸压，但由于地层致密，同样未能压开储层。单一的降低破裂压力的措施可能不能取得预期的效果，因此需将各个措施有机结合起来，

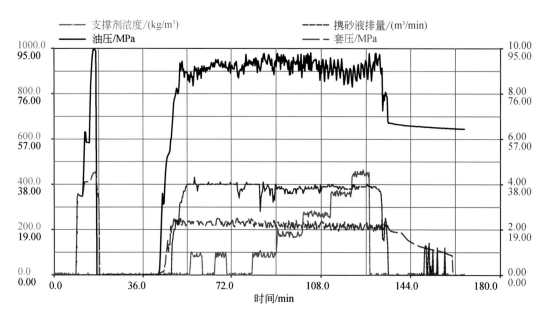

图 5.50　DY2 井 4910～5215m 加砂压裂施工曲线图

形成高应力储层复合改造工艺。

目前在降低破裂压力方面发展和完善了优化射孔、高能气体压裂、酸化预处理、喷砂射孔、加重压裂液等技术措施。针对川西须家河须二段气藏面临的难题，作者寻求新的技术措施，并成功地将燃爆诱导压裂技术和酸处理技术有机结合，并在挖潜老井 CG561 井须二段储层 4921～4943.9m、4959～4995m 进行了成功的现场应用，获得显著的增产效果。

第二节　超高压大型加砂压裂工艺

一、超高压压裂井口装置与压裂设备

对像川西深层须家河组气藏这样在泵压 105MPa 下难以压开的地层，需要采用超高压压裂设备进行储层改造，目前可达到的最高压力为 140MPa。根据超高压施工需要，要求采用压力级别相匹配的井口装置、管汇、连接部件等，必须保证在超高压施工中井口及管汇耐压、机械强度高、适应性强。

1. 井口装置

压裂井口的总体要求是能承受超高压，便于拆装，能及时活动管柱。一般常用的深井压裂井口是使用 KQ78/65-105 采油树装置，根据超高压施工压力要求，需采用 140MPa 压力级别采油树，配套 140MPa 地面高压流程。

2. 压裂车组

一套压裂车组由多台压裂泵车、一台混砂车、一台压裂仪表车和一台管汇车组成。根据施工压力和排量的要求，可以增加压裂泵车和仪表车。超高压压裂施工与常规加砂压裂施工相比较，最重要的是压裂泵车选择的不同，混砂车与仪表车要求能与压裂泵车实现对接。

（1）压裂泵车

压裂施工要使用多台压裂泵车，使用管汇车（或管汇台）连接，同时压裂泵车放置的位置应尽量靠近混砂车，以便混砂车上的排出泵以足够的压力将携砂液输入到高压泵的吸入管汇。混砂车与泵车以吸入软管连接，对于低排量压裂施工，须使用小直径软管，以保证软管内流体具有较高流速；而对于高排量压裂施工，则采用多根标准 4in 吸入软管为吸入管汇供液。

每台泵车与施工主管线的连接部分都应有隔离阀，以便于压裂施工期间进行一些小型维修。若没有隔离阀，泵总是处于施工压力之下，在隔离阀后应安装泄压阀，以便释放泵内的压力，任何时候泵都可以脱离施工管线。

常用的压裂泵车有 SS-1000 型、1800HP 型、HQ1400 型、HQ2000 型，最高压力均为 105MPa，其中以 HQ2000 型所能达到的最大排量最高，为 1870L/min，其性能指标见表 5.27。超高压施工采用的是目前世界上最先进的 2500 型压裂车，最高压力 140MPa，最大排量 2170L/min，该车具有排量大、动力强、抗高压等突出优点，在深井、超深井、高压井的压裂施工中更具优势。

表 5.27　压裂泵车性能指标

型号	SS-1000	1800HP	HQ1400	HQ2000	2500
最高压力/MPa	105	105	105	105	140
最大排量/(L/min)	1512	1817	1850	1870	2170
适合井深/m	浅-中深井	中深井	中深井	深井	超深井

设压裂车的功率为 N，机械效率为 η，则所需压裂车台数为

$$N_1 = \frac{HP}{\eta H_\eta} + (1 \sim 2) \tag{5.28}$$

设压裂车单车排量为 q，则所需压裂车台数为

$$N_2 = \frac{Q}{q} + (1 \sim 2) \tag{5.29}$$

实际需要的压裂车数为上述两者之最大值。

（2）压裂仪表车

压裂仪表车通过传感器输入数据实时监测和记录压力、砂浓度、排量、液量等评价压裂施工所需要的参数，为现场施工进展的诊断、下一步措施的决策提供依据。仪表车必须能与压裂泵车、混砂车实现对接，用于远控压裂泵车、混砂车，实时采集、显示、记录和分析压裂、酸化施工参数。仪表车要求配置压裂泵车控制系统、远程面板功能和警告系统、通讯系统和数据采集软件。

在压裂施工期间，施工压力是一个重要参数，必须要准确地知道施工压力，因此测量压力的主要传感器应尽可能靠近井口，特别是超高压施工，必须保证传感器在井口，否则有可能出现实际井口压力仍然很高，压力读数却已经泄压的情况。

目前比较先进的压裂仪表车是美国 STEWART&STEVENSON 公司生产的 SS-2 型仪表车。可供远控操作装备 BLL600 型压裂车 6 台和配套使用装备 HS60B 型混砂车 1 台，

远控操作距离 30.5m。能显示的作业参数：井口油压、井口套压、单压裂车瞬时排量、压裂车组瞬时排量、压裂车组累计排量。能记录的作业参数：井口油压、井口套压、压裂车组瞬时排量。测量范围：井口油压 0～105MPa、井口套压 0～105MPa、工作液排量 1.3～15m³/min。其他仪表车见表 5.28。

表 5.28　常用压裂仪表车性能参数

性能 \ 型号	SS-1 型	SS-2 型	SH-L 型	CYS-ⅡA 型	E-350 型	S-1954 型
制造单位	四川石油管理局井下作业处（组装）	美国 SS 公司	四川仪表三厂	四川国营锦江电机厂	美国 DOWELL	美国哈里伯顿
显示作业参数	井口油压 井口套压 单压裂车泵压 单车瞬时排量 车组瞬时排量 车组累计排量	井口油压 井口套压 单车瞬时排量 车组瞬时排量 车组累计排量	井口油压 井口套压 瞬时排量 累计排量	井口油压 井口套压 瞬时排量 累计排量 吸收指数 工作液砂比 累计砂量	井口油压 井口套压 单车泵压 单车瞬时排量 累计排量 含砂浓度 液氮瞬时排量 液氮累计排量 液氮排出压力	井口油压 井口套压 单车瞬时排量 阶段累计排量 计划累计排量 总累计排量 含砂浓度
记录作业参数	井口油压 井口套压 车组瞬时排量	井口油压 井口套压 车组瞬时排量	井口油压 井口套压 车组瞬时排量	井口油压 井口套压 车组瞬时排量 吸收指数 工作液砂比	井口油压 井口套压 车组瞬时排量 含砂浓度 液氮瞬时排量 液氮排出压力	井口油压 井口套压 车组瞬时排量 含砂浓度
测量范围 井口油压/MPa	0～98.1	0～105	0～98.1	0～98.1	0～105	0～105
测量范围 井口套压/MPa	0～58.8	0～105	0～58.8	0～58.8	0～105	0～105
测量范围 排量/(m³/min)	0.083～1.667	1.3～15	0.083～6.667	0.083～6.667	0～10	1.3～15
电源	220V（±10%）AC	12V DC	220V（±10%）AC	220V（-10+20%）AC	12V DC	220V AC
功率消耗/W	300	60	660	1000	/	1000
外形尺寸 长/m	7.80	5.06	8.00	8.73	7.00	8.40
外形尺寸 宽/m	2.40	2.06	2.44	2.50	2.40	2.40
外形尺寸 高/m	2.80	2.01	2.84	2.95	3.09	3.50

（3）混砂车

混砂车要求必须能与压裂泵车和仪表车对接，可用于不同流体的泵注作业。包括化学剂混配和支撑剂混配。混砂车一般包括化学添加剂系统、管汇、软管、混合系统、控制室、控制系统和仪表计量系统。

二、超高压压裂关键技术

（一）控制滤失关键技术

1. 压裂液控制滤失

对深层须家河组气藏裂缝性储层，通过调整压裂液配方有效降低滤失的思路是：前置液采用高黏压裂液体系，大幅度提高现有前置液黏度，填充天然裂缝；携砂液采用低伤害压裂液配方，配合液氮伴注，提高液体返排效果，降低地层伤害。

除了采用低伤害压裂液＋液氮伴注的方法生成泡沫降低压裂液滤失外，还可以在压裂液中加入某种添加剂，使之产生泡沫，降低压裂液滤失。川西气田在压裂液中加入一种增效剂 BM-B10 后，在高速剪切或通入氮气的条件下都会产生大量泡沫，在 2～3min 内能产生 2000ml 泡沫，气泡性能良好。泡沫压裂液能起到明显的降滤失作用：

1）泡沫压裂液的液相较少，只有同体积的常规压裂液的 15％～35％，与岩石接触面积小，通过裂缝面进入地层的量就少得多。

2）气液两相流降滤失。当泡沫流体进入微细孔隙时，需要大量的能量克服界面张力和气泡的变形，同时细微结构的泡沫在微细孔隙中，由于毛细管力的叠加效应，进一步阻止了液体的滤失。

2. 多级粒径支撑剂段塞降滤技术

多级粒径降滤技术是在施工过程中的不同阶段加入不同粒径的陶粒，分别填充在不同宽度的人工裂缝内部，一开始采用低砂比、小粒径，先封堵较窄的裂缝，随着压裂的进行，各缝宽逐渐增加，此时可采用逐渐增大的砂粒、适当增加的砂比，既起到降滤的作用，也达到合理支撑的目的。较大粒径的颗粒也可打磨与主裂缝连通的、较窄的拐弯处，使裂缝通道更光滑，流动阻力减小，这是段塞的另外一个作用。

（1）支撑剂粒径优选

如果支撑剂段塞中的支撑剂尺寸太小，它有可能影响支撑裂缝的渗透率，同时还有可能在压裂液返排时排出裂缝，降低裂缝的渗透率，甚至堵塞缝口；支撑剂尺寸太大，则在裂缝中随压裂液运移时的沉降速度增大，可能出现过早脱砂，造成砂堵。为提高支撑裂缝的渗透率，保证压裂效果，同时，为进入裂缝，降低近井筒效应，支撑剂段塞中支撑剂应谨慎而合理地选取尺寸。根据其他油田现场实践结合川西气田的实际，表 5.29 推荐了支撑剂段塞中支撑剂粒径和对应天然裂缝宽度的参考值。

表 5.29　支撑剂段塞参数的选择

段塞支撑剂粒径/目	段塞支撑剂尺寸/mm	对应天然裂缝宽度/mm
20～40	0.38～0.83	＞1.2
30～60	0.25～0.55	0.8～1.5
100	＜0.15	＜0.5

对天然裂缝缝宽较小的储层，推荐采用100目粉陶段塞；对天然裂缝缝宽中等能满足小粒径陶粒进入的储层，为提高裂缝导流能力，采用小粒径陶粒段塞；对天然裂缝缝宽较大且滤失严重的储层，推荐采用混合粒径段塞，既达到有效堵塞天然裂缝的目的，又能最大限度保持天然裂缝导流能力。

（2）段塞级数优化

根据标准G函数图，如果在闭合点前叠加导数曲线"上凸"，则表明储层天然裂缝发育。叠加导数曲线与直线会合时的压力被认定为是裂缝的张开压力。当该叠加导数曲线从直线向下偏离时为裂缝闭合（图5.51）。G函数分析图可以较为准确地反映裂缝发育状况，以此作为段塞级数优化依据。

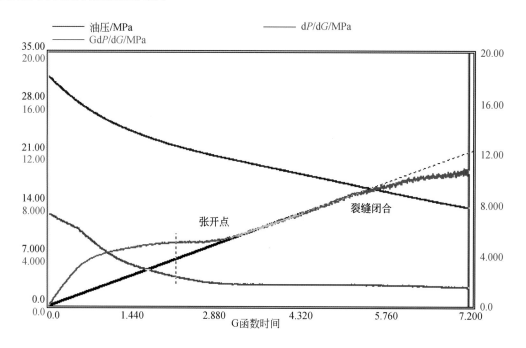

图 5.51　标准裂缝性储层 G 函数图

（3）段塞量、段塞砂比优化

根据多级粒径段塞理论，段塞粒径和砂比都应该是从小到大，其中段塞量和砂比对降滤失效果影响较大。若段塞的规模或砂比较小，改造力度不够，则无法起到有效的封堵作用；若规模或砂比过大，则可能堵死裂缝，在施工前期就出现砂堵现象，所以段塞量和砂比需要进行优化。段塞量和砂比若通过数学方法进行理论计算，则较为复杂且精度较差，还不利于现场推广应用；若通过室内模拟实验确定，天然裂缝条数、裂缝形态等参数很难确定。而通过现场造缝实验来确定段塞量和砂比，具有简单准确、易于推广的特点。根据现场造缝实验确定段塞量及砂比的核心就是在施工现场根据监测压力的变化调整规模及砂比。具体流程见图5.52。

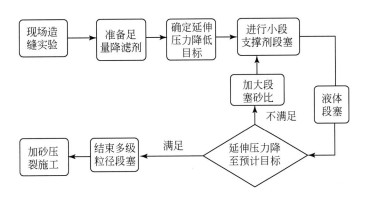

图 5.52　现场造缝实验工艺流程图

3. 最佳施工排量优化技术

储层中存在天然裂缝时，压裂液滤失大，施工排量不是越高越好，而是存在一个最优排量：随着排量的增加，井底净压力上升，储层中的天然裂缝随之开启，如果在此排量下液体的供给低于裂缝内的滤失，则会造成脱砂；如果排量过高，裂缝内的净压力提高，会开启更多的天然裂缝，带来更大的滤失面积，同样会导致裂缝内大量的滤失，给施工带来极大的风险。对于天然微裂缝发育的储层，降低压裂砂堵风险的主要做法有两种：一方面是在施工限压条件下尽可能提高施工排量，最大限度打开天然微裂缝，以最大程度的注入量速度来抵御最大程度的天然微裂缝的滤失速度，以达到依靠净增注入量与滤失量差值来实现人工裂缝造缝所必需的液量；另一方面是在适当的施工压力和优化施工排量条件下，通过不完全打开天然微裂缝以降低天然微裂缝的滤失来实现增加注入液量与滤失量之间的差值，从而最终实现人工裂缝造缝所必需液量的目的。对于须家河组深井通过在井口限压条件下，靠完全打开天然微裂缝和尽可能提高施工排量来实现增加净增注入量与滤失量差值的理念很难实现，因此针对裂缝性储层的这一特点设计了阶梯升降排量测试，寻找既能满足微裂缝张开引起的滤失，又能确保一定的净压力保持裂缝延伸的最优施工排量，为主压裂设计提供指导。降排量测试则诊断孔眼摩阻、近井筒裂缝弯曲摩阻的大小，为主压裂采取支撑剂段塞等针对性措施提供依据。该技术既保留了传统降排量测试的摩阻分析，又为裂缝性储层主压裂初期排量优化提供依据。

根据升降排量测试压裂情况，优选能够保持稳定净压力的施工排量，始终保证入地液量大于滤失液量。对于天然裂缝较为发育的储层，加砂压裂过程中随着降滤失措施的采用，最优排量是不断变化的。由于天然裂缝延伸被控制，净压力值降低，可以不断调整施工排量，直至达到既能满足微裂缝张开引起的滤失，又能确保一定的净压力保持裂缝延伸的最优施工排量。

（二）施工砂比优化技术

1. 极限缝宽与砂浓度的关系

深层加砂压裂的最大施工风险就是砂堵，影响砂堵的一个重要因素就是裂缝宽度。缝宽有一个极限宽度，在这个极限宽度以下，当支撑剂达到一定浓度时，就容易出现支撑剂桥架，从而发生砂堵。在一定的砂浓度范围内，当裂缝宽度与支撑剂粒径的比值（W/D）

达到一定要求后，加砂才能顺利进行，表 5.30 为不同砂浓度下的极限缝宽要求。砂比与要求的裂缝缝宽并不是线性关系，而是存在临界值的关系，如果通过某种措施使裂缝平均缝宽超过该临界值，砂比可以大幅度提高，甚至成倍的提高。裂缝型储层近井多裂缝发育，形成的各条裂缝缝宽可能不能达到缝宽的临界值，就容易出现支撑剂桥架，从而发生砂堵。因此，对裂缝型储层，采用支撑剂段塞（或多级段塞）在一定程度上减少或消除多裂缝，意义重大。

表 5.30　不同砂比时的缝宽要求

砂浓度/(kg/m³)	砂比/%	W/D（统计）	缝宽要求/mm
50～200	2.8～11.1	1.15～2.0	>1.2
200～500	11.1～27.8	2.0～3.0	>1.8
500～800	27.8～44.4	4	>2.4

注：缝宽要求是针对 30～50 目支撑剂提出的。

2. 砂浓度优化

在压裂设计中，平均砂浓度是一个重要的设计参数，是压裂优化设计和风险评估的重要依据之一。对深层须家河加砂压裂而言，施工风险除管柱风险外，主要应避免在施工过程中出现砂堵。

为避免砂堵的发生，应该考虑两个方面的情况：一方面是压裂液效率，如果地层天然裂缝发育，压裂液滤失严重，压裂液效率偏低，那么携砂液砂浓度将会急速增加，达到砂浓度极限值（C_0），容易出现砂堵，因此，应对最高砂浓度进行控制，在携砂液砂浓度还未增加到极限时完成施工；另一方面是近井多裂缝，如果近井有效多裂缝（同一水平面内出现的多裂缝）较发育，由于多裂缝的相互竞争，造成有效加砂缝宽变窄，同时在携砂液进入地层一定量后，部分裂缝被支撑剂堵塞，当后续携砂液经过时，只通过压裂液，不通过支撑剂，即对压裂液进行了分流，分流而不过砂，这样也造成近井附近砂浓度的增大，增加了施工风险。

因此，为防止出现砂堵，最高砂浓度优化应充分考虑以上两个方面的影响，假设最初形成的多裂缝宽度相等，条数为 n，最高砂浓度的优化结果为

$$\begin{cases} C < C_0 \cdot \eta \\ \dfrac{C}{\dfrac{1}{\phi \cdot (n-1)+1} \cdot (1-C)+C} < C_0 \cdot \eta \end{cases} \tag{5.30}$$

式中，C 为实际加砂最高浓度，%；C_0 为理论最高加砂浓度，%，通常取 73%；η 为压裂液效率，%；n 为多裂缝条数；ϕ 为支撑剂孔隙度，%，30～50 目圣戈班陶粒孔隙度为 44%。

式中，第一个式子反映压裂液滤失对砂浓度的影响，第二个式子反映多裂缝对砂浓度的影响。例如，当压裂液效率为 40%、多裂缝条数为 3 时，计算的最高砂浓度的两个值为 29%、19%。同时考虑分流不过砂多裂缝中，压裂液流动阻力及弯曲摩阻增大，缝内压力减小，多裂缝竞争的结果是不过砂的裂缝缝宽变窄，从而分得的流量减小，因此，过砂的裂缝流量增加，有利于提高最高砂浓度。对于以上实际情况，施工中的最高砂浓度可以高

于 19%，但不要高于 29%，可取 25%～27%。在设计中，实际的最高砂浓度应根据测试压裂解释的压裂液效率和多裂缝条数来计算。因此，对于裂缝性气藏加砂，应控制加砂浓度以满足缝宽要求，必要时需要采用低砂比进行施工。计算出压裂液效率和多裂缝与最高允许砂比间的定量关系曲线如图 5.53 所示。从以上的研究可知，压裂液效率和近井多裂缝条数是优化最高砂浓度的重要参数，而这两个参数都来源于加砂压裂前的测试压裂，进一步说明测试压裂及其解释结果精度的重要性。

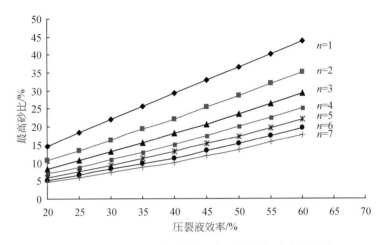

图 5.53　压裂液效率、多裂缝与最高允许砂比关系图

三、超高压压裂技术关键

(一) 降低施工摩阻

超高压施工主要针对破裂压力、延伸压力高的储层，措施井一般具有目的层埋藏深、井筒条件复杂、管柱摩阻大、限压下排量低的特征，此类井采用超高压施工的目的是提高施工限压，在压开储层的基础上尽可能提高施工排量，以保证加砂压裂顺利进行。对储层改造来说，压力关系满足下式：

$$应力梯度 \times 井深 = 地面泵压 + 液柱压力 - 施工摩阻 \quad (5.31)$$

由上式可以看出，在井深、应力梯度一定的情况下，要压开储层，除提高施工设备的压力级别外，增加液柱压力或降低施工摩阻也是解决深层高应力储层改造难题的有效手段。增加液柱压力即通过加大压裂液的密度来降低施工压力，从而解决高应力储层难以压开的问题，降低施工摩阻则可通过以下措施实现。

1. 低摩阻压裂液

降低施工注液过程的施工摩阻是降低井口施工泵压的有效措施，降低施工摩阻的一个重要方面就是降低压裂液的摩阻。采用川西深层须家河组储层低摩阻高温压裂液进行环流实验，在多功能环流装置 $\Phi6.35mm$、$\Phi19.05mm$ 和 $\Phi12.7mm$ 的闭合管路中，分别测定剪切速率为 $800s^{-1}$～$2800s^{-1}$ 时低摩阻压裂液的摩阻，根据物理相似原理，换算到 $\Phi73mm$ 和 $\Phi88.9mm$ 的油管相同剪切状态下的摩阻，图 5.54 是测定形成的摩阻计算图。

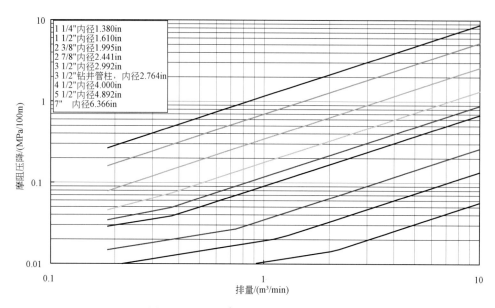

图 5.54　0.45％瓜胶浓度压裂液的摩阻

由图中可以看出，压裂液的摩阻低，在 4m³/min 的排量下，Φ73mm×5.51mm 管柱的摩阻系数为 0.6MPa/100m，为清水摩阻的 25％左右。

2. 管柱优化

进行超高压设备施工，必须要求施工管柱满足抗拉、抗压要求，在对施工管柱进行强度校核的基础上，尽可能采用大尺寸管柱，以降低深井施工井筒摩阻。针对不同井身结构，可采用组合尺寸油管施工；在井身结构不满足采用大尺寸管柱时，如果套管抗压强度满足施工要求，则采用小尺寸管柱油套环空施工。对于一些套管尺寸较小，或需要更大排量施工的情况，在套管强度满足压裂施工要求的条件下，可以采用油套合注的方式，尽可能降低井筒摩阻。

（二）线性和小台阶结合加砂工艺

线性加砂砂比变化连续，砂入缝口压力变化平稳，缝内铺砂比较均匀；常规的台阶式加砂，对于没有形成足够宽度的人工裂缝，阶段变换砂比时施工压力波动大，容易造成缝口脱砂；但台阶式加砂可以观察判断每一阶段砂液进入地层的变化情况，以便发生异常情况时快速及时作出处理，避免砂堵发生，因此新场定向井压裂施工采取的是线性加砂和台阶式加砂相结合的施工方式。

1. 线性加砂优势

通过模拟可以确定线性加砂有利于裂缝内形成均匀的支撑剂沉降剖面，可以获得更好的支撑裂缝导流能力。图 5.55 为模拟得到的线性加砂和台阶式加砂导流能力和裂缝长度关系曲线，从图中可以看出线性加砂较台阶式加砂有利于裂缝内形成均匀的支撑剂沉降剖面，可以获得更好的支撑裂缝导流能力。同时，线性加砂可以避免台阶式加砂一次性砂比和施工压力波动大的缺点，在施工稳定性方面具有自身的优势。

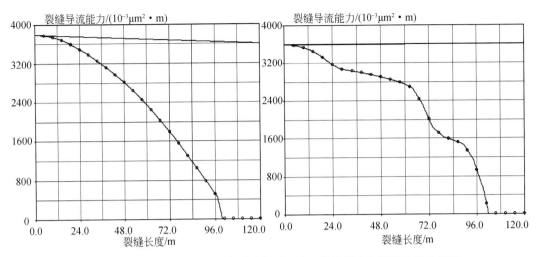

图 5.55 线性加砂（左）和台阶式加砂（右）导流能力与裂缝长度曲线图

2. 线性加砂与台阶加砂相结合

在砂浓度 $450kg/m^3$ 以下的低砂比段采用线性或分段线性的加砂方式，有利于砂浓度在缝内的均匀铺置。对于易出现异常情况的高浓度加砂阶段（砂浓度＞$450kg/m^3$ 后），采用分段级数多、阶段砂浓度变化量小的小台阶式加砂方式，便于观察每一砂比段进入地层时的压力变化情况，当施工出现压力异常时，能及时调整砂浓度的变化或停止加砂的处理措施，确保压裂施工成功，防止砂堵发生。

（三）净压力井底监测

由于裂缝性储层施工中井口压力的变化能引起天然微裂缝开启程度发生动态变化，因而及时了解产层的动态滤失特性对预防施工砂堵将起到重要的积极作用。因此采用对施工井口压力和井底净压力双重实时监测技术，净压力的实时监测更能准确及时地发现井底压力异常，对及时判断和作出砂堵预处理将起到重要作用。

现场施工时，注意观察每步施工的泵压和净压力变化情况。如果在施工参数不变的情况下，10min 之内压力上升 2MPa，就有可能出现前缘脱砂，先降砂比、后降排量；如果在施工参数不变的情况下，施工压力降低 2MPa 以上，则可能是由于滤失加大，裂缝高度发展较快，因此为恒定井底净压、保持裂缝宽度，使加砂顺利，在条件允许范围内应适当提高排量施工。

当出现滤失突然增加（如遇大孔洞），存在潜在砂堵征兆时，先降低砂液比（直至降为零），同时逐级降排量。一旦降为零，需立即停掉交联剂，利用线性胶的低摩阻和"黏滞指进"特性，继续造缝。再次加砂时，前后两次支撑剂可有机地衔接在一起，使其对压后产量都有贡献。

四、超高压压裂应用实例

X11 井是新场气田须二段气藏的一口预探井，先后进行了测试压裂、小型试加砂压裂、超高压大型加砂压裂施工。

1. 测试压裂

X11 井须二^4 目的层射孔井段 4969.1～4974.1m，由于埋藏深，存在压不开储层的风险，采用 Φ73mm＋Φ88.9mm 组合油管在井口限压 95MPa 下首先进行了测试压裂，包括 KCl 测试→冻胶测试→试加砂测试。整个测试压裂阶段累计注入压裂液 155.4m^3，试加砂 0.8m^3，施工排量 2.1～3.1m^3/min，施工压力 90～93.94MPa，施工曲线见图 5.56。测试压裂分析及拟合结果见表 5.31。

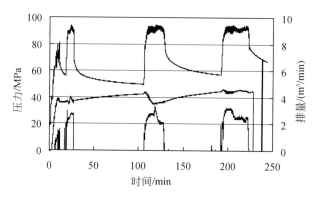

图 5.56　X11 井测试压裂施工曲线

表 5.31　测试压裂分析结果表

分析项目	KCl 注入	冻胶注入	试加砂注入
瞬时停泵压力井底（地面）/MPa	115.24（67.81）	123.28（75.01）	125.67（77.5）
延伸压力梯度/(MPa/m)	0.0232	0.0248	0.0252
闭合压力井底（地面）/MPa	107.8（59）	110（62.1）	/
闭合压力梯度/(MPa/m)	0.0217	0.0221	/
闭合时间/min	4.55	19.9	/
孔眼摩阻/MPa（排量/(m^3/min)）	/	1.27（2.16）	/
近井摩阻/MPa（排量/(m^3/min)）	/	5.91（2.16）	6.94（2.61）
储层压力/MPa	94.62	/	/
储层渗透率/10^{-3}μm^2	0.201	/	/
液体滤失系数/(m/min$^{1/2}$)	1.217×10^{-3}	6.86×10^{-4}	/
液体效率/%	16.9	35.5	/
多裂缝（滤失）条数	1（1）	4（3.5）	4（2）

从测试压裂分析：①储层渗透率 0.201×10^{-3}μm^2，为特低渗储层，地层压力 76.36MPa，地压系数 1.57，属于异常高压气藏，对压后返排有利；②储层发育一定的天然裂缝，多裂缝效应明显，液体滤失大，液体效率 35.5%，近井摩阻高达 6.94MPa；③0.8m^3 砂进入地层后，封堵部分多，裂缝滤失减小，支撑剂的加入对裂缝起到一定的处理作用。

2. 小型试加砂压裂

根据测试压裂分析结果，只有降低施工摩阻，降低压裂液滤失，提高施工排量才能进行大型加砂压裂施工。因此重新对压裂管柱进行优化，采用 $\Phi88.9mm+\Phi114.3mm$ 油管组合，配套 140MPa 超高压压裂设备及地面流程进行小型试加砂压裂，以验证超高压设备的能力，确保大型加砂压裂的安全实施。小型试加砂首先进行了测试压裂，停泵 5min 进行应急预案演练，紧接着加入砂浓度分别为 $60kg/m^3$、$100kg/m^3$ 和 $200kg/m^3$ 的携砂液各 $10m^3$，共计加砂 $2.05m^3$，施工曲线见图 5.57。小型试加砂注入压裂液 $119.2m^3$，施工排量 $2.7\sim4.2m^3/min$，施工压力 $105.3\sim110.0MPa$。小型试加砂压裂分析结果见表 5.32。从小型试加砂压裂看，低砂比支撑剂的注入，消除孔眼摩阻，弯曲摩阻为 7.4MPa。小型试加砂压裂分析表明：①压裂目的层具有裂缝型滤失特征；②储层发育有天然裂缝；③压后净压力拟合结果表明，压裂施工中有多裂缝产生。

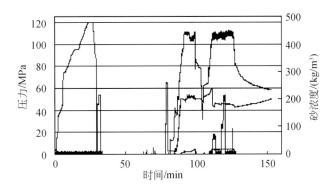

图 5.57　X11 井小型试加砂压裂施工曲线

表 5.32　X11 井小型试加砂压裂分析结果

分析项目	冻胶注入
瞬时停泵压力井底、地面/MPa	133.16（83.44）
延伸压力梯度/（MPa/m）	0.0267
闭合压力井底、地面/MPa	109.41（59.69）
闭合压力梯度/（MPa/m）	0.0220
闭合时间/min	21.8
孔眼摩阻/MPa	0
近井摩阻/MPa	7.4（排量 $3.6m^3/min$）
液体滤失系数/（m/min$^{1/2}$）	6.53×10^{-4}
液体效率/%	44.2
多裂缝（滤失）条数	4（2.5）

根据测试压裂和小型试加砂压裂分析结果，取得以下认识：

1）施工泵压高，测试压裂和小型试加砂压裂采用 105MPa 井口及"$\Phi88.9mm+\Phi73mm$"施工管柱，施工排量较小，仅 $2.2\sim2.7m^3/min$。大型加砂压裂施工需采用 140MPa 超高压井口及"$\Phi114.3mm+\Phi88.9mm$"管柱压裂施工将排量提高至 $4.0m^3/min$。

2）从测试压裂到小型试加砂压裂，停泵压力从 67.8MPa 上涨到 83.4MPa，反映近井地带的地应力集中。大型加砂压裂施工中将会出现近井施工泵压高，突破应力集中区后，泵压会有所下降，预计裂缝延伸压力为 76MPa，施工排量为 $5\sim6m^3/min$。

3）施工曲线有裂缝型滤失特征，储层发育一定的天然裂缝，为裂缝-孔隙性储层，裂缝的存在必然导致滤失增加，裂缝宽度较小，净压力又增加，施工难度增大。

4）近井摩阻大，为 7.0MPa，高的近井裂缝弯曲摩阻带来额外施工压力的增加，同时高的近井弯曲摩阻可能导致近井支撑剂加入困难，有发生脱砂、砂堵的风险。大型加砂压裂施工措施需要解决液体滤失严重及高施工压力的难题。

3. 主压裂

（1）针对性措施

根据测试压裂和小型试加砂压裂分析结果，针对施工中可能存在的难点，对 X11 井大型加砂压裂进行了优化设计，采取了一系列针对性措施以保证加砂压裂顺利进行。

1）仍采用 140MPa 井口、配套使用 140MPa 压裂泵车及高压管汇，井口施工压力限压到 115MPa 施工，尽量提高排量进行压裂施工；仍采用 $\Phi88.9mm+\Phi114.3mm$ 组合油管以降低施工摩阻。

2）对施工规模进行优化，加大施工规模为 $80m^3$，根据测试压裂分析的施工压力、排量、液体效率等结果，采用低砂比造长缝技术，尽力沟通地层天然裂缝。

3）针对压裂目的层天然裂缝发育、压裂液滤失大、易砂堵的特点，加砂压裂设计及施工中考虑降滤措施：多级粉陶及支撑剂段塞封堵多裂缝，降低压裂液滤失；采用小粒径高强度陶粒，低砂比技术，提高前置液用量等措施降低施工风险。

（2）施工准备

虽然小型试加砂对超高压设备及地面流程进行了验证，但本次主压裂加砂由于施工规模大，施工时间长，对设备持续工作的性能及施工现场质量控制的要求较高，同时由于施工压力较高，施工存在一定风险。因此，超高压压裂压前准备、应急预案的制定、现场施工组织也是施工成功的关键。

1）施工前取现场压裂液进行抗剪切流变实验，确保压裂液性能满足施工要求。

2）施工按照 120MPa 试压，共动用 8 台 2500 型号压裂泵车、一台 1050 型平衡车、2 台仪表车（一台指挥车、一台观测车）、施工数据视频传输至会议室，井口安装 3 个远程液控阀门、高压管线采用双管线连接，备消防车 2 台。

3）制定现场应急处理预案，根据预测施工难易程度，分别形成 $61m^3$、$70m^3$、$80m^3$ 施工规模的加砂程序。

（3）压裂施工

超高压压裂共计入地压裂液 $816.96m^3$，施工排量 $6.0m^3/min$，施工压力 $84\sim100MPa$，平均砂比 19.8%，前置阶段采用了 4 段支撑剂段塞，分别采用了 100 目粉陶和 $30\sim50$ 目陶粒降滤和降低近井摩阻，从压裂施工看出，段塞起到较好的降摩阻作用。压后测试产量 $12.7688\times10^4m^3/d$，产水 $54m^3/d$。施工曲线见图 5.58。超高压压裂运用了优化射孔技术、管柱优化技术、低伤害压裂技术、超高压压裂技术等综合手段，保证了压裂施工的顺利实施。

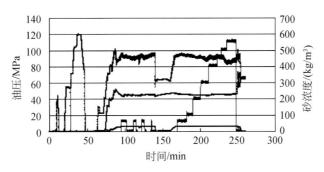

图 5.58 X11井超高压加砂压裂施工曲线

（4）施工分析

1）压裂施工压力比测试压裂后预期压力低近20MPa的原因：大型压裂施工突破近井应力集中区后，裂缝延伸压力降低；地层存在天然裂缝，压裂人工缝沟通天然裂缝后，施工压力降低。压裂施工曲线反映有两处施工排量稳定，施工压力突降，沟通了地层天然裂缝。

2）压裂施工排量比预期大，提高施工排量，降低加砂难度。由于配套了超高压压裂设备，同时采用复合大管柱结构，有效提高了井口作业能力，施工排量一直保持在6.05m³/min左右，大大降低了储层加砂难度，按最大设计规模完成施工。

3）压后净压力拟合分析：施工支撑缝长为154.04m，缝高83.05m，裂缝基本覆盖储层段，裂缝半长较长，达到储层改造目的。

第三节 网络裂缝酸化工艺

储层天然裂缝发育并沟通良好往往能维持油气井高效生产。储层天然裂缝发育的油气井容易产生钻井泥浆漏失，带来严重的储层伤害。对这种井，水力压裂改造措施容易在近井附近产生多缝及裂缝迂曲，造成很高的施工压力；由于水力压裂工作液为非反应性液体，不能完全解除钻井液对地层（裂缝系统和基质系统）的深度污染；同时由于压裂液的滤失速度高，容易产生砂堵，进行高砂比和大排量的施工难度很大，导致高的施工风险。根据目前国际上的先进经验，结合实验室的技术和经验，探索出采用活性酸的网络裂缝深部酸化工艺技术。实践证明该技术能有效地沟通地层裂缝系统，在近井地带形成网状裂缝，从而改善地层的渗流状况，使措施井获得很好的效果。

一、大型网络裂缝酸压工艺适用条件

1. 储层裂缝发育

储层微裂缝发育，钻井液大量漏失，储层形成"非径向"污染带，伤害半径大、伤害严重的井。

2. 储层进液困难

水力压裂改造施工压力高、地层进液极其困难的井，利用酸液具有反应活性的特征，降低地层吸液压力。

3. 泥浆及岩石的酸溶蚀率高

酸液体系对岩屑、泥浆溶蚀率高，能破坏污染物的屏蔽并降低岩石胶结程度，有效降低施工压力。

4. 酸液具有"降阻、缓速"性能

能有效清洗、沟通裂缝，作用距离较长、能最大限度解除钻井液对地层的深度污染，酸蚀裂缝向纵深方向扩展，提高近井地带及天然裂缝的渗透率，增大泄油半径，获得高产油气。

二、大型网络裂缝酸压酸液体系研究

（一）酸液配方设计目标

根据川西须家河储层矿物组分、胶结情况、污染类型及其程度和储层温度等情况的综合考虑，酸液应具备以下特征：

1）要能够有效解除钻井、固井、完井等过程引起的地层堵塞，特别是高密度泥浆大量漏失对天然裂缝发育储层造成的储层深部伤害。

2）储层埋藏深，压力系数异常高，破裂压力梯度异常，气藏属于低渗透类型，储层吸酸压力高，酸液能有效降低地层破裂压力和地面施工压力，减小施工风险。

3）储层温度高，这要求酸液具有较好的缓速性能和较好的降阻性能，实现深穿透。

4）各种酸化添加剂应耐酸、耐高温、不分层、不发生沉淀及性能改变，将酸化过程中的二次伤害降低到最小。

5）地层有一定的水敏性，酸液应具有高效的黏土防膨防运移能力，与地层流体具有较好的配伍性。

6）酸液应具有较好的化学稳定性和热稳定性，地层渗透率低，需要充分考虑酸液的润湿性对地层渗透率的影响。

7）酸液体系的现场可操作性强，价格/性能比合理。

根据储层矿物组分、胶结情况、污染类型及其程度和储层温度等情况，结合室内酸岩溶蚀实验和岩心流动实验结果，对须家河储层酸液配方进行优化。

（二）酸液配方优化

1. 须家河岩心酸溶蚀特征

采用 JS1 井和 DY1 井须家河组的岩心，进行酸液配方的溶蚀实验和伤害率评价实验（表 5.33、表 5.34）。

表 5.33　JS1 井岩屑酸溶蚀实验

序号	酸液配方	溶蚀前岩屑重/g	溶蚀后岩屑重/g	溶蚀率/%
1	6%HCl	10.0179	9.3205	6.96
2	8%HCl	10.0423	9.3688	6.71
3	12%HCl	10.0001	9.3238	6.76
4	15%HCl	10.0226	9.3489	6.72
5	8%HCl+0.5%HF	10.0412	8.9489	10.88
6	8%HCl+1.0%HF	10.0801	8.6823	13.87
7	8%HCl+2.0%HF	10.1254	8.3365	17.67
8	12%HCl+0.5%HF	9.9852	8.9481	10.39
9	12%HCl+1.0%HF	10.0789	8.6156	14.52
10	12%HCl+2.0%HF	10.0120	8.2384	17.71
11	15%HCl+0.5%HF	10.1217	9.0130	10.95
12	15%HCl+1.0%HF	10.1540	8.7626	13.70
13	15%HCl+2.0%HF	10.0801	8.3043	17.62
14	20%HCl	10.1174	9.4633	6.47
15	24%HCl	10.0023	9.2978	7.04
16	18%HCl+2.0%HF	10.2031	8.5672	16.32

表 5.34　DY1 井须二段岩屑酸溶蚀实验结果

井号：DY1 井		井段：5108.88～5116.00m　反应时间：1h　温度：105℃　压力：常压				
酸岩比 /(ml/g)	实验酸液	反应前		反应后		溶蚀率 /%
		滤纸重/g	岩粉重/g	岩粉＋滤纸重/g	岩粉失重/g	
10∶1	12%HCl	1.4852	3.043	4.4225	0.1057	3.473546
10∶1	15%HCl	1.4840	3.0148	4.3889	0.1099	3.64535
10∶1	18%HCl	1.4725	3.0096	4.3745	0.1076	3.575226
10∶1	12%HCl+1%HF	1.4551	3.0041	4.1690	0.2902	9.660131
10∶1	12%HCl+2%HF	1.4756	3.0402	4.0314	0.4844	15.93316
10∶1	12%HCl+3%HF	1.4659	3.0126	3.9566	0.5219	17.32391
10∶1	15%HCl+1%HF	1.4608	3.0398	4.1759	0.3247	10.68162
10∶1	15%HCl+2%HF	1.4668	3.0062	3.9865	0.4865	16.18322
10∶1	15%HCl+3%HF	1.4633	3.0236	3.8892	0.5977	19.76783
10∶1	18%HCl+1%HF	1.4778	3.0473	4.2171	0.3080	10.10731
10∶1	18%HCl+2%HF	1.4760	3.0367	3.9814	0.5313	17.49597
10∶1	18%HCl+3%HF	1.4775	3.0530	3.8085	0.7220	23.64887

　　土酸对施工段岩屑的溶蚀率较高，对降低破裂压力有一定的效果。几组溶蚀率实验结果表明，在 90℃时 JS1 井 6%～15%HCl 对岩屑的溶蚀率为 6%～7%左右；在 105℃时

DY1 井 12%～18%HCl 对岩屑的溶蚀率为 3%～4%左右。而且随着 HCl 浓度的增加，岩屑溶蚀率并没有明显上升，这说明这两井组钙质成分含量较低。加入土酸后，两井组岩屑的溶蚀率有较大提高，JS1 井溶蚀率为 10%～18%，DY1 井为 10%～23%。2%左右的 HF 浓度为适宜的使用浓度，当 HF 浓度超过 2%，随其浓度升高，岩样溶蚀率的提高幅度不大。

2. 须家河钻井泥浆酸溶蚀特征

从实验结果（表 5.35、表 5.36）可以看出，酸对钻井泥浆的溶蚀率高，两井的泥浆溶蚀率都在 20%左右，可以在一定程度上解除钻井泥浆对近井带的污染。加入 HF 并没有明显提高泥浆溶蚀率，且 HF 会形成二次污染，堵塞孔道，故在前置酸中不考虑加入 HF，而采用较高浓度的 HCl。

表 5.35　JS1 井须二段钻井泥浆酸溶蚀实验结果

序号	酸液配方	溶蚀前泥浆重/g	溶蚀后泥浆重/g	溶蚀率/%
1	6%HCl	10.1602	8.1267	20.01
2	8%HCl	10.0502	8.0992	19.41
3	12%HCl	10.0433	8.0767	19.58
4	15%HCl	10.2773	8.2576	19.65
5	8%HCl+0.5%HF	10.0762	7.8944	21.65
6	8%HCl+1.0%HF	10.5861	8.1204	23.29
7	8%HCl+2.0%HF	10.1354	7.5569	25.44
8	12%HCl+0.5%HF	10.1180	7.9871	21.06
9	12%HCl+1.0%HF	10.4660	8.1614	22.02
10	12%HCl+2.0%HF	9.9840	7.6033	23.85
11	15%HCl+0.5%HF	10.4354	8.1957	21.46
12	15%HCl+1.0%HF	10.4756	8.1653	22.05
13	15%HCl+2.0%HF	9.9637	7.4840	24.89
14	18%HCl+2.0%HF	10.3537	8.0578	22.17
15	24%HCl	10.2113	8.3349	18.38

表 5.36　DY1 井须二段钻井泥浆酸溶蚀实验结果

井号：DY1 井		钻井泥浆	反应时间：1h	温度：105℃	压力：常压	
酸岩比 /(ml/g)	实验酸液	反应前		反应后		溶蚀率 /%
		滤纸重/g	岩粉重/g	岩粉+滤纸重/g	岩粉失重/g	
10∶1	12%HCl+1%HF	1.4640	3.0392	3.8962	0.6070	19.97236
10∶1	12%HCl+2%HF	1.4862	3.0037	3.8965	0.5934	19.75563
10∶1	12%HCl+3%HF	1.4609	3.0266	3.8951	0.5924	19.57312
10∶1	15%HCl+1%HF	1.4758	3.0050	3.8851	0.5957	19.82363
10∶1	15%HCl+2%HF	1.4807	3.0327	3.9073	0.6061	19.98549

续表

井号：DY1井	钻井泥浆	反应时间：1h		温度：105℃	压力：常压	
酸岩比 /(ml/g)	实验酸液	反应前		反应后		溶蚀率 /%
		滤纸重/g	岩粉重/g	岩粉＋滤纸重/g	岩粉失重/g	
10：1	15%HCl＋3%HF	1.4745	3.0291	3.90240	0.6012	19.84748
10：1	18%HCl＋1%HF	1.4772	3.024	3.9181	0.5831	19.28241
10：1	18%HCl＋2%HF	1.4721	3.0125	3.8975	0.5871	19.48880
10：1	18%HCl＋3%HF	1.4618	3.0309	3.8960	0.5967	19.68722

从有机酸对泥浆溶蚀特征实验结果（表 5.37）可以看出，有机酸体系对钻井泥浆的溶蚀率没有显著提高，从解除泥浆堵塞的效果看，酸液应采用 HCl＋HF 体系。

表 5.37　有机酸体系对 DY1 井须二段钻井泥浆酸溶蚀实验结果

井号：DY1井	钻井泥浆	反应时间：1h		温度：105℃	压力：常压	
酸岩比 /(ml/g)	实验酸液	反应前		反应后		溶蚀率 /%
		滤纸重/g	岩粉重/g	岩粉＋滤纸重/g	岩粉失重/g	
10：1	10%CH_2O_2	1.4522	3.0392	4.1402	0.3512	11.56
10：1	10%CH_2O_2＋18%HCl	1.4336	3.0104	4.0565	0.3875	12.87
10：1	10% CH_2O_2 ＋ 18% HCl ＋ 1.5%HF	1.4429	3.0327	3.8954	0.5802	19.13

注：10%CH_2O_2 密度为 1.02g/ml；10%CH_2O_2＋18%HCl 密度为 1.09g/ml。

3. 酸液性能评价及优化

（1）酸液配方

根据岩心、泥浆和储层矿物组成实验结果，形成以"降阻、低伤害"为核心的川西须家河储层酸液配方体系。

1）前置降阻酸配方：18%～24%HCl＋2%降阻剂 BA1-9＋2%铁离子稳定剂BA1-2＋2%缓蚀剂 BA1-11＋2%黏土稳定剂 BA1-13＋2%助排剂 BA1-5＋20%甲醇。

2）降阻土酸配方：15%～18%HCl＋1.5%～2%HF＋2%降阻剂 BA1-9＋5%渗透剂＋2%铁离子稳定剂 BA1-2＋2%缓蚀剂 BA1-11＋2%黏土稳定剂 BA1-13＋2%助排剂 BA1-5＋2%互溶剂。

（2）酸液性能评价

1）酸液稳定性评价。将酸液置于90℃下恒温不同时间，观察其稳定性，实验表明酸液具有良好的稳定性（表 5.38、表 5.39）。

表 5.38　酸液稳定性实验

酸液	24h	48h	72h
前置降阻酸	无沉淀、析浮、分层	无沉淀、析浮、分层	无沉淀、析浮、分层
降阻土酸	无沉淀、析浮、分层	无沉淀、析浮、分层	无沉淀、析浮、分层

2）酸液综合性能

表 5.39　酸液综合性能

检测内容	清洗酸	解堵酸
表面张力/(mN/m)	24.6	25.4
残酸界面张力/(mN/m)	2.8	2.5
腐蚀速度/[90℃、g/(m²·h)]	<5.0	<5.0
铁离子稳定能力/(mg/L)	>2500	>2500

3）降阻性能评价。在多功能环流装置 $\Phi6.35$mm、$\Phi19.05$mm 和 $\Phi12.7$mm 的闭合管路中，分别测定 $800s^{-1}\sim2800s^{-1}$ 内降阻酸的摩阻，并以相同剪切状态下清水的摩阻为参照，计算出降阻酸的降阻率。根据物理相似原理，换算到 $\Phi73$mm 和 $\Phi89$mm 的油管并以相同剪切状态下清水的摩阻为参照，计算出酸液的降阻率，结果见表 5.40、表 5.41、表 5.42、图 5.59。试验酸液：18%HCl＋2%HF＋2%降阻剂＋其他添加剂。

表 5.40　高剪切速度下降阻酸摩阻压降数据（管径：6.35mm，温度：90℃）

压降 ΔP/(psi)	剪切速率 D/s^{-1}	流量 Q/(gpm①)	剪应力 τ/(lbf/ft²②)
0.0617	1994.23	0.307	0.006
0.324	2189.28	0.336	0.025
0.811	2407.73	0.371	0.049
1.331	2802.5	0.431	0.097
1.26	3027.18	0.465	0.126
2.43	3495.62	0.537	0.189
2.987	4025.58	0.619	0.269
4.364	4504.8	0.692	0.348
6.446	5055.6	0.777	0.447
7.731	5484.7	0.845	0.53
10.624	6019.4	0.926	0.637

①1gpm＝1gal/min，1gal＝3.79L；②1lbf/ft²＝4.78803×10Pa。

表 5.41　低剪切速度下降阻酸摩阻压降数据（管径：12.7mm，温度：90℃）

压降 ΔP/(psi)	剪切速率 D/s^{-1}	流量 Q/(gpm)	剪应力 τ/(lbf/ft²)
0.087	15.55	0.395	0.0011
0.102	48.2	0.561	0.0054
0.152	95.97	0.733	0.0081
0.193	149.24	0.883	0.0123
0.204	171.18	1.044	0.0151

续表

压降 ΔP/(psi)	剪切速率 D/s^{-1}	流量 Q/(gpm)	剪应力 τ/(lbf/ft^2)
0.256	251.62	1.21	0.0217
0.365	346.71	1.358	0.0343
0.671	946.39	1.521	0.0401
0.828	1048.8	1.687	0.0217

表 5.42　降阻酸摩阻特性及降阻率

折算排量 */(m³/min)	Φ89mm 降阻率/%	Φ73mm 降阻率/%
2.0	29.36	34.19
2.5	32.55	37.87
3.0	38.42	44.04
3.5	45.76	49.30
4.0	51.35	54.13
4.5	57.33	61.72
5.0	63.45	68.27
6.0	69.32	75.35

* 表示环流实验结果的换算结果。

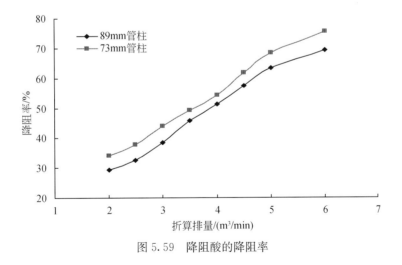

图 5.59　降阻酸的降阻率

（3）酸液基岩岩心解堵实验

采用 DY1 井岩心进行流动实验。分别选取基块岩样和裂缝岩样进行了岩心驱替实验，对比实验结果，并依此评价酸化解堵效果（表 5.43、表 5.44）。

实验仪器：①致密岩心气体渗透率孔隙度测定仪；②多功能岩心驱替装置；③高温高压酸化效果试验仪。

实验条件：气测渗透率为常温，钻井液污染温度为 80℃，酸溶解堵温度为 80℃。

表 5.43　基块岩样的酸解堵率

岩心长度/cm		4.722		岩心直径/cm		2.526	
岩心描述		DY1 井基块岩样，5108.88~5109.32m					
钻井液污染前气测 /(10³K/μm²)	钻井液污染后气测 /(10³K/μm²)	渗透率损害率 /%	酸溶解堵后气测 /(10³K/μm²)	酸溶解堵率 /%	解堵后的损害率 /%		
0.054	0.016	70.4	0.028	51.8	48.2		

表 5.44　裂缝岩样的酸解堵率

岩心长度/cm		4.700		岩心直径/cm		2.526	
岩心描述		DY1 井人工裂缝岩样，5108.88~5109.32m					
钻井液污染前气测 /(10³K/μm²)	钻井液污染后气测 /(10³K/μm²)	渗透率损害率 /%	酸溶解堵后气测 /(10³K/μm²)	酸溶解堵率 /%	解堵后的损害率 /%		
57.332	20.754	63.8	44.875	88.1	11.9		

　　酸化效果评价实验表明，泥浆对岩心伤害率很高，达到 70.4%。酸化后的基质岩样能恢复一定的渗透率，恢复值为 51.8%。

（4）酸液裂缝岩心解堵实验

1）岩心制备：

①将制备好的岩心柱子，沿纵向剖成自然裂缝；

②用高强度聚四氟乙烯中心片调节裂缝宽度；

③用密封胶带将岩心固定后置于夹持器中，按流程进行驱替实验。

2）驱替流程（图 5.60）

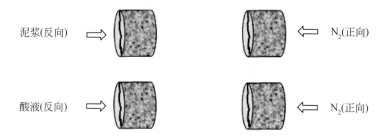

泥浆(反向)　⇨　　　　　⇦　N₂(正向)

酸液(反向)　⇨　　　　　⇦　N₂(正向)

图 5.60　岩心流动实验驱替流程

　　酸化效果评价实验表明，酸化后裂缝岩样都能恢复较高的渗透率，解堵率达到 88.1%，起到了明显的解堵作用，且裂缝岩样的解堵效果要好于基质岩样，这也说明了该酸液体系非常适合裂缝网络发育的储层。

（三）大型网络裂缝酸压技术关键

　　大型网络裂缝酸压主要有以下技术关键。

（1）酸液规模大

对于裂缝呈网络状发育的储层，一旦酸液进入地层就会迅速进入裂缝网络中很快滤失掉，这点也可以从裂缝性储层的压裂施工得到证明。为保证酸液有效作用距离足够长，就要大大提高用酸量，使其能到达天然裂缝远端。

（2）较大排量

裂缝网络酸化工艺推荐采用变排量施工，前置酸采用较低排量，使之充分与污染带发生反应，降低钙质含量，防止二次污染；主体酸采用较大排量，可增加酸作用距离，确保非径向注酸。

（3）多段注酸，高效沟通天然裂缝

根据岩心、泥浆配方与酸反应的动、静态溶蚀实验和酸流动实验结果，网络裂缝酸化采用多组分酸液体系。

（4）快速返排

为减少残酸在地层的滞留时间，确保残酸快速返排，采用混氮、抽吸等助排措施。

三、大型网络裂缝酸压应用实例

DY1井是大邑含气构造近轴部的一口深层预探井，须二段目的层基本情况见表5.45。

表 5.45　DY1 井测井解释成果数据表

层位	垂深井段/m	厚度/m	泥质含量/%	孔隙度/%	含水饱和度/%	渗透率/$10^{-3}\mu m^2$	解释结果
Tx2	4897.4～4901.5	4.1	6.4	3.9	34.5	0.02	含气层
Tx2	4902.6～4919.4	16.8	2.3～48.2	4.5～19.6	5.4～16.3	0.13～68.9	气层（裂缝发育）

根据该井的实际情况，储层改造的思路是：首先进行小型清水测试压裂，获取储层的破裂压力，并进行小规模的酸化解堵，以此对储层进行初步评价；根据初步评价的结果，进行大规模酸化的设计及施工。根据这个思路，前后进行了五次储层改造施工作业，过程如下：第一次清水压裂→降低破裂压力的酸化预处理→第二次清水压裂→井筒解堵酸化→网络裂缝酸化。

1. 酸化预处理施工

（1）设计思路

1）该井段裂缝发育，钻井过程中对裂缝造成了严重伤害，导致破裂压力高，施工压力高，采用酸化预处理，解除近井污染，降低破裂压力，在一定程度上沟通天然裂缝，恢复储层的自然产能。

2）采用封隔器保护套管，提高井口施工限压，尽可能压开地层。

3）由于施工压力高，为降低泵压，采用 Φ89mmP110EUE 组合 Φ73mmP110NU 油管进行小排量注酸，减小沿程摩阻，降低施工压力；在后期适当提高施工排量，以提高裂缝内穿透距离，解除地层裂缝深处污染和堵塞。

4）该井段地层压力低，工作液返排困难，在返排措施上采用液氮气举助排工艺，因此封隔器类型选用 Y344 封隔器，进行反循环气举排液。

（2）酸液体系配方与用量

前置酸采用低摩阻的缓速降阻酸，主体酸采用降阻土酸。酸液配方如下：

1）前置酸（20m³）：15％HCl＋2％ BA1-9＋1％ BA1-2＋2％ BA1-11＋1％ BA1-13＋1％ BA1-5。

2）主体酸（20m³）：15％HCl＋1.5％HF＋2％ BA1-9＋1％ BA1-2＋2％ BA1-11-18＋1％ BA1-13＋1％ BA1-5。

（3）现场实施（图5.61）与分析

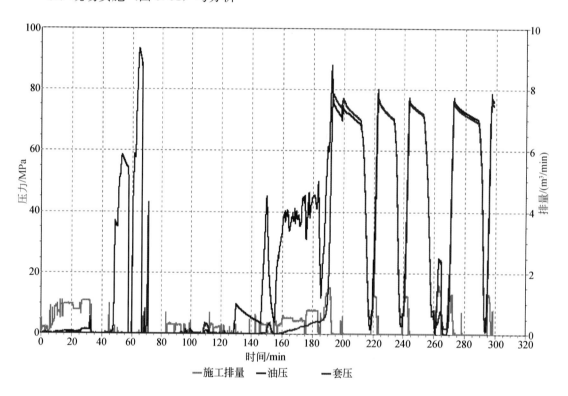

图5.61　DY1井酸化预处理施工曲线

DY1井酸化预处理井段（5106～5128m）未充填裂缝发育，钻井和完井过程对储层的伤害较大，导致高的破裂压力，当排量达到1.0m³/min，施工泵压在40MPa左右并上升缓慢；提高排量到1.5m³/min时，5min内施工压力上升了近30MPa，达到80MPa；在80MPa下通过多次憋压，地层吸酸困难，地层进酸微量，地层未压开，产量从施工前的2000m³/d上升到5000m³/d。

2. 小规模酸化施工

由于地层未能压开，在对须二段（5060～5090m，5106～5128m）重新射孔的基础上，进行了清水压裂，地层压开。为初步评价储层，首先进行小规模的酸化改造。

（1）酸液体系配方与用量

采用盐酸酸液体系40m³，其酸液配方为18％HCl＋2％ BA1-9＋1％ BA1-2＋2％ BA1-11＋1％ BA1-13＋1％ BA1-5。

（2）施工参数（表 5.46）

表 5.46　DY1 井小型解堵酸化施工参数

作业井口	78/65-105 型采气树
酸化管柱	Φ89mmP110 外加厚油管＋Φ73mmP110 油管（自上而下）
清水/m³	120
KCl 溶液/m³	40
酸液/m³	40
施工排量/(m³/min)	1～2.5
施工限压/MPa	油压 95，套压 77

（3）现场实施（图 5.62）与分析

当排量稳定在 1m³/min 时，施工压力稳定在 30MPa 左右，上升缓慢，当排量稳定在 2m³/min 时，施工泵压达到 40MPa，随即施工压力下降到 20MPa 左右，表明地层开始吸酸，酸化起到了溶解近井堵塞物的作用。DY1 井酸化解堵前产量为 $9 \times 10^4 \text{m}^3/\text{d}$，酸化改造后产量为 $13 \times 10^4 \text{m}^3/\text{d}$，可见小规模解堵酸化效果较理想。

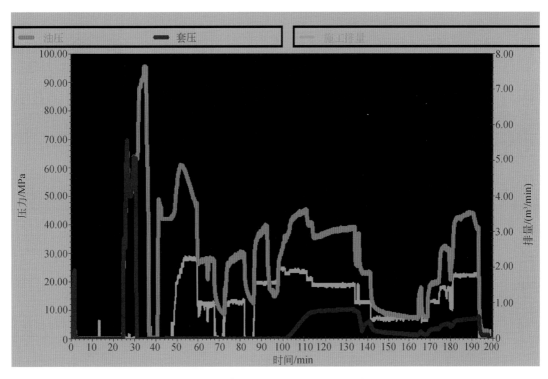

图 5.62　DY1 井小型解堵酸化施工曲线

3. 大型网络裂缝酸压施工

在小型解堵酸压施工获得较好增产效果基础上，对该井段进行了大型网络裂缝酸压施工，进一步解除储层深部污染，改善天然裂缝渗流状态。

（1）设计思路

1）用大型网络裂缝酸压，解除近井污染，沟通天然裂缝，恢复储层的自然产能。

2）用 Φ89mmP110EUE 组合 Φ73mmP110NU 油管注酸，减小沿程摩阻，降低施工压力。

3）采用径向和双线性方式进行注酸，以提高酸液在裂缝内的穿透距离，解除地层裂缝深处污染和堵塞。

4）该井段地层压力低，工作液返排困难，在返排措施上采用施工过程中液氮伴注和施工结束后液氮气举。

（2）酸液体系配方与用量

该井网络裂缝酸压采用两段酸液体系：前置酸采用低摩阻的降阻酸，主体酸采用降阻土酸。酸液配方和用量如下。

1）前置酸（46m³）：18％HCl＋2％ BA1-9＋1％ BA1-2＋2％ BA1-11＋1％ BA1-13＋1％ BA1-5＋20％甲醇。

2）主体酸（84m³）：15％HCl＋1.5％HF＋2％ BA1-9＋1％ BA1-2＋2％ BA1-11-18＋1％ BA1-13＋1％ BA1-5。

（3）施工参数（表5.47）

表 5.47　DY1 井网络裂缝酸压施工参数

作业井口	78/65-105 型采气树
注入方式	油管注入
酸压管柱	Φ89mmP110 外加厚油管＋Φ73mmP110 油管（自上而下）
KCl 溶液量/m³	40
洗井清水/m³	120
前置酸/m³	46
主体酸/m³	84
施工排量/(m³/min)	1～3.5
助排措施	液氮伴注
液氮准备/m³	15（2 辆液氮泵车）
施工限压/MPa	油压 92，套压 77

（4）实施与分析

从施工曲线上可以看出（图 5.63），当排量达到 2m³/min 时，施工压力从 20MPa 逐渐上升到 45MPa 左右，随即排量下降到 1m³/min，施工压力却下降到 16MPa，说明地层已破裂，开始吸酸，破裂压力 45MPa，之后排量维持在 1.2m³/min，而泵压也只在 30MPa 左右波动。施工后期加大了施工排量，呈阶梯式增长，而施工压力也随之升高到 70MPa 左右，达到了泵压极限，说明地层的延伸压力较高，高达 60～70MPa，这再一次证明了酸压解堵确实解除了近井污染和降低了破裂压力，而地层深处的延伸压力仍然很高，具有致密砂岩储层的特征。经网络裂缝酸压处理后，天然气产量为 25.98×10⁴m³/d

（油压 29.6MPa，套压 30.8MPa），绝对无阻流量 $53.7\times10^4\mathrm{m^3/d}$，对比之前产量，网络裂缝酸压效果相当显著，储层得到明显改善。

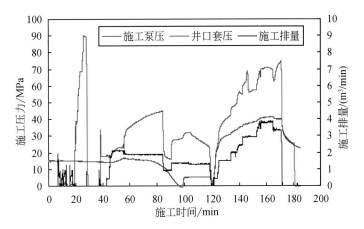

图 5.63 DY1 井网络裂缝酸压施工曲线

4. 取得的效果

DY1 井在小型解堵酸化解除钻井和完井造成的近井污染的基础上，再采用大型网络裂缝酸压技术对储层裂缝进行深部网络裂缝酸化，进一步提高气井产量，取得了显著的效果。

参 考 文 献

曹学军，康杰．2002a．压裂实时监测及诊断技术处理系统的研制及应用．天然气工业，22（3）：42-44

曹学军，康杰．2002b．川西气田压裂液及压裂工艺技术．油气井测试，11（1）：49-51

曹学军，李晖．2002．加砂压裂压力分析及应用．油气井测试，11（2）：56-59

陈实．2010．川西深层射孔参数对地层破裂压力影响规律研究．复杂油气藏，3（1）：73-76

戴宗，孙晗森．1998．粘土矿物对油气层的损害及防治研究．矿物岩石，18（1）：74-78

但春，杨先利，刘素华．2002．压裂液优化设计在新场上沙溪庙组气藏中的应用．天然气工业，22（3）：
40-42

刁素，任山．2008．压裂井高效返排技术在川西地区的先导性试验．天然气工业，28（9）：89-91

刁素，颜晋川．2009．川西地区定向井压裂工艺技术研究及应用．西南石油大学学报，31（1）：111-115

丁云宏．2005．难动用储量压裂酸化技术．北京：石油工业出版社

关文均，郭新江．2007．四川盆地新场气田须家河组二段储层评价．矿物岩石，27（4）：98-103

郭建春，杨立君．2005．压裂过程中孔眼摩阻计算的改进模型及应用．天然气工业，25（5）：69-71

郭平，张茂林，黄全华，等．2009．低渗透致密砂岩油气藏开发机理研究．北京：石油工业出版社

郭新江．1998．川西致密气藏开发早期评价技术方法．见：朱光亚，周光召主编．中国科学技术文库：石
油天然气工程．北京：科学技术文献出版社：152-153

郭新江．2001．多层系致密碎屑岩大中型气田立体压裂开发模式．见：杨旭，郭振英主编．中国科技发展
精典文库．北京：中国言实出版社：2652-2654

郭新江．2004．新场气田立体开发模式整体压裂技术．见：杨克明，徐进主编．川西坳陷致密碎屑岩领域
天然气成藏理论与勘探开发方法技术．北京：地质出版社：229-236

郭新江，彭红利．2009．一种基于增产有效期的压裂优化决策方法．石油地质与工程，23（5）：102-104

郭新江，蒋祖军，胡永章．2012．天然气井工程地质．北京：中国石化出版社

郭新江，徐向荣，王世泽．1999．新场气田立体压裂开发模式．钻采工艺，22（3）：38-43

郭新江，张国东，罗金莉．1999．试井分析揭示新场气田动态特征及地质属性．见：杨朴主编．中国新星
石油文集．北京：地质出版社：537-543

郭正吾，邓康龄，韩永辉．1996．四川盆地形成与演化．北京：地质出版社

何红梅．2009．纤维对支撑剂导流能力影响实验研究．钻采工艺，32（1）：36-39

何红梅，李尚贵．2009．纤维对支撑剂导流能力影响实验研究．钻采工艺，32（1）：75-77

何生厚．2006．油气开采工程师手册．北京：中国石化出版社

何世云，陈琛．2002．加砂压裂压后排液的控砂技术．天然气工业，22（3）：45-46

贺承祖，华明琪．2003．压裂液对储层的损害及其抑制方法．钻井液与完井液，20（1）：47-50

黄辉，谭明文．2004．川西深层须家河组气藏压裂改造难点和工艺技术对策．钻采工艺，27（5）：27-30

黄辉，张绍彬．2004．川西深层须家河组气藏压裂改造的难点与工艺技术对策．天然气勘探与开发，
27（3）：21-24

黄辉，周文．2002．川西洛带构造蓬莱镇气藏水力压裂缝特征分析．矿物岩石，22（1）：71-74

黄小军.2008.川西多层系气藏合采综合治理关键技术研究与应用.油气井测试,17(6):58-61

黄小军,任山.2008.川西中浅层气藏双封隔器三层分压合采投产管柱研究与应用.钻采工艺,31(2):96-98

黄小军,张晟.2008.洛带气田遂宁组气藏多层分层压裂工艺研究与应用.钻采工艺,31(4):78-79,87

黄禹忠.2005.降低压裂井底地层破裂压力的措施.断块油气田,12(1):74-76

黄禹忠,任山.2007.川西马井气田蓬莱镇组气藏储层改造技术研究应用.钻采工艺,30(1):35-37

黄禹忠,任山.2008.纤维网络加砂压裂工艺技术先导性试验.钻采工艺,31(1):77-78,89

黄禹忠,任山.2009.川西低渗致密气藏低伤害压裂技术研究及应用.钻采工艺,32(1):33-35

黄禹忠,何红梅.2005.川西地区压裂施工过程中管柱摩阻计算.特种油气藏,12(6):71-73

胡丹,杨永华.2008.高压气藏不动管柱分层压裂工艺研究与应用.海洋石油,28(4):65-69

蒋廷学.1996.斜坡式压裂泵注程序应用前景初探.钻采工艺,19(6):9-12

蒋祖军,郭新江,王希勇.2011.天然气深井超深井钻井技术.北京:中国石化出版社

兰林,康毅力.2006.基于原地有效应力的应力敏感性评价.天然气工业,26(增刊A):125-127

雷群,李熙喆.2009.中国低渗透砂岩天然气开发现状及发展方向.天然气工业,29(6):1-3

雷炜,许新.2009.砂岩气藏压裂定向井优化射孔工艺研究.测井技术,33(1):93-97

李晖,郭淑芬.2004.利用限流射孔提高川西气田合压效果工艺技术分析.油气井测试,13(2):47-49

李刚.2008a.基于浓缩理论的大型压裂破胶优化技术及应用.西南石油大学学报,30(3):1-3

李刚.2008b.川西致密气藏压裂液氮助排剂优化研究及应用.矿物岩石,28(2):118-120

李刚,郭新江.2006.高密度酸加重酸化技术在川西深井异常高压气层增产中的应用.矿物岩石,26(4):105-110

李孟杰,刁素.2009.定向井压裂特征及原因分析.大庆石油地质与开发,28(6):196-199

李志明.1997.地应力与油气勘探开发.北京:石油工业出版社

林立世,彦晋川.2002.三维压裂设计软件(FRACPRO)在新场J_2s气藏压裂设计中的应用.天然气工业,22(3):38-40

林永茂,刁素.2008.压裂井高效返排技术的完善及应用.石油钻采工艺,30(5):85-88

龙刚,王兴文.2009.网络裂缝酸化技术在DY1井须家河组气藏的应用.钻采工艺,32(4):42-43,48

龙学,宋艾玲.2001.川西致密砂岩气藏储层改造技术方法选择及效果分析.钻采工艺,24(5):38-40

刘林,许小强.2002.一种新型压裂井产量递减模型.天然气工业,22(3):29-30

刘吉余,马志欣.2008.致密含气砂岩研究现状及发展展望.天然气地球科学,19(3):316-319,366

刘其明,黄建智.2011.新场构造三压力剖面计算方法.钻采工艺,34(5):37-40

宁宁.2009.中国非常规天然气资源基础与开发技术.天然气工业,29(9):9-12

蒲春生,任山.2009.气井高能气体压裂裂缝系统动力学模型研究.武汉工业学院学报,28(3):12-17

戚斌,龙刚,熊昕东.2011.高温高压气井完井技术.北京:中国石化出版社

冉新权,李安琪.2008.苏里格气田开发论.北京:石油工业出版社

任山,黄禹忠.2009.燃爆诱导及酸处理新技术在川西须家河气藏的应用.钻采工艺,32(1):31-32,42

任山,王兴文.2007.三层及以上多层压裂技术在川西气田的应用.钻采工艺,30(5):44-47

任山,王世泽.2007.洛带气田遂宁组气藏压裂优化设计.钻采工艺,30(2):65-67,76

任山,杨永华.2009.川西低渗致密气藏水平井开发实践与认识.钻采工艺,32(3):50-52

任山,张绍彬.2002.水力裂缝温度场模拟程序的开发和应用.天然气工业,22(3):35-38

任山,刁素,颜晋川,等.2007.大型加砂压裂在川西难动用储层Js_2^2的先导性试验.钻采工艺,30(4):

64-66

任山，黄禹忠，刘林，等．2010. 国产超高压压裂装备配套及在深层致密气藏的应用．钻采工艺，33（6）：46-48

沈建国，石孝志．2006. 八角场气田大型加砂压裂工艺实践．天然气工业，26（8）：90-92

孙勇，任山．2008. 川西低渗致密气藏难动用储量压裂关键技术研究．钻采工艺，31（4）：68-70

史雪枝．2008. 定向射孔在致密储层改造中的应用．天然气工业，28（9）：92-94

谭佳．2008. 高温胶凝酸体系室内评价研究与应用．石油与天然气化工，37（6）：510-512

谭佳．2009. 用气田产出地层水配制水基压裂液研究．石油与天然气化工，38（6）：518-520

谭玮，王兴文．2007. 分压排量控制技术在川西气田的应用．石油钻采工艺，29（4）：59-60，63

王鸿勋，张士诚．1998. 水力压裂设计数值计算方法．北京：石油工业出版社

王行信．1992. 砂岩储层粘土矿物与储层保护．北京：地质出版社

王兴文．2007. 堵塞球选择性分层压裂排量控制研究．钻采工艺，30（1）：75-76，86

王兴文，郭建春．2005. 裂缝性油藏加砂压裂压力递减分析研究及应用．钻采工艺，28（6）：49-51

王兴文，任山．2009. 多层分层压裂的产层间距问题探讨．天然气工业，29（2）：92-94

王兴文，王世泽．2006. 裂缝性油气藏压裂压降分析研究与应用．天然气工业，26（12）：127-129

王兴文，杨建英．2007. 堵塞球选择性分层压裂排量控制技术研究．钻采工艺，30（1）：75-76，86

向丽，熊昕．2008. 新场气田上沙气藏压裂开发评井选层研究．钻采工艺，31（1）：74-76

熊昕东，王世泽．2007a. 低渗砂岩气藏难动用储量渗流机理研究．钻采工艺，30（5）：70-73

熊昕东，王世泽．2007b. 新场气田上沙溪庙气藏水锁效应研究．钻采工艺，30（4）：95-97

熊昕东，王世泽．2008. 致密砂岩气藏储量难动用影响因素及开发对策．西南石油大学学报，30（4）：77-80

徐同台．2003. 保护油气层技术．北京：石油工业出版社

颜晋川，黄禹忠．2007. 压裂设计中加砂浓度优化方法及应用．钻采工艺，30（6）：58-60

余渝，杨兵．2008. 一种测定过硫酸铵胶囊破胶剂释放率的新方法．钻井液与完井液，25（6）：56-57

杨兵．2009. 川西高温压裂液室内研究．石油钻采工艺，31（1）：117-120

杨克明，徐进．2004. 川西拗陷致密碎屑岩领域天然气成藏理论与勘探开发方法技术．北京：地质出版社

杨克明，叶军，吕正祥．2004. 川西坳陷上三叠统须家河组天然气分布及成藏特征．石油与天然气地质，25（5）：501-505

杨兆中，徐向荣．2001a. 新场上沙溪庙致密碎屑岩气田整体压裂开发方案设计研究．西南石油学院学报，23（5）：38-41

杨兆中，徐向荣．2001b. 低渗致密裂缝性气藏整体压裂模拟模型的建立与求解．天然气工业，21（5）：77-79

姚席斌，郭新江．2012. 川西气田深层须家河组致密砂岩气藏成藏地质条件和勘探开发核心技术．中外能源，17（2）：33-40

张国东，王顺云．2002. GM（1，N）灰色模型在压裂井评井选层中的应用．天然气工业，22（3）：31-34

张家由，慈建发，任山．2011. 川西中浅层水平井分段加砂压裂改造技术．中外能源，16（2）：70-74.

张军．2004. 川西致密砂岩裂缝性气层保护技术．天然气工业，24（10）：111-113

张宁生．2006. 低渗气藏开发的关键性技术与发展趋势．天然气工业，26（12）：38-41

张琪．2000. 采油工程原理与设计．北京：石油大学出版社

张绍彬，谭明文．2003a. 自升温升压新型压裂液在洛带气田浅层气藏的应用研究．钻采工艺，26（6）：23-25

张绍彬，谭明文．2003b. 洛带气田压裂工艺技术新进展．天然气工业，23（3）：63-66

中国石油油气藏改造重点实验室 . 2008. 2008 年低渗透油气藏压裂酸化技术新进展 . 北京：石油工业出
版社

中国石油油气藏改造重点实验室 . 2011. 2010 年低渗透油气藏压裂酸化技术新进展 . 北京：石油工业出
版社

周文，闫长辉 . 2007. 油气藏现今地应力场评价方法及应用 . 北京：地质出版社

Bennion D B，Thomas F B，Bietz R F，et al. 1996. Water and hydrocarbon phase trapping in porous medio-
diagnosis，prevention and treatment. JCPT，35（10）：29-39

Bennion D B，Thomas F B，Ma T. 2000. Recent advances in laboratory test protocols to evaluate optimum
drilling，completion and stimulation practices for low permeability gas reservoirs. SPE60324

Brannon H D. 1991. Delayed borate-crosslinked fluid providesimproved fracture conductivity in high tempera-
ture applications. SPE22838

Brannon H D，Tjon-Joe-Pin R M. 1994. Biotechnological breakthrough improves performance of moderate to
high-temperatare fracturing applications. SPE28513

Economides M J，Nolte K G. 2000. Reservoir Stimulation（3rd edition）. Hoboken：John Wiley & Sons

Ford W G F，Penny G E，Briscos J E. 1988. Enhanced water recovery improves stimulation results.
SPEPE，3（2）：515-521

Gulbis J，King M T，Hawking G W，et al. 1992. Encapsulated breaker for aqueous polymeric
fluids. SPEPE，7（1）：9-14

Holditch S A. 1976. Factors affecting water blocking and gas flow from hydraulitrally fractured gas
wells. JPT，18（12）：1169-1179

Holditch S A. 2009. "Stimulation of Tight Gas Reservoirs Worldwide". OTC20267

Mcintyre J A. 1990. Laboratory and field evaluation of fluid-loss-control aditive and gel breaker for fracturing
fluids. SPE18211

Montgomery C T，Steanson R E. 1985. Proppant selection：the key to successful fracture stimulation. JPT，
37（12）：2163-2172

Myers R，Potratz J. 2004. Field application of new lightweight proppant in application tight gas sand-
stones. SPE91469

Nolte K G. 1986. Determination of proppant and fluid schedules from fracturing-pressure decline. SPE13278

Powell R J，Terracina J M，McCabe M A，et al. 1999. Shallow gas development：stimulation fluids. JCPT，
38（8）：49-53

Ram G，Agarwal R，Carter D. Evaluation and predicition of low permeability gas wells stimulation by mas-
sive hydraulic fracturing. SPE6838

Xiong H J，Holditch S A. 2006. "Will the blossom of unconventional natural gas development in North
America be repeated in China?". SPE103775